JN420883

최신

조경적산학

박원규 저

NEW LANDSCAPE
CONSTRUCTION
COST ESTIMATION

문운당

머 리 말

「최신 조경적산학 」 출간에 부쳐

「신 조경적산학 개정판」을 출간한지도 벌써 6년이 지났습니다. 그동안 표준품셈도 많이 개정되었고 공사비 산정 시 적용되는 정부고시 기준율도 많이 바뀌었습니다.

저자는 2008년 「조경적산학」 초판을 출간한 이래 「조경적산학 개정판」, 「신조경적산학」, 「신조경적산학 개정판」, 등 여러번 개정판을 출간하였으나 2020년 2월 정년퇴직 후 더 좋은 책이 출간되기를 기대하고 개정작업을 중단하였습니다. 그러나 몇 년이 지나도록 새로운 조경적산 책이 출간되지 않고 있어 출판사의 요청에 따라 부득이하게 다시 개정작업을 진행하게 되었습니다.

이번 기회에 시대에 뒤처진 내용 등을 과감히 삭제하고 학생들이 좀더 이해하기 쉽게 부족한 점을 보완하여 「최신 조경적산학」을 출간하게 되었습니다.

16년 전 「조경적산학」초판에서 밝힌 바대로 조경공사비 적산을 위한 별도의 표준품을 가지고 있지 못하여 시공 현실에 맞는 조경 공사비 적산이 매우 어려운 실정은 현재도 그대로 이어지고 있습니다. 대학에서는 지속적으로 조경적산 관련 최신 전문서적의 필요성을 요구하고 있습니다. 따라서 저자는 조경적산관련 대학교재로서 거의 유일한 본 저서의 명맥을 이어가기 위해 「최신 조경적산학」을 출간하게 되었습니다.

본 서에서는 기존의 목차를 따르되 최신정보를 수록하였으며 대학교재로서 꼭 필요하지 않은 내용은 과감히 삭제하여 보다 이해가 쉽고 부담없는 교재가 될 수 있도록 전면적으로 개편하였습니다.

이 책은 실무적인 내용도 많이 포함하여 대학교재로서 뿐만 아니라 조경실무자들의 참고서적으로도 유용하게 활용할 수 있도록 하였습니다.

“제 1 편 조경적산 총론”에서는 조경시공의 내용과 적산의 개념, 적산방식의 종류와 관련법규 등 조경시공적산에 관한 총론적 내용을 기술하여 적산에 관한 기초를 다질 수 있도록 구성하였습니다.

"제 2 편 조경공사 공종별 시공적산"에서는 조경공사의 공종별 시공내용과 적산기준 및 적용방법 등 적산 업무에 실제 적용되는 내용을 구체적으로 기술하여 강의 및 실무에 도움이 되도록 구성하였습니다. 또한 부록으로 적산실무와 조경기사 실기시험에 대비하기 위해 적산 연습문제를 수록하였습니다.

앞으로 개정판이 언제까지 지속적으로 나올 수 있을 지 확답드릴 수는 없지만 계속 노력할 것을 약속드리며 여러분의 많은 지도 편달을 부탁드립니다.

끝으로 신판을 출간할 수 있도록 도움을 주신 문운당 관계자 여러분과 집필과정에서 소중한 자료를 이용하게 해주신 여러분께 깊은 감사를 드립니다.

2024년 봄

연구실에서 저자올림

목 차

제 5 장 조경공사의 품셈적용과 단가기준

제 2부 조경공사 세부공종별 적산

제 6 장 조경공사의 구성과 특성

제 7 장 수목공사 적산

제 8 장 조경유지관리공사 적산

제 9 장 조경시설물 기반공사 적산

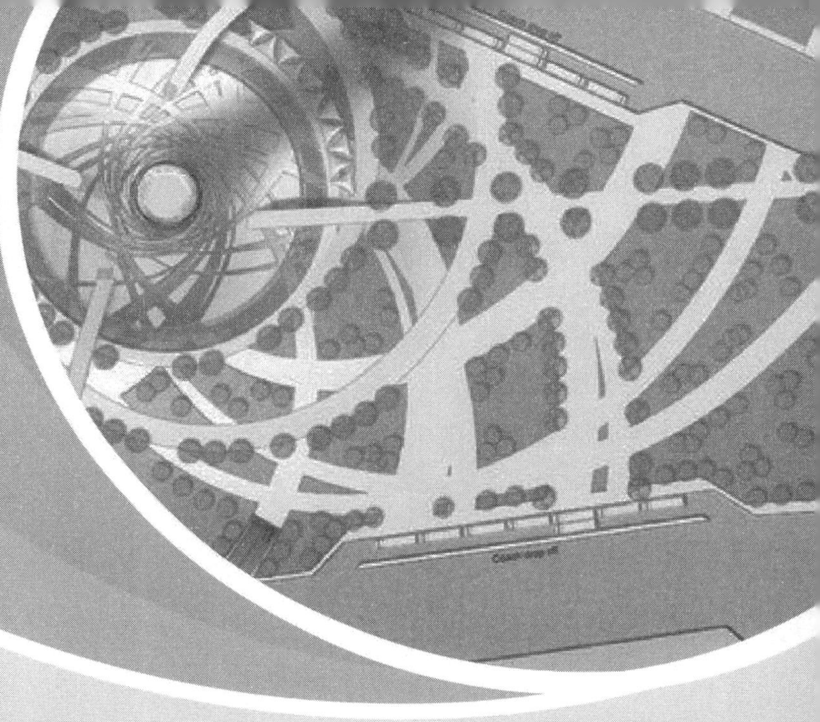

제1부　조경적산 총론

제1장　조경적산의 개요

제2장　공사비 산정방식

제3장　국내 · 외 적산관련 법규 및 제도

제4장　원가계산에 의한 공사비 구성

제5장　조경공사의 품셈적용과 단가기준

CHAPTER 01

조경적산의 개요

1-1 적산의 정의와 조경적산

1-1-1. 적산(積算)의 정의

적산(積算)이란 말은 "곱하여 셈한다" 는 뜻이며, 내용적으로는 "공사에 소요되는 재료의 수량 및 품 또는 기계 사용량 등을 산출하여 목적물을 완성하는데 소요되는 비용을 계산하는 것" 이라고 말한다.

이와 유사한 용어로 견적(見積)이 있으며 견적은 "어떤 일에 소요되는 비용 등을 미리 어림잡아 계산하는 것" 이라고 말한다.

적산과 견적이라는 용어는 동의어로 쓰이거나 적산은 견적개념을 포함한다는 등 여러 견해가 있으나, 일반적으로 공사금액이 얼마인지를 알아보고자 할 때는 견적이라는 용어가 많이 쓰이고 있다.

엄밀히는 적산과 견적이라는 두개의 용어는 구별하여 사용하는 것이 바람직하다. 이러한 관점에서 보면 이 용어들의 정의는 다음과 같이 구분될 수 있다.

적산(積算, quantity survey)

공사비 산출의 첫 단계로서, 시공계획에 따라 공사에 소요되는 재료 및 품의 수량, 즉 재료량과 노무량 등의 공사량을 산출하는 과정이며, 설계도면과 시방서, 현장설명과 공사 계약 조건에 따라 공사량을 산출하므로 적산자에 관계없이 큰 차이 없는 값으로 나타난다.

견적(見積, estimation)

계산된 공사량에 적정한 단가를 곱하여 공사비를 산출하는 과정으로서 정밀한 적산을 하지 않고서는 정확한 견적은 기대할 수 없다. 또한, 공사금액은 시공장소, 공사내용, 공사기일, 기타조건에 따라서 변할 수 있으며, 특히 견적하는 사람의 견해에 따라 달라질 수 있다. 따라서, 견적은 풍부한 경험, 충분한 지식과 정확한 판단력이 있어야 한다.

이상과 같이 적산과 견적은 구분 할 수 있으나 학술적으로는 적산은 견적을 포함하는 개념으로 보고 있으므로 본서에서도 포괄적 적산으로 서술하고자 한다.

공사비 적산은 공사를 시행하기 전에 공사비를 추정하거나, 공사 입찰을 위한 예정가격의 결정 또는 공사 계약금액의 결정 등을 위해 행해진다. 공사 계약 후 시공을 위한 실행예산서 작성 등에도 적산이 필요하다.

적산을 통해 발주자는 예산을 편성하고 필요한 자금 계획을 수립하며, 시공자는 공사수주와 공사수행에 필요한 공사원가를 계산하는 것이다.

공사를 계획하고 착공하여 완공할 때까지의 모든 과정에 비용이 수반되므로 각 공종의 물량 산출 및 단가 산정에 정확성을 기해야만 경제성 있는 시공이 가능하다.

1-1-2. 조경적산의 의의

적산은 설계도면에 맞는 시공이 이루어질 수 있도록 공사 계약 전에 공사여건과 설계도서, 시방서 등을 근거로 공사에 소요되는 재료비용 및 노동비용을 산출하여 공사비를 산정하는 과정이라 할 수 있다.

따라서 조경적산을 통해 산출된 조경공사비는 공사 예정가격의 결정, 공사 계약금액, 공사 실행금액의 기본이 되며 시공의 경제성과 시공 품질을 좌우하는 근간이 된다.

조경시공이란 설계도면에 따라 조경공간을 실체화하기 위하여 필요한 일체의 경제적 및 기술적 수단의 총괄적 개념으로서 조경공간을 아름답게 신속하고 경제적으로 완성하는 것이다.

다양하고 아름다운 조경공간을 창조하고 적합한 기능과 작품성을 갖는 조경시설물을 만들기 위해 적절한 재료와 시공방법에 대한 지식과 함께 공사비 산정 등에 관한 적산지식이 필수적이라 할 수 있다.

특히 표준품셈에 수목관련 공사를 제외하고 조경공사비 적산을 위한 「조경공사 표준품셈」을 가지고 있지 못한 현실에서 합리적인 조경공사비 적산을 위해 조경적산 전문지식이 조경전문가에게 매우 필요한 실정이다.

1-2 용어의 정의와 해설

1-2-1. 품셈과 표준품셈

가. 품셈

'품'이란 몸을 움직여서 하는 일에 있어서 그 일을 하는데 드는 힘, 또는 그 일을 하기 위해 몸을 움직이는 힘을 말하며 '품셈'이란 품의 양을 셈하는 순수한 우리말이다.

건설공사의 품셈이란 사람이나 기계 등을 이용하여 어떤 공사 목적물을 완성할 때 목적물의 단위 규격 당 소요되는 노력을 수량으로 나타낸 것이다.

1개 단위공사에 필요한 작업자의 종류 및 품의 소요수량과 기계사용 시 그 종류와 소요량을 표시한 것이라 할 수 있다. 따라서 품셈은 단위 공종의 공사비를 산출하는 가장 중요한 요소이며 원가계산의 기본이라 할 수 있다.

시공에 필요한 품의 양은 재료와 공법 등에 따라 달라지는 것은 물론이거니와 같은 공사 목적물이라 하더라도 다양한 현장여건과 기상조건, 작업자의 숙련도와 태도 등에 따라 매우 달라질 수 있으며 이에 따라 공사비가 달라지게 된다.

따라서 사적(私的)인 공사에 있어서는 어떤 인부를 쓰느냐, 공사여건이 어떠하냐에 따라 임의로 품을 다르게 책정할 수 있으나 공공(公共) 건설공사에서는 현장에 따라 임의대로 품을 책정할 수 없으므로 일정한 기준이 필요하며 전국적으로 적용되는 '품'의 표준적인 계산 기준이 요구된다.

나. 표준품셈

(Standard of Estimated Unit Manpower and Material for construction)

'표준품셈'은 정부, 지방자치단체, 정부투자기관, 공공단체 등이 시행하는 공공 건설공사에 있어서 품의 표준적인 계산기준을 제공하기 위해 전국의 시공현장에서 보편적으로 시공되는 공종의 품셈을 제정한 것이다.

'표준품셈'에는 품의 소요량만이 아니라 부분적으로 표준적인 재료의 소요량도 함께 제시하고 있으며, 공공 건설공사의 적산 시 표준 품셈을 적용하여 일정한 기준 하에 공사비를 산정하므로서 전국적으로 통일성을 기하고 공공 건설공사의 예산을 합리적으로 책정할 수 있도록 하고 있다.

표준품셈은 사회경제적인 여건이나 공법의 변화, 시공장비와 자재 등의 제반 요인에 의해 변할 수 있으므로 과거의 공사실적과 각종 자료, 그리고 관련 이론적 근거를 바탕으로 매년 일부가 개정된다.

국토교통부에서는 '실적공사비 및 표준품셈 관리규정' (국토교통부 훈령 제446호 2004. 1. 1)에 의거 건설공사 표준품셈의 제정 및 개정작업을 공사비 산정기준 관리기관인 '한국건설기술연구원'에 위탁하여 수행하고 있다.

표준품셈은 과거 일본의 「표준보괘」를 모방하여 1970년대 초 처음 만들어 졌으며 그 후 30년 이상 공공공사의 적산을 위한 유일한 기준으로 이용되어 왔다. 그러나 표준품셈은 보편적인 공법 및 공종만을 토대로 작성됨에 따라 건설공사의 다양한 작업조건 및 환경을 반영한 적산이 곤란하며 신기술 및 신공법의 적용이 용이하지 않는 문제점을 안고 있다.

2000년대 이후 시공기술의 급속한 발전과 새로운 소재의 개발이 이어지고 있는데 반해, 표준품셈은 신공법과 신소재의 적용이 용이하지 않아 표준품셈의 적정성에 대한 논란이 지속적으로 제기되고 있으며, 건설기술이 발전하면 할수록 표준품셈은 더욱 복잡하게 되어 체계적인 관리가 어려워지게 되었다.

따라서 정부에서는 이와 같은 문제점을 인식하고 국제화에 따른 제도 개선의 일환으로 미국, 유럽 등 외국의 공사비 적산방식인 「실적공사비(Historical Data) 적산방식」을 도입하여 「표준시장단가」라는 이름으로 이미 건축 및 토목분야에 기존 표준품셈과 병행하여 시행 중에 있으나 조경공사분야는 아직 시행되지 않고 있다.

1-2-2. 일위대가와 공사비내역서

가. 일위대가(一位代價, Itemized Unit Cost)

일위대가란 길이, 면적, 체적, 중량, 개소 등의 시공 단위당(m, m^2, m^3, ton 등)으로 공사비를 산출하여 표준화한 1단위당 공사비 내역을 말한다.

일위대가표는 공사량 1단위당 소요되는 재료비, 노무비, 경비 등이 합산된 공사비 내역 단가를 표로 나타낸 것이다.

일위대가는 1단위의 복합도 및 내용에 따라 기본 일위대가, 표준 일위대가, 중기 일위대가 등으로 분류된다.

■ 기본 일위대가

표준 일위대가의 세 비목 또는 내역서를 구성하는 세부 시공단위 당 공사비를 산출한 일위대가

〈표 1-1〉 인력굴착 (보통토사) (m^3당) 기본일위대가

공종	규격)	단위	수량	노무비		재료비		경비	
				단가	금액	단가	금액	단가	금액
보통인부		인	0.2	165,545.0	33,109.0	0.0	0.0	0.0	0.0
계					33,109.0	0.0	0.0	0.0	0.0

기본 일위대가를 사용하면 동일한 재료와 품이 포함된 여러 공종의 표준 일위대가를 간편하게 작성할 수 있다.

■ 표준 일위대가

공사비 내역서의 주요 구성 비목인 공종 단위당으로 공사비를 산출한 일위대가로서, 표에서 보는바와 같이 기본일위대가(인력굴착)의 단가가 표준일위대가의 한 공종 비목이 된다.

〈표 1-2〉 구조물 기초터파기(보통토사) (m당) 표준일위 대가

공종	규격	단위	수량	노무비		재료비		경비	
				단가	금액	단가	금액	단가	금액
인력굴착	보통토사	m^3	0.25	33,109.0	8,277.2	0.0	0.0	0.0	0.0
되메우기	〃	m^3	0.13	15,561.2	2,022.9	0.0	0.0	0.0	0.0
잔토처리	〃	m^3	0.12	33,109.0	3,973.0	0.0	0.0	0.0	0.0
계					14,273	0	0	0	0

독립된 공종의 내역이 간단할 경우는 기본 일위대가 없이 표준 일위대가 내 모든 재료와 품을 산정할 수 있다.(예: 수목류의 일위대가)

〈표 1-3〉 느티나무(H3.5×R8) 인력시공 (주당) 표준일위대가

공종	규격	단위	수량	노무비		재료비		경비	
				단가	금액	단가	금액	단가	금액
느티나무	H3.5×R8	주	1.1	0.0	0.0	110,000.0	121,000.0	0.0	0.0
조경공		인	0.267	219,533.0	58,615.3	0.0	0.0	0.0	0.0
보통인부		인	0.133	165,545.0	220,17.4	0.0	0.0	0.0	0.0
계					80,632		121,000	0.0	0.0

■ 중기 일위대가

중기의 종류, 규격별로 1시간당 작업비용을 산출한 일위대가

〈표 1-4〉 굴삭기(무한궤도 0.7m^3) 시간당 비용 일위대가

공종	규격	수량	단위	노무비		재료비		경비	
				단가	금액	단가	금액	단가	금액
굴삭기 (무한궤도)	0.7	2.085×10-7		0.0	0.0	0.0	0.0	110,926,000.0	23128.0
경유		11.6	l	0.0	0.0	1,560.0	18096.0	0.0	0.0
잡재료		0.22	%	0.0	0.0	18,096.0	3981.1	0.0	0.0
건설기계 운전기사		0.125	인	267,360	334,20.0	0.0	0.0	0.0	0.0
소계					33,420		22,077		23,128

나. 공사비 내역서

공사비 내역서는 건설공사의 총 공사원가를 계산하기 위해 작성하는 것으로서 단위 공종의 단가에 시공 수량을 곱하여 순 공사비(직접 공사비)를 산출하고 순 공사비에 제 잡비를 더하여 총 공사비를 산출한다.

제 잡비 항목은 간접노무비, 산업재해보상보험료, 산업안전보건관리비, 퇴직공제부금, 고용보험료, 국민건강보험료, 국민연금보험료, 노인장기요양보험료, 환경보전비, 건설기계대여금 지급보증서 발급금액, 기타경비, 일반관리비, 이윤, 부가가치세, 지급자재 등이 있다.

순 공사비에 더하게 되는 제 잡비율은 공사규모에 따라 다르며 각 항목의 적용대상도 각각 다르다. (〈표 1-5〉 조달청 사례 참조)

〈표 1-5〉 제잡비 적용율(조달청 2024년 상반기 조경공사 적용사례)

<table>
<tr><th>구분</th><th>적용 대상</th><th colspan="4">적용율 (예)</th></tr>
<tr><td>순 공사비</td><td colspan="5">① 직접노무비 + ② 재료비 + ③ 직접계상 경비</td></tr>
<tr><td rowspan="6">④ 간접노무비</td><td rowspan="6">①</td><td rowspan="2">공사기간</td><td colspan="3">도급공사비</td></tr>
<tr><td>50억 미만</td><td>50억~300억 미만</td><td>300~1,000억 미만</td></tr>
<tr><td>6개월 이하</td><td>11.3 %</td><td>11.2 %</td><td>11.1 %</td></tr>
<tr><td>7~12개월</td><td>11.5 %</td><td>11.4 %</td><td>11.3 %</td></tr>
<tr><td>13~36개월</td><td>11.4 %</td><td>11.4 %</td><td>11.3 %</td></tr>
<tr><td>37개월 이상</td><td>11.4 %</td><td>11.4 %</td><td>11.2 %</td></tr>
<tr><td>⑤ 산재보험료</td><td>① + ④</td><td colspan="4">4.05 %</td></tr>
<tr><td rowspan="3">⑥ 산업안전보건 관리비</td><td rowspan="3">① + ② + ⑳</td><td rowspan="2">공사종류</td><td colspan="3">재료비+직접노무비+지급자재비</td></tr>
<tr><td>5억 미만</td><td>5억~50억 미만</td><td>50억 이상</td></tr>
<tr><td>특수건설 (조경)</td><td>1.85 %</td><td>1.20%+3,250 천원</td><td>1.27%</td></tr>
<tr><td>⑦ 퇴직공제부금</td><td>①</td><td colspan="4">2.3% (공사예정금액 3억 이상 건설공사)</td></tr>
<tr><td rowspan="3">⑧ 고용보험료</td><td rowspan="3">① + ④</td><td colspan="4">도급공사비 2천만원 이상 공사</td></tr>
<tr><td>7등급 이하 140억 이하</td><td>6등급 (220억~140억)</td><td>5등급 (400억~220억)</td><td>4등급 (550억~400억)</td></tr>
<tr><td>0.87%</td><td>0.88%</td><td>0.89%</td><td>0.92%</td></tr>
<tr><td>⑨ 국민건강 보험료</td><td>①</td><td colspan="4">1.7 %(공사기간 1개월 이내 공사 제외)</td></tr>
<tr><td>⑩ 국민연금 보험료</td><td>①</td><td colspan="4">2.49 %(공사기간 1개월 이내 공사 제외)</td></tr>
<tr><td>⑪ 노인장기요양 보험료</td><td>⑨</td><td colspan="4">7.38 %(공사기간 1개월 이내 공사 제외)</td></tr>
<tr><td>⑬ 건설기계대여금 지급보증서 발급금액</td><td>① + ② + ③</td><td colspan="4">종합공사: 0.13%, 전문공사: 0.11%</td></tr>
<tr><td rowspan="6">⑭ 기타경비</td><td rowspan="6">① + ② + ④</td><td rowspan="2">공사기간</td><td colspan="3">도급공사비</td></tr>
<tr><td>50억 미만</td><td>50억~300억 미만</td><td>300~1,000억 미만</td></tr>
<tr><td>6개월 이하</td><td>7.0 %</td><td>8.0 %</td><td>7.2 %</td></tr>
<tr><td>7~12개월</td><td>7.3 %</td><td>8.3 %</td><td>7.5 %</td></tr>
<tr><td>13~36개월</td><td>8.1 %</td><td>9.1 %</td><td>8.3 %</td></tr>
<tr><td>37개월 이상</td><td>8.2 %</td><td>9.2 %</td><td>8.4 %</td></tr>
</table>

〈표 1-5 계속〉 제잡비 적용율(조달청 2024년 상반기 조경공사 적용사례)

<table>
<tr><th>구분</th><th>적용 대상</th><th colspan="4">적용율 (예)</th></tr>
<tr><td>공사원가 소계(1)</td><td colspan="5">① + ② + ③ + ④ + ⑤ + ⑥ + ⑦ + ⑧ + ⑨ + ⑩ + ⑪ + ⑫ + ⑬ + ⑭</td></tr>
<tr><td rowspan="5">⑮ 일반관리비</td><td rowspan="5">공사원가 소계(1)</td><td>구분</td><td colspan="3">도급공사비</td></tr>
<tr><td rowspan="2">종합공사</td><td>5억 미만</td><td>5억~300억 미만</td><td>300억~1000억 미만</td></tr>
<tr><td>6.0 %</td><td>5.5 %</td><td>5.0 %</td></tr>
<tr><td rowspan="2">전문 공사</td><td>5억 미만</td><td>5억~30억 미만</td><td>30억~100억 미만</td></tr>
<tr><td>6.0%</td><td>5.5%</td><td>5.0%</td></tr>
<tr><td rowspan="2">⑯ 이윤</td><td rowspan="2">소계(1)
+⑮
-②</td><td>공사금액</td><td>50억 미만</td><td>50억~300억 미만</td><td>300~1,000억 미만</td></tr>
<tr><td>비율</td><td>15.0%</td><td>12.0%</td><td>10.0%</td></tr>
<tr><td>총 공사원가 소계 (2)</td><td colspan="5">소계(1) + ⑮ + ⑯</td></tr>
<tr><td>⑰ 부가가치세</td><td colspan="5">소 계 (2) × 10%</td></tr>
<tr><td>⑱ 도급공사비</td><td colspan="5">소 계 (2) + ⑰</td></tr>
<tr><td>기타 지급자재비</td><td colspan="5"></td></tr>
</table>

1-2-3. 공사원가와 총 공사원가 및 순 공사비

가. 공사원가와 총 공사원가

공사원가는 '원가계산에 의한 공사비 계산'시 공사에 필요한 재료비, 노무비, 경비의 합계액을 말한다. 공사원가의 계산은 '표준품셈'에 따른 비목별 가격결정 방법에 따라 계산하며, 품셈을 적용할 수 없는 경우는 적산자의 원가계산 자료에 의한다.

총 공사원가는 공사원가에 일반관리비와 이윤을 합한 것을 말한다.

나. 순 공사비

순 공사비는 시공에 필요한 재료비와 공사현장에 투입되는 직접노무비, 직접경비의 합계액으로서 현장에 소요되는 직접 공사비를 말한다.

1-2-4. 직접공사비와 간접공사비

가. 직접공사비

직접공사비란 '실적공사비 방식에 의한 공사비 계산'시 공사에 직접적으로 소요되는 비용을 말하며 세부 공종별로 구분하여 공종별 단가에 수량을 곱하여 산정한다.

나. 간접공사비

간접공사비란 '실적공사비 방식에 의한 공사비 계산'시 공사를 위하여 공통적으로 소요되는 법정경비 및 기타 부수적인 비용을 말하며, 직접공사비 총액에 일정요율을 곱하여 산정한다.

1-3 적산의 일반 분류

실무에서 적산을 분류하는 방법은 내용의 정밀도와 용도 등에 따라 분류하는 것이며 통상적으로 아래와 같이 분류한다.

1-3-1. 정밀도에 따른 분류

가. 개략(槪略) 적산

공사 목적물에 대한 초기 구상 시 공사비를 추정하는 것으로 규모나 성격이 유사한 공사의 기준에 따른 개략치를 구하는 견적이다.

이 경우에 공사의 규모는 생산시설의 생산량, 건물의 연면적 또는 용적, 수용 단위수(병원의 병상 수, 학교의 학생 수, 주차장의 주차대수) 등으로 표현되며 공사비 적산은 유사사례의 공사비를 기준으로 규모와 물가변동에 대해 보정하여 개략적으로 산출한다.

나. 개산(槪算) 적산

공사 목적물에 대한 기본계획 확정 후 기본계획 도면에 따른 추정공사비를 적산하는 것으로 공사의 종류에 따라 건물의 단위면적, 또는 구조물의 단위 당 가격 등에 공사규모를 곱하여 총공사비를 계산하는 방식이다. (예: 도로나 터널의 연장단위 가격, 교량의 차선 및 연장단위 가격, 녹지 면적당 조성가격 등)

개산적산은 계획의 경제성을 검토하는데 활용할 수 있으며, 이 단계에서 예산과 비교하여 사업을 변경하거나 계획을 수정하여 설계단계로 진행여부를 결정한다.

다. 상세(詳細) 적산

상세한 설계도면과 시방서가 완비된 후 설계도 및 시방서, 현장조건에 따라 모든 부분의 공사에 소요되는 수량 및 금액을 정확히 산출하는 것으로 각 구성요소에 대한 비용을 계산하여 전체 공사비를 산정한다.

공사비 적산은 먼저 공사를 몇가지 구성요소로 분할한 후 각 요소에 대한 물량을 산출하고 각 요소별 물량에 해당 단위당 가격(단가)을 곱하여 요소별 금액을 산정한뒤, 전체를 합산하여 공사비를 산정한다. 이렇게 계산된 적산결과는 공사비 내역서로 작성되어 예산 책정과 입찰, 그리고 시공자의 원가관리 자료로 활용된다.

1-3-2. 용도에 따른 분류

용도에 따른 적산의 분류에서는 산출된 금액이 중요하므로 통상적으로 '~ 견적'이라는 용어로 불린다.

가. 설계견적(적산)

실시설계도면에 따라 설계자 또는 적산자가 작성하는 정밀한 적산으로서 이를 바탕으로 발주자는 공사 예산을 수립하고 예정가격을 결정하게 된다.

나. 입찰견적(적산)

도급자가 공사입찰을 위해 작성하는 견적으로서 입찰자가 실시설계도면에 따라 공사가격을 산출하여 입찰한다. 낙찰제도에 따라 낙찰가격을 정하는 기준이 다르므로 이를 고려하여 작성한다.

다. 실행견적(적산)

도급자가 공사 낙찰 후 공사계약이 이루어지면 공사의 수행에 실제적으로 투입될 예산을 편성하게 되는데, 이때 각 공종별로 실질적이고 상세한 재료 및 품을 계상하고 재료 및 직종별로 실행 가격을 넣어 산출하는 견적이다. 실행견적은 공사현장에서 실제로 집행될 공사비 예산이므로 "실행예산"이라고도 한다.

1-4 적산의 진행과정

1-4-1. 공사비 산출의 일반과정

원가계산에 의한 공사비 산출의 일반적인 과정은 〈표 1-6〉과 같다.

〈표 1-6〉 공사비 산출 과정

가. 설계도서의 검토	해당공사의 설계도면과 시방서를 검토하여 누락되거나 잘못 설계된 부분이 있는지 확인.
⇩	
나. 공사현장 조사	설계도서에 명시되지 않는 사항을 사전조사를 통하여 자료를 수집하여 견적에 반영. (예: 골재원 및 토취장 위치, 자재구입의 용이성, 교통 및 노무 사정 등)
⇩	
다. 수량 산출	설계도면 및 시방서에 의해 재료 소요량 및 필요 노무량 산출
⇩	
라. 단위 공종 품셈 산정	품셈에 의해 단위 공종의 품 결정
⇩	
마. 단가 결정	재료단가, 노무단가, 복합단가로 구성하며 재료 및 노무, 중기 임대료 등 객관성 있는 기준 가격 결정
⇩	
바. 일위대가표 작성	단가와 품셈에 의해 단위공종의 일위대가표 작성
⇩	
사. 순 공사비 산정	각 공종별 수량에 일위대가표의 단가를 곱하여 해당 공종의 세목별 공사비(재료비, 인건비, 중기경비)를 산출
⇩	
아. 총 공사비 산정	공사규모와 여건에 맞는 제 잡비율을 산정하여 총 공사비를 산출하고 공사비 내역서 작성

1-4-2. 공공공사의 예정가격 결정과정

현행 국내의 공공공사 적산은 해당 공사에 필요한 예산을 확보하고 입찰예정가격을 결정하기 위해 수행된다.

예정가격 산정은 공사의 종류와 규모 및 내용에 따라 원가계산에 의한 방법, 거래실례가격에 의한 방법, 실적공사비에 의한 방법 등을 선택하여 적용하며 총 공사비를 산정한 후 공사 예정가격은 공사의 특성에 따라 재무관이 최종 조정하여 결정한다.

〈표 1-7〉 예정가격 산정절차

가. 순 공사비 산정	• 원가계산방식: 재료비, 노무비, 직접경비 계산 • 실적공사비 방식: 직접공사비 계산
⇩	
나. 총 공사비 산정	• 원가계산방식: 비율에 의한 제 잡비 계산 • 실적공사비 방식: 간접공사비 계산
⇩	
다. 예정가격 결정	• 재무관이 조정, 결정

CHAPTER 02 공사비 산정방식

공사비를 산정하는 방식은 여러 가지로 분류할 수 있는데 공사비 산출 기준을 어디에 두느냐에 따라 원가계산에 의한 방식, 실적공사비에 의한 방식, 거래실례가격에 의한 방식 등으로 나눌 수 있다.

2-1 원가계산에 의한 방식

2-1-1. 원가계산 방식 개요

원가계산에 의한 방식은 가격을 형성하는 각각의 요소에 대해 적정한 가격을 조사하고 이것을 요소별로 계산하여 집계해 가는 방식을 말한다. 즉, 각 공종 별로 노무비, 재료비, 경비를 산출하여 단가를 결정하는 방식이며 현재 우리나라와 일본 등에서 이 방식을 적용하고 있다.

이 방식은 분석적이고 체계적이며 특히 공사비 산출의 투명성을 잘 나타내므로 특히 공공공사에 많이 적용되고 있다. 우리나라 공공공사(公共工事)의 예정가격 산정 시에 공사에 필요한 재료량, 노무량, 기계의 투입량 및 현장의 시공관리 비용 등을 순차적으로 집계하는 전형적인 원가계산방식을 적용하고 있다.

이 방식은 공사원가를 산출하는데 있어서 명료성이 뛰어나다고 할 수 있지만 건설시장의 변화하는 상황을 즉각적으로 반영할 수가 없기 때문에 항상 현장의 실제 시공가격과 괴리가 존재한다. 또한 복잡한 계산과정을 거치므로 공사비를 산출하는데 많은 시간을 투입해야 한다.

그동안 이 방식을 사용한 주된 이유는 건설공사의 수행방식이 공산품과 달리 주문생산 방식으로 수행되기 때문이다. 즉, 반복생산이나 대량생산이 어려우며, 목적물이 동일하다 해도 시공조건이 다르기 때문에 생산가격이 변하는 등 공장에서 표준적으로 생산되는 공산품과는 다른 특수성을 갖고 있어 공산품 가격처럼 일정한 가격 책정이 어려우며 매 공사마다 가격을 산정해야 하기 때문이다.

2-1-2. 원가계산에 의한 공사비 구성

공사원가는 재료비, 노무비, 경비의 합계로 이루어지며 총 공사원가는 공사원가에 일반관리비와 이윤을 더하여 이루어진다.

총 공사원가에 각종세금을 더하면 발주자가 공사 도급자에게 지불하는 도급공사비가 된다.

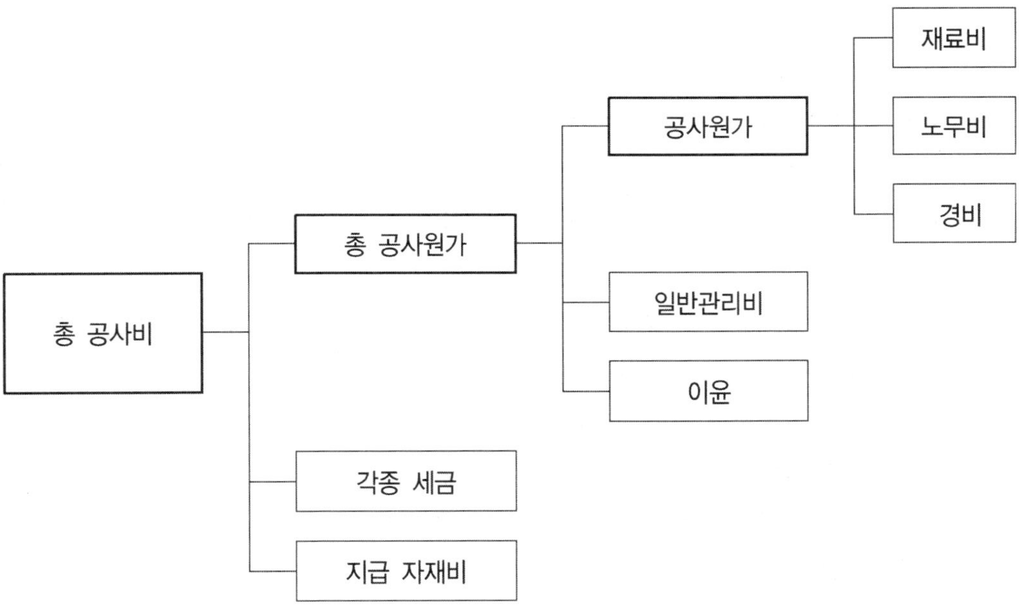

〈그림 2-1〉 원가계산에 의한 공사비 구성

2-1-3. 원가계산방식의 문제점

가. 발주기관 원가계산의 비합리성

원가계산 방식은 전술한 바와 같이 공사원가를 산출하는데 있어서 명료성이 뛰어나며, 분석적이고 체계적이어서 공사비 산정의 투명성을 잘 나타내므로 공공공사 적산에 많이 사용되고 있다.

공공공사 발주 시 발주자가 작업조건, 시공방법 등 해당사업의 모든 조건을 예측하고 판단하여 각 공종의 세부적인 공사원가를 계산하고 총 공사비를 산정하는 것이므로 공사비 산출에 많은 시간과 노력을 투입하여 공사비를 산정하고 있다.[1)]

그러나 실제 시공자가 수행하는 공사 방법과는 차이가 있을 수 있으며, 공사 수행 시 실제 소요되는 공사비와 많은 차이를 나타낼 수 있다.

발주자가 공사비를 계산하는 기본목적은 해당공사의 비용을 예측하여 예정가격을 작성하는 것이며 이를 통해 합리적인 예산관리를 하는데 그 의의가 있다. 따라서 공사가 이루어지는 시점의 실제 공사가격을 예측하는 것이 중요하며 합리적인 공사비를 지불하고 발주자가 정한 품질기준에 맞는 공사목적물을 인수하면 발주자의 목적은 달성되는 것이다.

따라서 소비자가 공산품을 살 때 일일이 원가분석을 하지 않고 정해진 소비자 가격에 따라 구매하듯이 공사 목적물도 건설시장에서 건설시기에 따라 정해진 가격이 있다면 발주자는 굳이 원가계산을 하지 않아도 되는 것이다.

원가계산에 의한 방식을 쓰는 주된 이유는 건설공사의 경우 주문생산 방식으로 수행되며 발주자별로 요구하는 목적물이 다르고, 반복생산이나 대량생산이 곤란하며, 목적물이 동일하다 해도 시공조건이 다르기 때문에 생산가격이 변하는 등 공산품과는 다른 특수성을 갖고 있기 때문이다. 그러나 현 시대는 건설공종의 많은 부분이 표준화가 되어 있으며 이미 반복생산과 대량생산으로 시장가격이 형성되어 있어 발주자에 의한 원가계산의 필요성이 희박해지고 있다.

우리나라에서는 발주자가 일일이 원가계산을 하여 공사비를 산정하여도 예정가격 사정(예가사정)과 낙찰의 과정을 거치면서 총액이 달라지게 되어 정밀하게 수행한 원가계산의 의미가 희석되는 결과를 갖게 되며, 실제공사 수행에 있어서도 공사 예정가격과 공사 실행가격과는 많은 차이를 나타내고 있다.

---

1) 현재 대부분의 발주자가 설계용역을 통해 공사비 내역서를 작성하고 있어 발주자가 직접 적산을 하는 경우는 거의 없으나 공사비 내역서 작성의 담당과 책임은 발주자에게 있는 것이다.

나. 표준품셈의 비 적정성

공사원가계산을 위한 절대적 기준은 표준품셈으로서 약 50년 이상 공공공사의 적산을 위한 보편적 기준으로 이용되어 왔다. 그러나 표준품셈은 보편적인 공법 및 공종만을 토대로 표준적인 품셈만을 수록해 놓은 것으로써 건설공사의 다양한 작업조건 및 작업환경을 반영한 적정한 적산이 곤란하다.

특히 소량 다품목의 특성을 가진 공사의 경우 표준품셈에 의거 일위대가를 작성할 때 특성을 제대로 반영한 품셈을 적용하기 어려워 매우 불리한 가격으로 원가계산이 될 수 밖에 없다.

이와 같은 현상이 두드러지게 나타나는 공종이 바로 조경시설물 공사이며 현행 표준품셈으로는 조경시설물 공사의 특성을 반영한 합리적인 적산이 곤란하며 불리한 가격으로 산정된 공사비는 시공품질 저하 또는 시공업체의 채산성 악화로 연결된다.

또한 표준품셈에 수록되어 있지 않는 새로운 공법과 신자재의 경우, 주먹구구식 견적에 의거하거나 투명한 적산이 어려워 설계 적용을 포기하는 사례가 많다.

이와 같이 표준품이 시공기술의 급속한 발전과 새로운 공법의 개발에 따라 신속히 대응하지 못함으로 인해 품셈의 적정성에 대한 논란이 지속적으로 제기되고 있다.

2-2 실적공사비(표준시장단가)에 의한 방식

2-2-1. 실적공사비방식 개요

실적공사비(표준시장단가) 적산방식은 입찰자(시공자)가 실제 공사를 수행하기 위해 입찰시 제시한 단가를 발주기관별로 축적하여 향후 유사공사 발주 시 예정가격 산정의 기준단가로 활용하는 방식이다.

우리나라에서는 몇 년 전부터 "실적공사비" 라는 용어를 "표준시장단가"라는 용어로 대체하여 사용하고 있다.

이 방식은 유럽과 미국 등 선진국에서 주로 활용되고 있는 방식으로서 유사 공사의 공종별 단가에 대한 정보를 지속적으로 축적하고 적정한 단가를 찾아내어 다음 공사의 공종 단가로 활용하는 방식이다. 단가에 대한 정보는 주로 입찰 시 시공자가 단가를 기입하여 제출한 내역서에서 얻어내고 있다.

이 방식은 해당 공종의 원가를 세부적으로 계산할 필요 없이 재료비, 노무비, 경비의 구분이 없는 단일 단가로 공사비를 산정하므로 발주자의 적산 업무가 간편하고 효율적이며 산출한 공사비가 실제 공사가격에 근접하게 된다.

이 방식의 공공공사의 적산 시 효율적이고 건설시장의 동향을 즉각적으로 반영할 수 있으므로 매우 합리적인 적산방식이나 표준화된 공종 분류체계 아래 오랜 기간 동안 축적된 공사비 자료가 있어야 적용 가능하다.

2-2-2. 실적공사비에 의한 공사비 구성

시공에 투입되는 직접공사비는 재료비, 노무비, 경비의 합계로 이루어지며 공사비는 직접공사비에 간접공사비와 일반관리비, 이윤을 더하여 이루어 진다.

공사비에 각종세금을 더하면 발주자가 공사도급자에게 지불하는 도급공사비가 된다.

〈그림 2-2〉 실적공사비 방식에 의한 공사비 구성

2-2-3. 실적공사비 적산방식의 의의와 특성

가. 의의

실적공사비 적산방식은 입찰자(시공자)가 실제 공사를 수행하기 위해 산정한 단가를 발주기관별로 축적하여 향후 유사공사 발주 시 예정가격 산정의 기준단가로 활용한다는 기본개념을 가지며, 실적공사비 적산방식 도입시의 기대효과는 다음과 같이 요약될 수 있다.

- 시공기술 발전 및 경제상황 변화에 대한 융통성 있는 대응이 가능.
- 공사유형별로 특성을 고려한 합리적이고 현실적인 공사비 산정이 가능.
- 발주자 적산업무의 간소화로 업무효율이 증대.
- 시공자의 기술능력 및 자율적인 작업방법의 적용이 가능.
- 적산방식이 외국방식과 호환성을 갖게 되어 건설시장 개방과 해외진출에 유리.

우리나라도 원가계산 적산방식의 한계를 극복하고 시공가격을 적정하게 반영할 수 있는 실적공사비에 의한 적산방식으로 적산제도를 개선할 필요가 있다.

나. 적산자료의 표준화

현행 원가계산방식에서는 내역서를 구성하는 항목에 대한 표준화가 크게 요구되지 않지만 실적공사비 방식에서의 내역서 단가는 과거에 수행된 공사의 내역서로부터 발생하는 공사비 자료이므로 주요한 자료원(Source)인 내역서가 통일된 기반 위에서 작성되어야 한다는 전제가 필요하다.

이와 같은 필요성을 만족시키기 위해서 내역서 작성방법과 단가 산정의 표준단위, 단가 산정 시 고려해야 할 포함작업의 내용 등을 명확히 규정하는 기준서인 「수량산출기준」의 제정이 선행되어야 하며, 실적공사비 단가는 「수량산출기준」에 따라 낙찰자가 작성, 제출하는 산출내역서로부터 얻어지는 공사비자료가 되므로 표준화되어 축적된다.

다. 공사단가자료의 단일화

현행 원가계산방식에서의 공사단가 자료는 일위대가로서 공종별 단위수량의 시공에 소요되는 수량(단위수량 시공에 투입되는 재료량, 노무량 등)과 이에 따른 단위당 가격(자재단가, 노임단가, 직접경비 등)으로 이원화되어 있다. 즉, 1개의 공종 단가 속에 2-3개의 단가가 별도로 계산되는 복합단가의 성격을 갖는다.

그러나 실적공사비는 내역항목 각각의 단위수량을 시공하는데 소요되는 가격에 대한 단가정보로서 단일단가 개념이다. 예를 들어 공산품의 제품단가와 같이 재료단가, 노무단가, 경비단가의 구분이 없는 단일단가 자료이다.

2-2-4. 실적공사비 방식의 내역서 구성체계

실적공사비 적산방식에서 내역항목은 본체공사항목(목적물 본체의 시공에 투입되는 공종과 관련된 항목)과 공통비용항목(공사에 공통으로 소요되는 비용 또는 목적물의 실체를 형성하지 않는 가설시설 항목)으로만 나누어진다.

가. 본체공사 항목

내역서 체계의 기본이 되는 공종 분류를 현행 원가계산방식에서처럼 작업중심이 아니라 대상목적물 중심의 공종분류를 적용한다. 그 이유는 발주자의 입장에서는 작업방식 예를 들어, 인력공사이냐, 기계시공이냐 등이 중요한 것이 아니라 공사목적물의 품질과 결과가 중요한 것이기 때문이다. 다시 말해 작업의 방식은 시공자의 몫이며 발주자는 원하는 결과물에 합당한 가격만 책정하면 되는 것이다.

〈표 2-1〉의 콘크리트 타설에서 보는 바와 같이 원가계산방식은 시공방법, 장비를 중심으로 분류하고 있는 반면, 실적공사비 적산방식에서는 타설 부위에 따라 분류하고 있다.

〈표 2-1〉 콘크리트 공사 분류

원가계산 방식		실적공사비 방식	
무근 구조물 철근 구조물 소형 구조물	• 인력비빔타설 • 기계비빔타설 • 레미콘 타설	무근 구조물 철근 구조물 PS 구조물	• 기초 부위 • 슬래브 부위 • 벽체 • 기둥 • 교각 • 보

나. 공통비용 항목

공통비용은 공사목적물을 직접 형성하는 것은 아니지만, 공사목적물의 시공을 위해 필요한 가설 시설물과 현장관리 및 기업의 운영을 위해 소요되는 비용이다.

즉, 목적물 본체를 시공하기 위해 공통으로 소요되는 간접비용 또는 목적물 실체를 형성하지 않는 가설시설 등에 대한 공사비 항목을 말하며 본체공사 항목과는 별도로 작성한다.

공통비용은 가설공사, 공통장비, 현장관리, 일반관리 등으로 구성되며 현장관리, 일반관리 등은 본체공사비의 비율로 공사비를 산출한다.

2-3 거래실례가격에 의한 방식

거래실례가격에 의한 방식은 건설시장에서 형성된 거래가격을 이용하여 공사비를 적산하는 방식이다. 즉 공사를 구성하는 일부 또는 전부의 공종에 대하여 자재비, 노무비, 경비 등 시공단위당 단가를 시장가격 그대로 반영하는 방식이다.

이 방식은 현재의 시장가격을 즉각적으로 반영할 수 있어 현행 법규에 구애받지 않는 민간 공사에서 자주 쓰이고 있는 방식이다. 그러나 이 방식은 단가를 결정하는데 있어 적산자의 주관적인 결정이 개입할 소지가 있어 가격의 객관성과 단가 결정의 투명성을 유지하기가 쉽지 않고 가격조사에 많은 시간을 투입해야 하는 단점을 가지고 있다.

따라서 공사비 전체를 거래실례가격에 의한 방식으로 산정하는 경우는 거의 없으며 원가계산 방식이나 실적공사비 방식의 공사비 과정에서 가격결정이 어려운 새로운 공종이나 가격비교가 어려운 공종의 공사비를 산정할 때 사용되는 방식이다.

일반적으로 공공공사에서는 독과점 품목(특허 제품, 정부규제 제품 등) 또는 신제품, 신공법 등 원가 계산이 불가능한 비목(費目) 등에 제한적으로 이 방식을 적용하고 있다.

CHAPTER 03

국내 · 외 적산관련 법규 및 제도

우리나라의 적산방식은 원가계산에 의한 방식을 근간으로 일부 시장단가방식을 혼용하여 시행하고 있다. 일본은 원가계산에 의한 방식을 주로 사용하여 왔으나 1990년대 부터 실적공사비 적산방식을 적극 도입하여 현재 많은 부분 실적공사비 방식을 사용하고 있다. 미국과 유럽 선진국은 원가계산에 의한 방식을 사용하지 않고 있으며 실적공사비 적산방식으로 거의 모든 공사비를 산정하고 있다.

3-1 국내 적산관련 법규 및 제도

우리나라는 현재 건설공사의 예정가격 산정시 원가계산에 의한 방식을 주로 사용하고 있으며 대형 건축 및 토목공사에 표준시장단가(실적공사비)방식을 혼용하고 있다.

현재 국내의 건설공사 발주금액 규모를 볼 때 현재 약 30%이상이 국가, 지자체, 공공기관 등의 발주에 의존하고 있으며, 특히 조경공사는 50% 이상이 공원 · 녹지 조성 등 공공공사에 의존하고 있어 공공공사의 적산근거에 대한 지식이 필요하다. 또한 원가계산의 기본이 되는 표준품셈도 정부에서 관리하고 있어 적산 관련제도나 법규에 대한 이해가 필수적이다.

공공공사의 공사비 산정방법을 규정하는 가장 기본적인 법규는 국가와 공공기관 등을 대상으로 하는「국가를 당사자로 하는 계약에 관한 법률」이며 시행령과 시행규칙에 그 기준과 방법을 명시하고 있다.

또한 지방자치단체를 대상으로 하는 「지방자치단체를 당사자로 하는 계약에 관한 법률」과 시행령, 시행규칙이 있으며 공사비 산정방식에 관한 보다 구체적 기준은 「예정가격 작성준칙」과 관련 정부부처 고시 등에서 보완하고 있다.

3-1-1. 국가를 당사자로 하는 계약에 관한 법률, 시행령, 시행규칙

가. 국가를 당사자로 하는 계약에 관한 법률

(제정: 1995. 1.05., 최근개정 2023. 7.18.)

• 법 제1조 [목적]

이 법은 국가를 당사자로 하는 계약에 관한 기본적인 사항을 정함으로써 계약업무의 원활한 수행을 도모함을 목적으로 한다.

• 법 제2조 [적용범위]

이 법은 국제입찰에 의한 정부조달계약, 국가가 대한민국 국민을 계약상대자로 하여 체결하는 계약(세입의 원인이 되는 계약을 포함) 등 국가를 당사자로 하는 계약에 대하여 적용한다.

• 법 제8조의 2 [예정가격의 작성]

① 각 중앙관서의 장 또는 계약담당공무원은 입찰 또는 수의계약 등에 부칠 사항에 대하여 낙찰자 및 계약금액의 결정기준으로 삼기 위하여 미리 해당 규격서 및 설계서 등에 따라 예정가격을 작성하여야 한다. 다만, 다른 국가기관 또는 지방자치단체와 계약을 체결하는 경우 등 대통령령으로 정하는 경우에는 예정가격을 작성하지 아니하거나 생략할 수 있다.

② 각 중앙관서의 장 또는 계약담당공무원이 제1항 본문에 따른 예정가격을 작성할 경우에는 계약수량, 이행기간, 수급상황, 계약조건 등을 고려하여 계약목적물의 품질 · 안전 등이 확보되도록 적정한 금액을 반영하여야 한다.

③ 제1항 본문에 따른 예정가격의 작성시기, 결정방법, 결정기준, 그 밖에 필요한 사항은 대통령령으로 정한다.

나. 국가를 당사자로 하는 계약에 관한 법률 시행령

(제정: 1995. 07.06, 최근개정 2023. 11.16.)

- 시행령 제1조 [목적]

이 영은 「국가를 당사자로 하는 계약에 관한 법률」에서 위임된 사항과 그 시행에 관하여 필요한 사항을 규정함을 목적으로 한다.

- 시행령 제2조 [정의]

2. "예정가격"이라 함은 입찰 또는 계약체결 전에 낙찰자 및 계약금액의 결정기준으로 삼기 위하여 미리 작성·비치하여 두는 가액으로서 제8조의 규정에 의하여 작성된 가격을 말한다.
3. "고시금액"이라 함은 법 제4조의 제1항 본문의 규정에 의하여 기획재정부 장관이 고시한 금액을 말한다.

- 시행령 제8조 [예정가격의 결정방법]

① 예정가격은 계약을 체결하고자 하는 사항의 가격의 총액에 대하여 이를 결정하여야 한다. 다만, 일정한 기간 계속하여 제조 · 공사 · 수리 · 가공 · 매매 · 공급 · 임차 등을 하는 계약의 경우에 있어서는 단가에 대하여 예정가격을 결정할 수 있다.

② 공사계약에 있어서 그 이행에 수년이 걸리며 설계서 등에 의하여 전체의 사업 내용이 확정된 공사(이하 "장기계속공사"라 한다) 및 물품의 제조 등의 계약에 있어서 그 이행에 수년이 걸리며 설계서 또는 규격서 등에 의하여 당해 계약 목적물의 내용이 확정된 물품의 제조 등(이하 "장기물품제조 등"이라 한다)의 경우에는 총 공사 · 총 제조 등에 대하여 예산상의 총 공사금액 또는 총 제조금액 등의 범위 안에서 예정가격을 결정하여야 한다.

- 시행령 제9조 [예정가격의 결정기준]

① 각 중앙관서의 장 또는 계약담당공무원은 다음 각 호의 가격을 기준으로 하여 예정 가격을 결정하여야 한다.

1. 적정한 거래가 형성된 경우에는 그 거래실례가격(법령의 규정에 의하여

가격이 결정된 경우에는 그 결정가격의 범위 안에서의 거래실례가격)

2. 신규 개발품이거나 특수규격품 등의 특수한 공사 · 용역 등 계약의 특수성으로 인하여 적정한 거래실례가격이 없는 경우에는 원가계산에 의한 가격, 이 경우 원가계산에 의한 가격은 계약의 목적이 되는 물품 · 공사 · 용역 등을 구성하는 재료비·노무비 · 경비와 일반관리비 및 이윤으로 이를 계산한다.
3. 공사의 경우 이미 수행한 공사의 종류별 시장거래가격 등을 토대로 산정한 표준시장단가로서 중앙관서의 장이 인정한 가격
4. 제1호 내지 제3호의 규정에 의한 가격에 의할 수 없는 경우에는 감정가격, 유사한 물품 · 공사 · 용역 등의 거래실례가격 또는 견적가격

③ 각 중앙관서의 장 또는 계약담당공무원은 제1항의 규정에 의하여 예정가격을 결정함에 있어서는 계약수량, 이행기간, 수급상황, 계약조건, 기타 제반여건을 참작하여야 한다.

다. 국가를 당사자로 하는 계약에 관한 법률 시행규칙

(제정: 1995.07.06. 최근개정 2023. 11.02.)

- 시행규칙 제5조 [거래실례가격 및 표준시장단가에 의한 예정가격 결정]

① 거래실례가격으로 예정가격을 결정함에 있어서는 다음 각 호의 1의 가격에 의하되, 당해 거래실례가격에 일반관리비 및 이윤을 따로 가산하여서는 아니된다.

1. 조달청장이 조사하여 통보한 가격
2. 기획재정부 장관이 정하는 기준에 적합한 전문가격 조사기관으로서 기획재정부 장관에게 등록한 기관이 조사하여 공표한 가격
3. 각 중앙관서의 장 또는 계약담당 공무원이 2인 이상의 사업자에 대하여 당해 물품의 거래 실례를 직접 조사하여 확인한 가격

② 실적공사비에 의하여 예정가격을 결정함에 있어서는 이미 수행한 공사의 계약단가를 활용하되, 이와 관련하여 필요한 사항은 기획재정부 장관이 정한다.

- 시행규칙 제6조 [원가계산에 의한 예정가격의 결정]

① 공사 · 제조 · 구매 및 용역의 경우 원가계산에 의한 가격으로 예정가격을 결정함에 있어서는 그 예정가격에 다음 각 호의 비목을 포함시켜야 한다.

1. 재료비: 계약목적물의 제조, 시공, 용역 등에 소요되는 소요 규격별 재료량에 그 단위당 가격을 곱한 금액
2. 노무비: 계약목적물의 제조, 시공, 용역 등에 소요되는 공종별 노무량에 그 노임단가를 곱한 금액
3. 경비: 계약목적물의 제조, 시공, 용역 등에 소요되는 비목별 경비의 합계액
4. 일반관리비: 재료비, 노무비, 경비의 합계액에 제8조 제1항의 규정에 의한 일반관리비율을 곱한 금액
5. 이윤: 노무비, 경비(기획재정부 장관이 정하는 비목을 제외), 일반관리비의 합계액에 제8조 제2항의 규정에 의한 이윤율을 곱한 금액

④ 재료비, 노무비 및 경비의 비목은 기획재정부 장관이 따로 정한다.

- 시행규칙 제7조 [원가계산을 할 때 단위당 가격의 기준]

① 원가계산을 할 때 단위당 가격은 다음 각 호의 1의 가격을 말하며, 그 적용순서는 다음 각 호의 순서에 의한다.

1. 거래실례가격 또는 통계법 제15조에 따른 지정기관이 조사하여 공표한 가격
2. 제10조 1호 내지 3호의 규정에 의한 가격

② 각 중앙관서의 장 또는 계약담당공무원은 제1항 제1호에 따른 가격을 적용함에 있어 다음 각 호의 1에 해당하는 경우에는 당해 노임단가에 동 노임단가의 100분의 15 이하에 해당하는 금액을 가산할 수 있다.

1. 기능계 기술자격 취득자를 특별히 사용하고자 하는 경우
2. 도서지역 및 오지지역에서 이루어지는 공사의 경우

- 시행규칙 제8조 [원가계산에 의한 예정가격 결정의 일반관리비 및 이윤율]

① 원가계산에 의한 가격으로 예정가격 결정함에 있어서 일반관리비의 비율은 다음 각 호의 1의 율을 초과하지 못한다.

1. 공사: 100분의 6　　　　12. 용역: 100분의 6

② 원가계산에 의한 가격으로 예정가격 결정함에 있어서 이윤율의 비율은 다음 각 호의 어느 하나에 해당하는 율을 초과하지 못한다.

1. 공사: 100분의 15 4. 용역: 100분의 10

- 시행규칙 제10조 [감정가격 등에 의한 예정가격의 결정]

감정가격, 유사한 거래실례가격 또는 견적가격은 다음 각 호의 1의 가격을 말하며, 그 적용순서는 다음 각 호의 순서에 의한다.

1. 감정가격: 부동산가격공시 및 감정평가에 관한 법률에 의한 감정평가법인 또는 감정 평가사가 감정평가한 가격
2. 유사한 거래실례가격: 기능과 용도가 유사한 물품의 거래실례가격
3. 견적가격: 계약상대자 또는 제3자로부터 직접 제출받은 가격

- 시행규칙 제11조 [예정가격 결정시의 세액 합산 등]

① 예정가격에는 다음 각 호의 세액을 포함시켜야 한다.

1. 부가가치세법에 의한 부가가치세
2. 개별소비세법에 의한 개별소비세
3. 교육세법에 의한 교육세
4. 관세법에 의한 관세
5. 농어촌특별세법에 의한 농어촌특별세

3-1-2. 지방자치단체를 당사자로 하는 계약에 관한 법률, 시행령, 시행규칙

(제정: 2005.08.04. 최근개정 2023. 8.16.)

우리나라에서 지방자치제가 시행된 이후 지방차지단체에서 발주하는 공공공사 계약의 법적 기반을 제공하기 위해 2005년 국가를 당사자로 하는 계약에 관한 법률, 시행령, 시행규칙과 동일한 내용으로 '국가'라는 용어를 '지방자치단체'로 바꾸어 지방자치단체를 당사자로 하는 계약에 관한 법률, 시행령, 시행규칙을 제정하였다.

- 법 제1조 [목적]

이 법은 지방자치단체를 당사자로 하는 계약에 관한 기본적인 사항을 정함으로써 계약업무를 원활하게 수행할 수 있도록 함을 목적으로 한다.

• 법 제2조 [적용범위]

이 법은 지방자치단체가 계약상대자와 체결하는 수입 및 지출의 원인이 되는 계약 등에 대하여 적용한다.

• 법 제11조 [예정가격의 작성]

- 국가를 당사자로 하는 계약에 관한 법률 제8조의 2 와 내용 동일-

• 시행령 제2조 [정의] , 제9조 [예정가격의 결정방법], 제10조 [예정가격의 결정기준]

- 국가를 당사자로 하는 계약에 관한 법률 시행령 제2조, 제8조, 제9조와 내용 동일

• 시행규칙 제5조 [거래실례가격 및 표준시장단가에 의한 예정가격 결정],
제6조 [원가계산에 의한 예정가격의 결정]
제7조 [원가계산 시 단위당 가격의 기
제8조 [원가계산에 의한 예정가격 결정의 일반관리비 및 이윤율]
제10조 [감정가격 등에 의한 예정가격의 결정]
제11조 [예정가격 결정시의 세액 합산 등]

- 국가를 당사자로 하는 계약에 관한 법률 시행규칙 제5조, 제6조, 제7조, 제8조, 제10조, 제11조와 내용 동일-

3-1-3. 예정가격 작성기준

(계약예규 제 653호, 최근개정 2023. 6.16)

가. 제1장 총칙

• 제1조 [목적]

이 예규는 「국가를 당사자로 하는 계약에 관한 법률 시행령」(이하 "시행령"이라 한다) 제9조제1항제2호 및 「국가를 당사자로 하는 계약에 관한 법률 시행규칙」(이하 "시행규칙"이라 한다) 제6조의 규정에 의한 원가계산에 의한 예정가격 작

성, 시행령 제9조제1항제3호 및 시행규칙 제5조제2항의 규정에 의한 표준시장단가에 의한 예정가격 작성 및 시행규칙 제5조의 규정에 의한 전문가격조사기관(이하 "조사기관"이라 한다)의 등록 등에 있어 적용하여야 할 기준을 정함을 목적으로 한다.

나. 제2장 원가계산에 의한 예정가격 작성

• 제3조 [원가계산의 구분]

원가계산은 제조원가계산과 공사원가계산 및 용역원가계산으로 구분하되, 용역원가계산에 관하여는 제4절 및 제5절의 규정에 의한다.

• 제4조 [원가계산의 비목]

원가계산은 재료비, 노무비, 경비, 일반관리비 및 이윤으로 구분하여 작성한다.

• 제5조 [비목별 가격결정의 원칙]

① 재료비, 노무비, 경비는 각각 아래에서 정한 산식에 따른다.

② 재료비, 노무비, 경비의 각 세비목별 단위당가격은 시행규칙 제7조의 규정에 의하여 계산한다.

③ 계약담당공무원은 재료비, 노무비, 경비의 각 세비목 및 그 물량(재료량, 노무량, 소요량) 산출은 계약 목적물에 대한 규격서, 설계서 등에 의하거나 제34조에 의한 원가계산자료를 근거로 하여 산정하여야 하며, 일정률로 계상하는 일반관리비, 간접노무비 등에 대해서는 사전 공고한 공사원가 제 비율을 준수하여야 한다.

④ 계약담당공무원은 제3항의 각 세비목 및 그 물량산출에 있어서는 계약목적물의 내용 및 특성 등을 고려하여 그 완성에 적합하다고 인정되는 합리적인 방법으로 작성하여야 한다.

• 제6조 [원가계산에 의한 예정가격 작성 시 주의사항]

① 계약담당공무원은 원가계산방법 으로 예정가격을 작성할 때에는 계약수량, 이행의 전망, 수급상황, 계약조건 기타 제반여건을 고려하여야 한다.

② 계약담당공무원은 표준품셈을 이용하여 원가계산을 하는 경우에는 가장 최근

의 표준품셈을 이용하여야 한다.

③ 계약담당공무원은 원가계산의 단위당 가격을 산정함에 있어 소요물량, 거래조건 등 제반사정을 고려하여 객관적으로 단가를 산정하여야 한다.

- 제15조 [공사원가]

공사원가라 함은 공사시공과정에서 발생한 재료비, 노무비, 경비의 합계액을 말한다.

다. 제3장 표준시장단가에 의한 예정가격작성

- 제37조 [표준시장단가에 의한 예정가격의 산정]

① 표준시장단가에 의한 예정가격은 직접공사비, 간접공사비, 일반관리비, 이윤, 공사손해보험료 및 부가가치세의 합계액으로 한다.

② 시행령 제42조제1항에 따라 낙찰자를 결정하는 경우로서 추정가격이 100억원 미만인 공사에는 표준시장단가를 적용하지 아니한다.

3-1-4. 관련 정부부처 고시

원가계산에 의한 예정가격 산정 시 경비에 포함되는 산업재해 보상보험료, 산업안전보건관리비, 고용보험료, 국민건강보험료, 국민연금보험료 등의 산정에 필요한 요율은 관련 정부부처의 고시에 따라 적용하게 되어있다.

- 산업재해보상보험료 계상을 위한 건설공사 적용요율 : 고용노동부 고시
- 건설업 산업안전보건관리비 계상 및 사용기준 : 고용노동부 고시
- 고용보험료 계상을 위한 노무비율 : 고용노동부 고시
- 국민건강보험료, 국민연금보험료 적용요율 : 국토교통부 고시

이상과 같이 국가를 당사자로 하는 계약에 관한 법률 시행령에 공사비 산정방식과 구성요소 기준을 명시하고 있으며 시행규칙에서 구성요소의 결정기준에 관한 구체적인 내용을 명시하고 있다. 또한 법규에서 수록하지 못한 비목별 내용과 작성 기준은 기획재정부 계약예규인 「예정가격작성기준」에 상세하게 보완하고 있다.

3-1-5. 표준품셈의 관리

공공공사에 있어 원가계산에 의한 예정가격 산정의 근간이 되는 것은 표준품셈이다. 과거의 품셈 기준은 정부 각 부처별로 제각기 제정하여 사용하다가 1970년 1월 이후 당시 경제기획원 주도로 건축, 토목, 기계설비, 전기 및 통신 등 4개 부문별로 통합하고 표준품셈을 제정 · 관리하였다.

1976년 12월 이후 4개 부문을 토목 · 건축 · 기계설비와 전기 설비 그리고 통신 설비 3개 부문으로 분류하여 해당 부처에서 제 · 개정작업을 시행토록 하였으며 현재는 표준품셈의 실제적인 제·개정 등의 관리업무를 각 부처별 훈령에 의해 '표준품셈 관리단체'를 지정하여 위탁 관리하고 있다.

〈표 3-1〉 현행 표준품셈의 관리기관

부문별	소관부처	관리기관
토목 · 건축 · 기계설비	국토교통부	한국건설기술연구원
전기 설비	산업통상자원부	대한전기협회
정보통신 설비	방송통신위원회	한국정보통신공사협회

■ 표준시장단가 및 표준품셈 관리규정

(제정: 건설교통부 훈령 제446호 2003.12.31. 최근개정: 제493호 2015. 2.16)

• 제1조 [목적]

이 규정은 국가를 당사자로 하는 계약에 관한 법률 시행령 제9조 제1항 제2호 및 제3호에 의하여 예정가격의 결정에 기초자료가 되는 토목공사(건설기계·측량부문을 포함한다), 건축공사, 기계 · 설비공사부문의 표준시장단가, 표준품셈을 효율적으로 관리하기 위하여 필요한 사항을 정함을 목적으로 한다.

• 제2조 [적용범위]

이 규정에 의해 제정되는 표준시장단가, 표준품셈 및 건설신기술 품셈(이하 "품셈"이라 한다)은 국가, 지방자치단체, 정부투자기관에서 시행하는 건설공사의 예정가격을 산정하는 기초자료로 활용할 수 있다.

- 제3조 [관리기관의 지정 등]
  ① 한국건설기술연구원을 표준시장단가 및 품셈에 대한 관리기관(이하 "공사비산정 기준 관리기관"이라 한다)으로 지정한다.
  ② 공사비산정기준 관리기관의 장은 표준시장단가 및 표준품셈의 제정 · 개정 · 연구 · 조사 · 해석 및 보급 등 표준시장단가 및 표준품셈에 관한 전반적인 업무를 관장하여 효율적으로 운영 · 관리하여야 한다.

3-1-6. 표준품셈의 운영

토목, 건축, 기계설비 부문의 표준품셈은 1983년 건설부(현 국토교통부)에서 표준품셈 관리규정을 별도 제정하여 직접 관리하였으나, 현재는 '표준시장단가 및 표준품셈 관리규정'에 따라 「한국건설기술연구원」을 토목, 건축, 기계설비 부문의 '공사비산정기준 관리기관'으로 지정하여 품셈의 제 · 개정, 연구, 조사, 해석 및 보급 등 표준품셈에 관한 전반적인 업무를 관장토록하고 있다.

한국건설기술연구원은 매년 표준품셈을 개정하거나 보완할 항목을 선정하고 실사를 거쳐 수집된 자료를 기초로 '공사비산정기준 심의위원회'의 심의를 거쳐 표준품셈의 제 · 개정을 확정하여 국토교통부 장관에게 보고한다.

현재 건설분야 표준품셈은 공통, 토목, 건축, 기계설비, 유지관리의 5개 부문으로 되어 있으며 공통 8장 50항목, 토목 9장 56항목, 건축 11장 38항목, 기계설비 13장 59항목, 유지관리 4장 14항목, 총 45장 217항목 (2024년 대항목 기준)의 표준품을 수록하고 있다.

한편 표준품셈 관리기관이 「건설기술연구원」으로 이관된 후 개정된 표준품셈에는 과거의 시공단위별 작업품이 아닌 인부와 장비의 1일 시공량으로 표준품이 설정된 것이 많으며, 이는 실제 작업상황을 반영하기 위한 것이며 향후 많은 공종에서 이와 같은 체계로의 변화가 예상된다.

3-2 일본의 적산관련 법규 및 제도

일본의 공공 건설공사에 대한 적산방식은 기본적으로는 원가계산방식을 적용하고 있으나, 1990년대부터 국제화에 대비하여 실적공사비 적산방식의 도입을 적극 추진하고 있다. 현재 공종분류 체계를 정비하였고 많은 부분 실적공사비 적산 방식을 적용하고 있으며 기존의 원가계산방식도 우리나라에서처럼 엄격하게 적용하기보다는 공사 특성과 발주청의 여건에 맞게 유동성 있게 적용하고 있다.

3-2-1. 일본의 적산관련 법규

가. 적산관련 법규

일본의 공공 건설공사에 대한 도급 계약 절차와 예정가격 결정에 관한 사항은 회계법, 예산결산 및 회계령, 계약사무 처리규칙 등에 의하며 이들 법규는 내용과 취지에 있어서 우리나라의 법규와 매우 유사하다. 그러나 구체적인 적산 관련기준에 관해서는 해당공사 발주관청이 정하고 있다는 점에서 전국적으로 표준품셈이 적용되는 한국의 경우와 다르다.

건설성의 경우 토목과 건축에 대한 공사비의 적산지침, 적산요령, 표준보괘(표준품셈) 등에 대하여 공표한 것이 있다.

나. 예정가격의 작성방식

공공기관이 발주하는 청부공사(請負工事)[2]에 대한 예정가격은 중앙관청이 제정 · 공표한 적산기준과 「표준보괘(標準步掛)」를 적용하여 발주관공서의 기술자가 예정가격 내역서를 작성하여 결정한다.

공공기관이 발주하는 공사는 원칙적으로 경쟁입찰을 거쳐 청부계약으로 시행하고 있으며 예정가격의 기밀을 유지하기 위해 공표된 적산기준과 표준보괘 이외의 내용은 노출하지 않는 것을 원칙으로 한다. 우리나라의 적산방식과 매우 유사한 이유는 과거 우리나라에 원가계산 적산방식이 정착할 때 일본의 방식을 그대로 모방하여 적용하고 지속적으로 유지되어 왔기 때문이다.

---

2) 일본의 '청부공사' 라는 용어는 우리나라의 도급공사와 같으며 청부계약은 도급계약과 같다.

3-2-2. 일본의 적산관련 제도

가. 공사비 구성 및 기준

건설성 직할의 청부공사비(도급공사비)의 구성비목은 우리나라의 도급공사비의 총 공사원가 구성비목과 유사하며 건축공사와 토목공사에 따라 약간의 차이가 있다. 토목공사의 공사비 구성비목을 보면 아래 그림과 같이 직접공사비, 간접공사비, 일반관리비, 소비세 상당액으로 구성되며 조경공사는 토목공사의 구성비목을 따라 청부공사비를 구성한다. (그림 3-1)

직접공사비는 개소 또는 공사 부분별로 재료비, 노무비, 직접중기의 3개 요소로 구성되며, 간접공사비는 직접공사비 외의 공사비 및 경비로서 공통가설비 및 현장관리비(현장경비)로 구성된다. 일반관리비는 시공 회사의 운영에 필요한 비용으로써 일반관리비와 부가이익을 포함하며 소비세 상당액은 소비세법에 의해 계상한다.

〈그림 3-1〉 일본 토목공사 청부공사비 구성비목

나. 표준보괘의 구성과 운용

표준보괘는 일본 건설성 직할공사의 공사비 적산에 적용하는 적산 기초자료로서 우리나라의 표준품셈과 매우 유사하다.

표준보괘의 구성은 토목공사와 건축공사로 구분되고 건축공사는 건축공사편, 전기설비편, 기계설비편으로 구성되어 있어 국내 표준품셈과는 달리 전기 및 통신부문이 건축에 포함되어 있다. 조경공사에 관한 항목은 토목공사 표준보괘에 "공원" 공종으로 분류하여 수록되어 있다.

일본에서의 표준보괘의 적용은 우리나라의 표준품셈처럼 전국적으로 엄격하게 적용하지는 않는다. 각 지방 건설국 및 개발국 소관의 직할 사업에 있어 청부공사비의 적산은 가능한 표준 보괘를 준용하되 지역의 조건이나 현장 상황 등에 따라서는 이를 적용하지 않을 수 있으며 품셈 담당자의 재량에 따른 운용의 폭이 넓다.

3-3 미국의 적산방식 및 관련 제도

3-3-1. 적산방식

미국의 건설시장은 세계 최대의 건설시장이며 대부분 민간 주도형 건설시장으로 민간부문이 전체의 80% 이상을 차지하고 있다. 따라서 공공건설사업을 위한 별도의 법규나 '표준품셈'등은 없으며 민간기관이 제정한 기준을 공통으로 사용하고 있다.

공사 입찰은 주 정부나 발주기관별로 상이하나, 대개 우리나라의 PQ제도와 유사한 '사전자격제도'를 취하고 있다. 연방정부에서 시행하는 공공공사의 계약조건은 조달청 계약조건, 상무성 계약조건, 군 계약조건 등을 따르고 각 주 및 시는 별도의 자체 계약조건을 갖고 있다.

미국의 적산체계는 공사 발주를 위한 발주자 적산과 입찰을 위한 수주자 적산으로 나누어 볼 수 있다.

발주자 적산은 실적공사비 적산방식 즉, 공사를 수행하기 위해 산정한 단가를 발주기관별로 축적하여 유사한 공사발주 시 예정가격 산정의 기준단가로 활용하는 방식에 따라 공사비를 산정한다. 기획단계에서부터 실시설계 단계까지 단계별로 공사비 실적자료에 의해 공사비가 산출되고 실시설계 단계에서 시공 가능한 현실적인 공사비가 산출된다. 공사비 적산은 대부분 적산 전문가인 코스트 엔지니어(Certified Cost Engineer), 또는 코스트 컨설턴트(Certified Cost Consultant)가 수행한다.

수주자 적산은 설계도면 및 시방서 등에 의한 상세적산(Detailed Estimate)이며 상세적산을 위해서는 설계도서로부터 물량을 산출하고 단위물량에 투입되는 단가 결정은 수주자가 이미 수행한 사업의 기존 공사비 실적 데이터에서 추출하고 있다.

상세적산의 목적은 실제 투입될 공사비를 예측하거나, 사전에 인부, 자재, 장비 등 투입 자원을 파악하여 공사계획 및 일정계획, 공사비 관리 절차 등을 수립하기 위한 것이다. 수주자 적산은 주로 공사를 수행하는 시공자가 담당하므로 시공자 적산(Contractor' s Estimate)이라고도 한다.

3-3-2. 공사비 적산기준

미국에서는 공공(公共) 공사비 적산을 위한 표준 품셈은 존재하지 않으며, 민간에서 발행하는 공사비 적산용 참고자료에는 표준 품셈과 유사한 품의 산정자료가 있다.

수량산출에 관해서는 통일된 기준은 없으나 발주자 및 수주자의 각자 노하우(Know-how)에 의해 설계도면 및 시방서 등으로부터 물량을 산출하되, 실적공사비 단가를 축적할 수 있는 공종분류와 단위척도(예 : m^2, m^3, ton, 개소 등)는 통일된 기반을 가지고 있다.

미국과 캐나다 등 북미국가의 공종분류체계는 계층적 분류인 UCI(Uniform Construction Index)체계를 보완한 Masterformat 방식을 적용하고 있다.

Masterformat 공종분류체계 내에서 단가 실적자료인 코스트 데이터를 축적해 나가고 있으며 이 자료가 다음 공사의 적산자료로 활용된다.

단가에 대한 정보는 실적공사비 기록, 전문 적산자료, 적산자의 개인적 지식 및 경험, 시장조사, 전문기관 조회 등으로부터 취득되며, 현재 미국에서는 많은 회사들이 이미 수행한 사업에 대한 공사비 실적 데이터를 관리하고 공공 발주처에서도 실적 데이터를 수집하여 활용하고 있다.

3-3-3. 공사비 구성체계

공사비의 구성은 아래와 같이 직접공사비(Direct Cost), 간접공사비(Indirect Cost) 등으로 구분하고 있으며, 직접공사비와 간접공사비의 비목별 분류는 발주기관 별로 다소 차이를 보인다.

- 직접공사비 : 해당공사를 완성하기 위해 직접적으로 투입되는 노무비 및 자재비로

서 노무비의 기준 단위는 노무량(Man-hour)을 이용한다.

- 간접공사비 : 직접공사비 외에 간접현장비용, 작업관리비, 본사관리비, 본사 비용, 일반 행정비 등으로서 직접공사비를 제외한 일체의 부대비용을 말한다.

3-3-4. 전문적산사 제도

적산 업무와 관련된 자격으로는 미국 원가 공학회(American Association of Cost Engineer)에서 주관하여 필기시험과 구두시험을 실시하여 합격한 자에게 인증하는 자격으로 인증 원가관리자(Certified Cost Engineer / Certified Cost Consultant)가 있으며, 그리고 전문적산사 협회(American Society of Professional Estimator : ASPE)에서 인정하는 인증 전문적산사(CPE)가 있다.

이들 자격증은 법적 효력을 가지고 있지 않으나 연방정부부처와 많은 주에서 인증 전문적산사의 적산을 요구하고 있으며 점차 인증된 전문 적산사의 활동이 확대되고 있다.

적산과 관련된 전문기관으로서는 미국 원가공 학회, 미국 적산협회(National Estimating Society), 전문 적산사 협회 등이 있으며 각종보고서 발간, 세미나 개최, 교육 등을 통해 적산 실무자에게 정보를 제공하고 있다.

3-4 유럽의 적산방식 및 관련 제도

3-4-1. 적산방식

영국을 위시한 유럽 선진국에서는 공법적 규제보다는 과거부터의 사회 관습적 제도에 의해 규제되고 있는 나라로서, 공사비 적산을 위한 별도의 법적 규제 등이 거의 없다.

따라서 공공 건설 사업을 위한 법규나 '표준품셈' 등은 없으며 수량조서(Bill of Quantities)에 의한 단가계약제도(Measurement Contract)와 인증적산사(Chartered Quantity Surveyor)제도를 근간으로 운영되는 특징을 지니고 있다.

유럽의 적산제도 중 가장 체계적인 영국을 사례로 설명하면 영국에서는 건축수량 산출기준(Standard Method of Measurement, 이하 SMM) 및 토목수량 산출기준(Civil Engineering Standard Method of Measurement, 이하 CESMM)에 준하여 공사비 구성이 이루어지고 있다.

공공사업의 공사비 구성체계는 공사비 분류체계와 거의 일치한다. 따라서 이 분류체계에 따라 공사 단가 등 공사비 정보가 축적되며 축적된 공사비 정보 즉, 실적공사비 자료에 의해 다음 공사의 공사비를 산출하는 전형적인 실적공사비 적산방식을 적용하고 있다.

현재 우리나라에서 목표로 하는 실적공사비 적산방식의 모델이 바로 영국식 적산방식이며 공사비 실적자료를 축적하는 분류체계는 과학적인 건설정보 분류체계인 CI / SfB를 기반으로 하고 있다.

영국의 적산제도 미국과 마찬가지로 공사 발주를 위한 발주자 적산과 입찰을 위한 수주자 적산으로 나누어 볼 수 있다.

발주자 적산의 경우, 실적공사비 적산방식에 따라 공사비를 산정하고 있으며, 수주자 적산의 경우 상세적산(Detailed Estimate)을 수행하되 상세 적산을 위한 단가는 이미 수행한 사업에 대한 공사비 실적 데이터에 근거하여 산정하게 된다.

수주자 적산의 경우, 수량조서에 의한 단가계약이 주류를 이루고 있기 때문에 수주자의 적산은 발주자가 제시한 내역서에 단가를 기입하는 형식을 갖는다. 단가 결정은 수주자가 이미 수행한 사업의 기존 공사비 실적 데이터에 근거하여 결정한다.

3-4-2. 공사비 적산기준

영국의 공사비 적산은 수량조서(Bill of Quantities)에 의한 단가계약제도(Measurement Contract)에 근간을 두고 있으며, 수량조서에 기입하는 수량의 산출기준으로 건축수량 산출기준(SMM) 및 토목수량 산출기준(CESMM)이 있다. 이 기준에 준하여 공사비 구성이 이루어지며 각 기준에 제시된 공사분류체계에 따라 공사 단가 등 공사비 정보가 축적된다.

유럽에서의 건설정보 분류체계는 스웨덴의 SfB시스템이 시초였으며 이후 인근 국가로 보급되면서 국제적으로 우수성이 인식되어 유럽 건설정보 분류체계의 줄기가 되었다.

유럽의 각 국가마다 SfB시스템을 기본골격으로 하여 지역의 특성에 맞게 수정 개발하여 사용하고 있으며 영국에는 CI / SfB가 있다.

CI / SfB 분류체계는 건설공사에 필요한 각종 설계자료 수집, 예산계획, 도면, 시방서, 적산 등 모든 자료를 축적하는데 사용되는 표준적이고 공통적인 건설정보 분류체계로서 건설분야의 정보축적 및 교환과 의사결정의 기초자료가 되며 건축 및 토목산출기준서의 기반이 된다.

가. 건축 수량산출기준(Standard Method of Measurement)

건축 수량산출기준은 1922년에 영국 왕립 적산사 협회(Royal Institution of Chartered Surveyors, RICS)에 의해 제정되었으며 이후 여러번 개정되어 현재까지 사용되고 있다.

수량산출 기준의 체계는 서문(Preface), 일반원칙(General Rules), 23개의 공종 분류(Section), 추가 원칙(Additional Rules) 등으로 구성되어 있으며, 건축부문 수량산출방법과 조서작성 기준으로서 현재 영국에서 건축공사 발주 시 공공공사 및 민간공사에 공통적으로 사용하고 있다.

나. 토목 수량산출기준(Civil Engineering Standard Method of Measurement)

토목 수량산출기준은 건축 수량산출기준에 비해 다소 늦게 영국 토목학회(Institution of Civil Engineers, ICE)에서 1953년 'Standard Method of Measurement of Civil Engineering Quantities'라는 보고서를 작성하였으며, 1976년에 현재의 토목 수량산출기준 원형인 'Civil Engineering of Standard Method of Measurement'의 초판을 발간하였다. 이 후 여러번 개정되어 현재까지 사용되고 있으며 서문과 8개의 장(Section)으로 구성되어 있다.

3-4-3. 공사비 구성체계

공사비의 구성은 미국과 마찬가지로 직접공사비(Direct Cost), 간접공사비(Indirect Cost) 등으로 구분하고 있다.

직접공사비의 단가는 노무, 자재, 장비 등을 포함하는 단일 단가이며 경우에 따라 하도급 금액을 직접공사비에 포함시켜 산정한다.

간접공사비에는 현장경비, 본사경비 등이 포함된다. 현장경비는 각종 임시시설물 및 현장관리를 위해 소요되는 비용이며, 본사경비는 본사 지원 및 감독에 필요한 비용을 포함한다.

3-4-4. 인증 적산사 제도

유럽은 적산사 제도를 갖추고 있으며, 이중 영국은 적산사 제도가 잘 발달되어 있는 나라이다. 영국에서 인증적산사가 되기 위해서는 왕립 적산사 협회(RICS)에서 실시하는 전문능력평가(Test of Professional Competence) 기준을 통과하여야 한다.

일반적으로 전문능력평가(TPC)를 받고자 하는 자는 건축, 토목, 건설관리 등 관련분야 학위 또는 동등자격을 지니고 있어야 하며 왕립 적산사 협회(RICS)에서 인정하는 최소실무경력기간(33개월)을 갖춘 후 필기 및 면접 시험을 통과해야 인증적산사(Chartered Quantity Surveyors)가 될 수 있다. 인증적산사는 왕립 적산사 협회(RICS)에 소속되며 전문 적산회사, 시공업체, 공공기관, 교육기관, 기타 상업기관 등 다양한 분야에서 활동하게 된다.

적산사의 전통적인 업무는 설계단계에서는 시방서 및 도면 등으로부터 수량산출 및 단가 견적 등을 통해 수량조서를 작성하고, 시공단계에는 시공자가 수행한 작업의 가치를 평가하여 기성금액을 산정하며 준공 시 최종공사비를 확정하는 것이다. 최근 건설사업의 발전으로 업무영역이 확장되고 있어 순수 적산업무 이외에도 예산기획, 투자평가 및 가치분석(Value analysis) 등의 비용분석과 비용예측, 입찰가 분석과 입찰·계약 업무 대행 등의 업무도 수행하고 있다.

CHAPTER 04

원가계산에 의한 공사비 구성

공사비의 구성에 관한 지식은 적산업무의 가장 기본적인 부분이다. 현재 조경공사를 포함하여 국내 건설공사의 공사비는 대부분 원가계산방식으로 공사비를 산출하고 있다. 따라서 공사비 적산을 위해서는 원가계산에 의한 공사비를 구성에 대한 지식이 필수적이다.

원가계산 방식의 공사비 항목은 전술한 바와 같이 재료비, 노무비, 경비로 구성되는 공사원가와 일반관리비, 이윤을 포함하는 총 공사원가로 구성되며 총 공사원가에 세금과 지급자재를 포함하면 총공사비가 된다.

4-1 공사원가 구성항목

4-1-1. 재료비

가. 직접 재료비

공사목적물의 실체를 형성하는 물품의 가치를 말한다.

- 주요 재료비 : 공사 목적물의 기본구성을 이루는 재료의 가치(시멘트, 철근, 목재, 수목 등).
- 부분품비 : 공사목적물에 원형대로 부착되는 부품 또는 외장재료와 경비로 계상되는 것을 제외한 외주품의 가치 (문틀, 창호 등)

나. 간접 재료비

공사목적물의 실체를 형성하지는 않으나 공사에 보조적으로 소비되는 물품의 가치를 말한다.

- 소모 재료비 : 기계 오일, 접착제, 용접가스, 장갑 등 소모성 물품의 가치.
- 소모공구, 기구, 비품비 : 내용 년수 1년 미만의 소모성 기구 및 비품의 가치.
- 가설 재료비 : 비계, 거푸집, 동바리 등 공사목적물의 실체를 형성하는 것은 아니나 시공을 위하여 필요한 가설재의 가치.

다. 부대비용

재료의 구입 과정에서 재료에 직접 관련되어 발생하는 운임, 보험료, 보관비 등이며 재료 구입 후 발생되는 부대비용은 경비로 계상한다.

라. 작업설, 부산물

시공 중에 발생되는 작업설(소재의 불량품 및 작업중 손실품), 부산물 등을 말하며 그 매각액 또는 이용가치를 추산하여 재료비로부터 공제한다. 단, 기존 시설물의 철거, 해체, 이설 등으로 발생되는 작업설, 부산물 등은 재료비에서 공제하지 아니하고, 매각비용 등에 대해서는 별도 계상한다.

4-1-2. 노무비

가. 직접 노무비

공사 현장에서 계약목적물을 완성하기 위하여 직접 작업에 종사하는 종업원 및 노무자에 의하여 제공되는 노동력의 대가로서 다음 각호의 합계액으로 한다. 다만, 상여금은 기본급의 년 400%, 제수당 및 퇴직급여충당금은 「근로기준법」 상 인정되는 범위를 초과하여 계상할 수 없다.

1) 기본급(「통계법」 제15조의 규정에 의한 지정기관이 조사·공표한 단위당가격 또는 기획재정부장관이 결정·고시하는 단위당가격으로서 동단가에는 기본급의 성격을 갖는 정근수당, 가족수당, 위험수당 등이 포함된다)
2) 제수당(기본급의 성격을 가지지 않는 시간외 수당, 야간수당, 휴일수당 등 작업상 통상적으로 지급되는 금액을 말한다)
3) 상여금
4) 퇴직급여충당금

나. 간접 노무비

직접 공사작업에 종사하지는 않으나 공사현장에서 보조 작업에 종사하는 노무자, 종업원, 현장 감독자 등의 기본급과 제 수당, 상여금, 퇴직급여 충당금액의 합계액으로 한다.

간접노무비는 직접노무비에 간접노무비율을 곱하여 계상하되 간접노무비는 직접노무비를 초과하여 계상할 수 없으며, 간접 노무비율의 상한율 이내에서 해당사항에 맞는 비율을 평균하여 적용한다.

- 계산사례: 조경공사, 50억미만, 12개월 일 경우: (15.5+14.0+15.0)÷3 =14.83(%)

〈표 4-1〉 간접 노무비율

구분		간접노무비율(%)
공사종류별	건축공사	14.5
	토목공사	15.0
	특수공사(포장, 준설, 조경 등)	15.5
	기타(전문, 전기, 통신 등)	15.0
공사규모별 (품셈에 의한 공사원가 기준)	50억원 미만	14.0
	50억~300억원 미만	15.0
	300억원 이상	16.0
공사 기간별	6개월 미만	13.0
	6~12개월 미만	15.0
	12개월 이상	17.0

* 예정가격작성기준 별표 2-1.

4-1-3. 경비

경비는 공사의 시공을 위하여 소요되는 공사원가 중 재료비, 노무비를 제외한 원가를 말하며, 기업의 유지를 위한 관리활동부문에서 발생하는 일반관리비와는 구분된다.

경비의 계상은 당해 목적물 시공 기간의 소요량을 측정하거나 원가계산자료, 계약서, 영수증 등을 근거로 한다.

가. 경비의 세비목(細費目) : 27종

1) 전력비 · 수도광열비

계약목적물을 시공하는데 직접 소요되는 당해 비용

- 윈치, 용접기 등의 공사용 건설기계 사용으로 인한 전력, 가설 사무소, 창고, 숙소 등의 조명이 필요한 전력, 지하실, 화장실 등의 공사를 위해 필요 불가결한 조명용 전력, 수도료, 난방용 각종 연료비 등

2) 운반비

재료비에 포함되지 않는 운반비

- 원재료, 반재료 또는 기계기구의 운송비, 하역비, 상하차비, 조작비 등

3) 기계 경비

표준품셈상 건설기계의 경비 산정기준에 의한 비용

- 건설기계 경비, 기계기구 손료 등

4) 특허권 사용료

타인 소유의 특허권을 사용한 경우에 지급되는 사용료

5) 기술료

당해 계약목적물을 시공하는데 직접 필요한 노하우(Know-how)비용 및 부대비용으로서 외부에 지급되는 비용

6) 연구 개발비

당해 계약목적물을 시공하는데 직접 필요한 기술개발 및 연구비로서 시험 및 시범제작에 소요된 비용 또는 연구기관에 의뢰한 기술개발 용역비와 법령에 의한 기술개발촉진비 및 직업훈련비

7) 품질관리비

당해 계약목적물 품질관리를 위하여 관계법령 및 계약조건에 의하여 요구되는 비용(품질 시험 인건비 포함)

- 시험기기 손료, 시험 재료비, 의뢰시험비 등을 말하며 간접노무비에 계상되는 시험 관리인 비용은 제외함

8) 가설비

계약 목적물의 실체를 형성하는 것은 아니나 동 시공을 위하여 필요한 가설물의 설치에 소요되는 비용

- 현장사무소, 창고, 식당, 숙사, 화장실 등의 시공을 위하여 필요한 가설물의 설치에 소요되는 비용

9) 지급임차료

계약목적물을 시공하는데 직접 사용되거나 제공되는 토지, 건물, 기계기구 사용료

10) 보험료

산업재해보험, 고용보험, 국민건강보험 및 국민연금보험 등 법령이나 계약조건에 의하여 의무적으로 가입이 요구되는 보험의 보험료

- 재료비에 계상되는 보험료는 제외하며 공사손해보험료는 별도로 계상

11) 복리 후생비

계약목적물을 시공하는데 종사하는 노무자 · 종업원 · 현장사무소 직원 등 의료 위생 약품대, 공상치료비, 지급피복비, 건강진단비, 급식비 등 작업조건 유지에 직접 관련되는 복리후생비.

12) 보관비

계약목적물의 시공에 소요되는 재료, 기자재 등의 창고 사용료로서 외부에 지급되는 비용. 단, 재료비에 계상되는 것은 제외.

13) 외주 가공비

재료를 외부에서 가공시키는 실가공 비용 단, 재료비에 계상되는 것은 제외

14) 산업안전보건관리비

작업현장에서 산업재해 및 건강 장해 예방을 위하여 법령에 의거 요구되는 비용

15) 소모품비

작업현장에서 발생되는 소모용품 비용

- 문방구, 장부대 등을 말하며 재료비에 계상되는 것은 제외

16) 여비 · 교통 · 통신비

현장에서 직접 소요되는 여비, 차량 유지비, 전신전화 사용료, 우편료 등

17) 세금과 공과

시공현장에서 당해공사와 직접 관련되어 부담하여야 할 재산세, 차량세, 사업소세 등의 세금 및 공공단체에 납부하는 공과금

18) 폐기물 처리비

계약목적물의 시공과 관련하여 발생되는 오물, 잔재물, 폐유, 폐고무, 폐합성 수지 등 공해 유발물질을 법령에 의거 처리하는데 소요되는 비용

19) 도서 인쇄비

계약목적물의 시공을 위한 참고서적 구입비, 인쇄비, 사진 및 VTR 제작비, 공사시공 기록 책자 제작비 등

20) 지급 수수료

공사이행보증서 발급수수료, 건설하도급대금 지급보증서 발급수수료, 건설 기계 대여대금 지급보증 수수료 등 법령으로서 지급이 의무화된 수수료 등.

21) 환경 보전비

계약목적물의 시공을 위한 제반 환경오염 방지시설을 위한 것으로서, 관련 법령에 의하여 규정되어 있거나 의무 지워진 비용 중 시설설치비를 제외한 운영비용

- 세륜세차시설, 분진방지시설, 토사유출 방지시설 등

22) 보상비

공사로 인해 공사현장에 인접한 도로, 하천,기타 재산에 훼손을 가하거나 지장물을 철거하게 됨에 따라 발생하는 보상 및 보수 비용 단, 용지보상비는 제외

23) 안전관리비(안전점검비)

건설공사의 안전관리를 위하여 관계법령에 의하여 요구되는 비용

24) 건설근로자 퇴직공제부금비

관계법령에 의하여 건설근로자퇴직공제에 가입하는데 소요되는 비용

25) 관급자재관리비

공사현장에서 사용될 관급자재에 대한 보관 및 관리 등에 소요되는 비용

26) 법정부담금

관련법령에 따라 해당 공사와 직접 관련하여 의무적으로 부담하여야 할 부담금

27) 기타 법정경비

위에서 열거한 이외의 것으로서 법령에 규정되어 있거나 의무 지워진 경비

나. 직접 경비

「예정가격 작성기준」의 공사원가계산 상의 27개 경비항목 중 21개 직접성 경비인 항목은 품셈 및 법령에 의하여 각 비목별 소요량을 직접 산출하거나 계약서 등을 근거로 해서 계상한다.

- 운반비, 기계 경비, 특허권 사용료, 기술료, 연구 개발비, 품질 관리비, 가설비, 지급임차료, 보험료, 보관비, 외주 가공비, 산업안전보건관리비, 폐기물처리비, 지급수수료, 환경 보전비, 보상비, 안전관리비(안전점검비), 건설근로자 퇴직공제부금비, 관급자재관리비, 법정부담금, 기타 법정경비

다. 기타 경비

「예정가격 작성기준」의 공사원가계산 27개 경비항목 중 직접성 경비를 제외한 6개 항목은 공사전 적산단계에서 항목별 금액을 산출하기 어려우므로 기타 경비라는 명칭으로 통합하여 직접경비를 제외한 직접공사비의 일정비율로 일괄 계상한다.

- 수도광열비, 복리 후생비, 소모품비, 여비 · 교통 · 통신비, 세금과 공과, 도서인쇄비

■ 기타경비 계상

적용대상액 × 해당공사 적용요율

- 적용대상액 : 노무비(직접노무비 + 간접노무비)와 재료비를 합한 금액

〈표 4-2〉 조달청 적용 비율(2024년도 상반기)

공사 규모	공사기간	기타경비 비율	
		조경	토목
50억 미만	6개월 이하	6.4 %	6.5 %
	7~12개월	6.6 %	6.7 %
	13~36개월	6.7 %	6.8 %
	36개월 이상	7.0 %	7.1 %
50억~300억 미만	6개월 이하	6.7 %	6.8 %
	7~12개월	6.9 %	7.0 %
	13~36개월	7.0 %	7.1 %
	36개월 이상	7.3 %	7.4 %
300억~1,000억 미만	6개월 이하	7.0 %	7.1 %
	7~12개월	7.2 %	7.3 %
	13~36개월	7.3 %	7.3 %
	36개월 이상	7.6 %	7.7 %

4-1-4. 직접경비 중 법적 의무항목

가. 보험료

1) 산업재해 보상보험료(산재보험료)

건설사업장에서 산업재해의 보상을 위해 법령에 규정된 비용으로써 근로자의 업무상의 재해를 신속하고 공정하게 보상하고, 재해 근로자의 재활 및 사회복귀를 촉진하며 재해 예방과 근로자 보호를 위한 보험료

〈표 4-3〉 산재보험표 계상 근거

항목	내용
관련법규	• 산업재해보상보험법 제6조, 동 시행령 제2조 • 고용보험 및 산업재해보상보험의 보험료징수 등에 관한 법률 제13조, 14조

〈표 4-3 계속〉 산재보험표 계상 근거

항목	내용
적용대상 공사	산업재해보상보험법 제6조 및 동 시행령 제 2조의 규정에 적용되는 모든 공사
적용제외 공사	• 공무원연금법 또는 군인연금법에 따라 재해보상이 되는 공사 • 선원법, 어선원 및 어선 재해보상보험법 또는 사립학교교직원 연금법에 따라 재해보상이 되는 공사
보험료 계상 고시	고용노동부 고시 제2024-1호, 2024. 1. 5
계산식	노무비(직접노무비 + 간접노무비) × 해당공사 적용요율
2024년도 적용요율	3.5%

2) 고용보험료

건설근로자의 실업 예방과 고용 촉진을 강화하고 근로자가 실업한 경우에 생활에 필요한 급여를 실시하여 근로자의 생활 안정과 구직활동을 촉진하기 위한 보험료

〈표 4-4〉 고용보험료 계상 근거

항목	내용
관련법규	• 건설산업기본법 제22조 7항 • 고용보험법 제8조 및 동 시행령 제2조 • 고용보험 및 산업재해보상보험의 보험료징수 등에 관한 법률 제13조, 14조
적용대상 공사	고용보험법 제8조 규정에 적용되는 모든 공사
적용제외 공사	총 공사금액 2,000만원 미만인 공사, 연면적이 100제곱미터 이하인 건축물의 건축 또는 연면적이 200제곱미터 이하인 건축물의 대수선에 관한 공사
보험료 계상 고시	국토교통부 고시 제 2021-905호, 2021. 7. 1
계산식	노무비(직접 + 간접) × 적용요율
2024년도 적용요율	1등급: 1.57%, 2등급: 1.30%, 3등급: 1.13%, 4등급: 1.06%, 5등급: 1.03% 6등급: 1.02%, 7등급 이하: 1.01% 등급은 조달청의 유자격자명부기준에 따름

〈표 4-5〉 2024년도 조달청 공사등급분류

등급	공사배정규모(추정금액)	
	토목공사	건축공사
1	1,400억원 이상	1,200억원 이상
2	1,400억원 ~ 900억원	1,200억원 ~ 800억원
3	900억원 ~570억원	800억원 ~ 520억원
4	570억원 ~ 370억원	520억원 ~ 340억원
5	370억원 ~ 220억원	340억원 ~ 210억원
6	220억원 ~ 140억원	210억원 ~ 130억원
7 이하	140억원 이하	130억원 이하

* 조달청공고 2023 - 235호(2023. 7. 6)

3) 국민연금보험료

「국민연금법」에 의거 국민의 노령과 장애 또는 사망에 대하여 연금급여를 실시함으로써 국민의 생활안정과 복지증진에 기여하기 위한 목적에 충당하는 보험료.

〈표 4-6〉 국민연금보험료 계상 근거

항목	내용
관련법규	• 국민연금법 제6조, 8조, 88조 3항, 동법 시행령 제2조, 제19조 • 건설산업기본법 제22조 7항
적용대상 공사	공사기간이 1개월 이상인 모든 건설공사
보험료 계상 고시	국토교통부 고시 제 2021-905호, 2021. 7. 1
계산식	직접노무비 × 적용요율
2024년도 적용요율	4.5%

4) 국민건강보험료

「국민건강보험법」에 의거 질병치료 외에 예방과 건강증진 등을 포함하는 의료서비스를 제공하여 국민건강의 향상을 도모하는 목적에 충당하는 보험료.

〈표 4-7〉 국민건강보험료 계상 근거

항목	내용
관련법규	• 국민건강보험법 제5조, 제6조, 73조, 동법 시행령 44조 1항 • 건설산업기본법 제22조 7항
적용대상 공사	공사기간이 1개월 이상인 모든 건설공사
보험료 계상 고시	국토교통부 고시 제 2021-905호, 2021. 7. 1
계산식	직접노무비 × 적용요율
2024년도 적용요율	국민건강보험요율(0.0709%)÷2=3.545%

5) 노인장기요양보험료

노인장기요양보험법에 의거 일상생활을 혼자서 수행하기 어려운 노인등에게 제공하는 장기요양급여에 관한 사항을 규정하여 노후의 건강증진 및 생활안정을 도모하고 그 가족의 부담을 덜어주기 위한 보험료.

〈표 4-8〉 노인장기요양보험료 계상 근거

항목	내용
관련법규	• 노인장기요양보험법 제7조, 9조 1항, 동법 시행령 제4조 • 건설산업기본법 제22조 7항
적용대상 공사	공사기간이 1개월 이상인 모든 건설공사
보험료 계상 고시	노인장기요양보험법 시행령 4조 개정 2017.12.26
계산식	국민건강보험료의 보험료 ×적용요율
2024년도 적용요율	노인장기요양보험요율(0.9182%) / 국민건강보험요율(0.0709%) = 12.95%

나. 산업안전보건관리비(안전관리비)

건설사업장에서 산업안전을 위하여 법령에 규정된 비용으로써 산업재해를 예방하고 안전한 작업환경을 조성함으로써 근로자의 안전과 보건을 유지·증진함을 목적으로 함.

〈표 4-9〉 산업안전보건관리비 계상 근거

<table>
<tr><th>항목</th><th colspan="5">내용</th></tr>
<tr><td>관련법규</td><td colspan="5">산업안전보건법 제72조, 동 시행규칙 89조</td></tr>
<tr><td>적용대상 공사</td><td colspan="5">산업재해보상보험법에 적용되는 공사 중 총 공사금액 2천만원 이상인 공사</td></tr>
<tr><td>보험료
계상 고시</td><td colspan="5">고용노동부 고시 제 2023-49호, 2023. 10.05</td></tr>
<tr><td>계산식*</td><td colspan="5">안전관리비 대상액 × 해당공사 안전관리비 적용요율</td></tr>
<tr><td rowspan="6">2024년도
적용요율</td><td rowspan="2">대상액 / 공사 종류</td><td rowspan="2">5억원 미만 (%)</td><td colspan="2">5억원 이상 50억원 미만</td><td rowspan="2">50억원 이상 (%)</td></tr>
<tr><td>비율(%)</td><td>기초액</td></tr>
<tr><td>건축공사</td><td>2.93</td><td>1.86</td><td>5,349천원</td><td>1.97</td></tr>
<tr><td>토목공사</td><td>3.09</td><td>1.99</td><td>5,499천원</td><td>2.10</td></tr>
<tr><td>중 건설공사</td><td>3.43</td><td>2.35</td><td>5,400천원</td><td>2.44</td></tr>
<tr><td>특수 건설공사</td><td>1.85</td><td>1.20</td><td>3,250천원</td><td>1.27</td></tr>
</table>

* 계산식 규정

- 발주자가 재료를 제공하거나 일부 물품이 완제품의 형태로 제작 · 납품되는 경우 :

해당 재료비 또는 완제품 가액을 대상액에 포함하여 산출한 산업안전보건관리비와 해당 재료비 또는 완제품 가액을 대상액에서 제외하고 산출한 산업안전보건관리비의 1.2배에 해당하는 값을 비교하여 그 중 작은 값 이상의 금액으로 계상한다.

■ 수급인의 안전관리비 사용항목

안전관리자 등의 인건비 및 각종업무 수당, 안전시설비, 개인보호구 및 안전장구 구입비, 사업장의 안전진단비, 안전보건 교육비 및 행사비, 근로자의 건강관리비, 건설재해 예방 기술 지도비, 본사 사용비

다. 건설근로자 퇴직공제부금

건설근로자의 불안정한 고용상태를 개선하고 퇴직에 따른 일시적 실직 시 생계안정을 위해 관련 법령에 따라 의무적으로 적용하는 부금비용.

〈표 4-10〉 건설근로자 퇴직공제부금 계상 근거

항목	내용
관련법규	• 건설산업기본법 제87조 및 동법시행령 제83조 • 건설근로자의 고용개선 등에 관한 법률 제10조, 시행령 제6조
적용대상공사 (당연가입대상 공사)	• 공사예정금액 1억원 이상 공공건설공사(부가세 및 지급자재비 포함) • 200호 이상의 공동주택과 주거용 외의 용도가 복합된 건축물의 건설공사. • 200실 이상의 오피스텔 건설공사 • 공사예정금액이 50억원 이상인 공사
보험료 계상 고시	국토교통부 고시 2015-610호, 2015. 8. 20
계산식	직접노무비 × 적용요율
2024년도 적용요율	2.3%

라. 환경보전비

건설공사 작업 중에 건설현장 주변에 입히는 환경피해를 방지할 목적으로 환경관련 법령에서 정한 기준을 준수하기 위해 환경오염 방지시설 설치 등에 소요되는 비용이다.

해당시설 설치 및 운영에 직접 투입되는 작업비용은 직접공사비에 반영하고, 직접공사비에 포함되지 않은 시험검사비, 점검비, 교육·지도·훈련비, 인·허가비, 안내표지 설치·철거비, 환경관리비 사용계획 작성비 등은 경비항목으로 반영한다.

〈표 4-11〉 환경보전비 계상 근거

항목	내용
관련법규	건설기술진흥법 제66조, 동법 시행령 104조, 동법 시행규칙 61조
적용대상공사	건설산업기본법 상의 모든 건설공사
보험료 계상 고시	국토교통부고시 제2018-528호, 2018. 8. 30
계산식	직접공사비(재료비+직접노무비+직접경비) × 적용요율
2024년도 적용요율	0.3%(조경공사)

* 조경공사는 조달청 기준임

마. 지급수수료

1) 공사이행보증서 발급수수료

국가를 당사자로 하는 계약에 관한 법률 및 지방자치단체를 당사자로 하는 계약에 관한 법률에 해당하는 공공공사 계약 시 발급하는 공사이행보증서 발급비용.

〈표 4-12〉 공사이행보증서 발급수수료 계상 근거

항목	내용
관련법규	• 국가를 당사자로 하는 계약에 관한 법률 시행령 52조 • 지방자치단체를 당사자로 하는 계약에 관한 법률 시행령 51조
적용대상공사	• 추정가격 300억원 이상인 공공공사 중 종합심사 대상공사. • 추정가격 300억원 이상인 대형공사 중 대안입찰공사, 일괄입찰 공사, 기술제안입찰 공사
보험료 계상 고시	없음
계산식	직접공사비(재료비+직접노무비+직접경비) × 적용요율
2024년도 적용요율	조달청 2024년 수수료 기준 참조

〈표 4-13〉 조달청 공사이행보증 수수료 요율

공사 규모(직접공사비)	요율(%)
70억 미만	(직접공사비×.0141%)×공사기간(년)
70억이상~120억 미만	[100만원+(직접공사비-75억원)×0.0102%]×공사기간(년)
120억이상~250억 미만	[150만원+(직접공사비-130억원)×0.0077%]×공사기간(년)
250억이상~500억 미만	[240만원+(직접공사비-250억원)×0.0063%]×공사기간(년)
500억이상	[400만원+(직접공사비-500억원)×0.0050%]×공사기간(년)

2) 건설하도급대금 지급보증서 발급수수료

하도급 계약시 소요되는 지급보증서발급에 소요되는 비용.

〈표 4-14〉 건설하도급대금 지급보증서 발급수수료 계상 근거

<table>
<tr><th>항목</th><th>내용</th></tr>
<tr><td>관련법규</td><td>• 건설산업기본법 제34조 3항, 동법 시행령 34조의4 3항
• 하도급거래 공정화에 관한 법률 제13조의 2</td></tr>
<tr><td>적용대상공사</td><td>건설산업기본법 상의 모든 건설공사</td></tr>
<tr><td>지급보증서
발급면제 대상</td><td>• 1건의 하도급공사의 하도급금액이 1천만원 이하인 경우
• 발주자가 하도급대금을 하수급인에게 직접 지급한다는 뜻과 그 지급의 방법 절차에 관하여 발주자 · 수급인 및 하수급인이 합의한 경우</td></tr>
<tr><td>보험료 계상 고시</td><td>국토부 고시 제2016-921호, 2016.12.19</td></tr>
<tr><td>계산식</td><td>직접공사비(재료비+직접노무비+직접경비) × 적용요율</td></tr>
<tr><td>2024년도
적용요율</td><td>
<table>
<tr><th colspan="2">공사 규모</th><th>요율(%)</th></tr>
<tr><td colspan="2">50억 미만</td><td>0.081%</td></tr>
<tr><td colspan="2">50억~100억원 미만</td><td>0.080%</td></tr>
<tr><td colspan="2">100억원~300억원 미만</td><td>0.075%</td></tr>
<tr><td rowspan="2">300억원 이상
(최저가 낙찰대상공사)</td><td>건축</td><td>0.068%</td></tr>
<tr><td>토목, 산업설비</td><td>0.071%</td></tr>
<tr><td colspan="2">턴키·대안공사</td><td>0.084%</td></tr>
</table>
</td></tr>
</table>

3) 건설기계 대여대금 지급보증 수수료

수급인 또는 하수급인이 건설기계 대여업자와 건설기계 대여계약을 체결한 경우 건설기계 대여업자에게 주는 대금 지급을 보증하는 보증서발급 비용.

〈표 4-15〉 건설기계 대여대금 지급보증서 수수료 계상 근거

항목	내용
관련법규	건설산업기본법 제68조의3 3항, 동법 시행령 제64조의3 1항
적용대상공사	건설산업기본법 상의 모든 건설공사
지급보증서 발급 면제 대상	• 도급금액이 1억원 미만이고 공사기간이 5개월 이내인 경우 • 하도급금액이 5천만원 미만이고 공사기간이 3개월 이내인 경우 • 당해 건설공사의 도급금액 산출내역서에 기재된 건설기계 대여대금의 합계금액이 400만원 미만인 경우
보험료 계상 고시	국토부 고시 제 2019-286호, 2019. 6.19
계산식	[직접공사비(재료비+직접노무비+직접경비)] × 적용요율
2024년도 적용요율	• 발주자와 종합건설업자가 계약하는 원도급 산출내역서 기준 토목공사 0.40%, 건축공사 0.07%, 조경공사 0.18% • 발주자와 전문건설업자가 계약하는 원도급 산출내역서 기준 조경식재공사, 조경시설물설치공사 0.16%

4-2 총 공사비 구성항목

4-2-1. 일반 관리비

기업의 유지를 위한 관리활동 부문에서 발생하는 제비용으로 공사원가에 속하지 않는 모든 비용 중 판매비 등을 제외한 다음의 비용을 말한다.

- 임원 급료, 사무실 직원의 급료, 제수당, 퇴직급여 충당금, 복리 후생비, 여비, 교통 통신비, 수도 광열비, 세금과 공과, 지급 임차료, 감가상각비, 운반비, 차량비, 시험 및 연구 개발비, 보험료 등

일반관리비는 일정비율로 일괄 계상하며 그 비율은 국가를 당사자로 하는 계약에 관한 법률 시행규칙 제8조와 예정가격 작성 기준 제20조에 따라 공사 규모별로 정해진 범위 내에서 적용하며 초과 적용하지 못한다.

〈표 4-16〉 일반 관리비율

종합건설공사		전문, 전기, 정보통신, 소방공사, 기타공사	
공사원가	비율(%)	공사원가	비율(%)
50억원 미만	6.0	5억원 미만	6.0
50억원 이상 300억원 미만	5.5	5억 이상 30억원 미만	5.5
300억원 이상	5.0	30억원 이상	5.0

4-2-2. 이윤

영업 이익을 말하며 공사원가 중 재료비를 제외한 노무비, 경비와 일반관리비의 합계액(기술료와 외주 가공비는 제외)에 이윤율을 곱하여 산정하며 국가를 당사자로 하는 계약에 관한 법률 시행규칙 제8조와 예정가격 작성 기준 제21조에 따라 15%를 초과하여 계상할 수 없다.

〈표 4-17〉 2024년 조달청 이윤율 기준

노무비, 경비, 일반관리비의 합계액	비율(%)
50억원 미만	15.0
50억원 이상 ~ 300억원 미만	12.0
300억원 이상~ 1,000억원 미만	10.0
1,000억원 이상	9.0

4-2-3. 세금

건설공사의 예정가격의 작성에는 다음의 세액이 포함되며 비목별 원 재료의 단위 당 가격은 부가가치세액을 감한 공급가액으로 한다.

- 부가가치세법에 의한 부가가치세
- 비목별 원 재료비에 포함된 해당품목 세금
  특별소비세법에 의한 특별소비세, 교육세법에 의한 교육세, 관세법에 의한 관세, 농어촌특별세법에 의한 농어촌특별세 등

■ 부가가치세 산출기준

부가가치세는 공급가액에 부가가치세율을 곱하여 산출하며, "부가가치세법" 또는 "조세제한특례법"의 규정에 의하여 부가세가 면제되는 공사의 경우 시공자가 부담할 비목별 원재료의 부가세 매입액은 예정가격에 합산한다.(국계법 시행규칙 제 11조)

• 부가가치세법 제26조 (재화 또는 용역의 공급에 대한 면세)

① 다음 각 호의 재화 또는 용역의 공급에 대하여는 부가가치세를 면제한다.

1. 가공되지 아니한 식료품(식용으로 제공되는 농산물·축산물·수산물과 임산물을 포함) 및 우리나라에서 생산된 식용으로 제공되지 아니하는 농산물·축산물·수산물과 임산물로서 대통령령이 정하는 것

• 부가가치세법 시행령 제34조 (미가공식료품 등의 범위)

③ 법 제12조 제1항 제1호에 규정하는 농산물 · 축산물 · 수산물 또는 임산물은 다음 각 호에 규정하는 것으로 한다.

1. 원생산물
2. 원생산물의 본래의 성상이 변하지 아니하는 정도의 원시가공을 거친 것
3. 제2호의 규정에 의한 원시가공 과정에서 필수적으로 발생하는 부산물

• 조경용 수목류의 부가가치세

조경용 수목은 임산물의 원생산물로 보고 생산과 유통과정에서는 부가가치세를 면제하며, 식재공사는 건설공사이므로 용역의 공급으로 보고 부가가치세를 과세한다.

• 부가가치세법 제30조 (세율)

부가가치세의 세율은 10퍼센트로 한다.

CHAPTER 05

조경공사의 품셈적용과 단가기준

5-1 표준품셈의 구성

5-1-1. 건설분야 표준품셈의 구성항목

건설분야 표준품셈은 토목, 건축, 기계설비의 3개 부문으로 되어 있으며 공통 8장 50항목, 토목 9장 56항목, 건축 11장 38항목, 기계설비 13장 59항목, 유지관리 4장 14항목 총 45장 217항목 (2024년 대항목 기준)의 표준품을 수록하고 있다.

〈표 5-1〉 건설분야 표준품셈 구성항목

부문	대항목
공통	제1장 적용기준, 제2장 가설공사, 제3장 토공사, 제4장 조경공사, 제5장 기초공사, 제6장 철근 콘크리트공사, 제7장 돌공사, 제8장 건설기계
토목	제1장 도로포장공사, 제2장 하천공사, 제3장 터널공사, 제4장 궤도공사 제5장 강구조공사, 제6장 관 부설 및 접합공사, 제7장 항만 공사, 제8장 지반조사, 제9장 측량
건축	제1장 철골공사, 제2장 조적공사, 제3장 타일공사, 제4장 목공사, 제5장 수장공사, 제6장 방수공사, 제7장 지붕 및 홈통공사, 제8장 금속공사, 제9장 미장공사, 제10장 창호 및 유리공사, 제 11장 칠공사
기계설비	제1장 배관공사, 제2장 덕트공사, 제3장 보온공사, 제4장 펌프 및 공기설비공사, 제5장 밸브설비공사, 제6장 측정기기공사, 제7장 위생기구설비공사 제8장 공기조화설비공사, 제9장 기타공사, 제10장 소방설비공사 제11장 가스설비공사, 제12장 자동제어설비공사, 제13장 플랜트설비공사
유지관리	제1장 공통, 제2장 토목, 제3장 건축, 제4장 기계설비

5-1-2. 조경공사 표준품셈의 내용

현행 표준품셈에는 조경시설물공사를 포함하는 종합적인 조경공사 표준품이 별도로 제정되어 있지 않으며 수목공사 표준품은 공통부문 제4장 '조경공사'항목에 수록되어 있다. 그리고 조경유지관리공사 표준품은 유지관리부문 제1장 '공통' 1-2 조경공사 항목에 수록되어 있다.

가. 조경공사 표준품셈의 구성

〈표 5-2〉 조경공사 표준품셈 구성

대항목	중항목	소항목
제4장 조경공사	4-1. 잔디 및 초화류	4-1-1. 잔디붙임 4-1-2. 초류종자살포(기계살포) 4-1-3.초화류 식재 4-1-4. 거적덮기
	4-2. 관목	4-2-1. 굴취 4-2-2. 식재(단식) 4-2-3. 식재(군식)
	4-3 교목	4-3-1. 뿌리돌림 4-3-2. 굴취(나무높이) 4-3-3. 굴취(근원직경) 4-3-4. 식재(나무높이) 4-3-5. 식재(흉고직경)
	4-4 조경구조물	4-4-1. 정원석 쌓기 및 놓기 4-4-2. 조경 유용석 쌓기 및 놓기 4-4-3. 잔디블록 포장 4-4-4. 야자섬유매트 포장

나. 조경유지공사 품셈의 구성

〈표 5-3〉 조경 유지공사 표준품셈 구성

대항목	중항목	소항목
제1장 공통	1-2. 조경공사	1-2-1 교통통제 및 안전처리 1-2-2 일반전정 1-2-3 조형전정 1-2-4 가로수 전정 1-2-5 관목 전정 1-2-6 수간보호 1-2-7 줄기싸주기 1-2-8 인력관수 1-2-9 살수차관수 1-2-10 제초

〈표 5-3 계속〉 조경 유지공사 표준품셈 구성

대항목	중항목	소항목
제1장 공통	1-2. 조경공사	1-2-11 잔디깎기 1-2-12 예초 1-2-13 교목시비(喬木施肥) 1-2-14 관목시비(灌木施肥) 1-2-15 잔디시비 1-2-16 약제살포(기계) 1-2-17 약제살포(인력) 1-2-18 방풍벽 설치(거적세우기) 1-2-19 은행나무 과실채취 1-2-20 가로수 제거

다. 조경 식재 품셈의 특성

조경공사 품셈은 잔디 및 초화류, 관목, 교목, 조경구조물 등으로 구성되어 있으며. 관목과 교목은 굴취와 식재로 구분하여 표준품을 설정하고 있다.

관목 굴취와 식재는 나무높이에 따른 표준품을 설정하고 있으며, 관목 식재품은 식재방법에 따라 단식과 군식으로 세분화 하고 있다.

교목 굴취와 식재는 나무높이 또는 흉고직경 및 근원직경에 따른 표준품을 설정하고 있으며, 공사여건에 따라 인력시공과 기계시공으로 구분하여 표준품을 설정하고 있다.

표준품에 설정된 조경공과 보통인부 두 직종의 작업분담은 다음과 같다.

- 조경공 : 수목 식재작업에 대해서 상당한 정도의 전문지식 및 기능을 소유하고, 주체적으로 업무를 수행하며 수목의 배식과 식수, 양생작업 등을 담당
- 보통인부 : 보통의 기능 및 육체적 조건을 갖추고, 주로 소운반, 구덩이파기, 묻기, 물주기, 지주목 세우기, 뒷정리 등의 작업을 하며, 기타 작업에 있어서 필요한 보조 작업등 단순작업을 담당

5-2 표준품셈의 적용

5-2-1. 표준품셈의 적용범위 및 방법

가. 적용범위

표준품셈은 공공공사(公共工事)의 발주에 있어 적정공사비 산정의 중요한 자료이다. 따라서 표준품셈은 국가, 지방자치단체, 공기업·준정부기관, 기타공공기관 및 위 기관의 감독과 승인을 요하는 기관에서는 표준품셈을 건설공사 예정가격 산정의 기초로 활용하여야 한다.

원칙적으로 공공공사에 한정하고 있으나 민간건설부문의 원가계산 시 품 계산에 대한 별도의 기준이 없어 민간 건설공사의 적산에도 표준품셈을 많이 활용하고 있다.

나. 적용방법

표준품셈은 일일 작업시간 8시간을 기준한 것이며, 건설공사 중 대표적이고 보편적이며 일반화된 공종 및 공법을 기준한 것이다. 따라서 현장여건, 기후특성 및 기타 조건에 따라 아래와 같이 조정하여 적용할 수 있다.

- 표준품셈에 명시되어 있지 않은 사항은 사업을 시행하는 국가기관, 지방자치 단체, 정부 투자기관의 장의 책임 하에 품의 기준을 결정하여 적용할 수 있다.
- 관계법령이나 계약조건에 따라 소요되는 비용은 별도 계상한다.
- 해당공종의 표준품셈에 수록되어 있지 않은 품으로서 타 공종에 명시되어 있는 품 예를 들어, 건축부문에는 없으나 기계설비 부문에 품이 있을 경우는 그 부문의 품을 적용하고, 그렇지 않을 경우는 유사하다고 인정되는 공종의 품을 적용할 수 있다.

5-2-2. 표준품셈의 환산 방법

표준품셈은 시공단위당 가격인 공사일위대가 작성시 노무비와 기계경비 산정의 기본자료가 된다.

과거 표준품셈은 〈표 5-4〉와 같이 시공단위 당 표준품 즉, m, m^2, m^3, kg, ton, 수목 주당 등 시공의 기본단위당 품의 량을 명시하여 일위대가에 바로 적용 가능하였으나 현재는 많은 공종의 표준품이 〈표 5-5〉와 같이 하루에 시공하는 시공량으로 표시되어 있다. 따라서 일위대가를 작성하기 위해서는 시공단위당 표준품으로 환산하여야 한다.

〈표 5-4〉 2023년도 수고(나무높이)에 의한 식재 표준품 (주당)

구분 / 나무높이(m)	인력시공		기계시공		
	조경공(인)	보통인부(인)	조경공(인)	보통인부(인)	굴삭기(hr)
1.0 이하	0.07	0.06	-	-	-
1.1~1.5	0.09	0.07	-	-	-
1.6~2.0	0.11	0.09	-	-	-
2.1~2.5	0.15	0.12	-	-	-
2.6~3.0	0.19	0.14	-	-	-
3.1~3.5	0.23	0.17	0.14	0.07	0.27
3.6~4.0	0.29	0.20	0.15	0.08	0.31
4.1~4.5	0.33	0.23	0.15	0.09	0.35
4.6~5.0	0.38	0.27	0.16	0.11	0.39
비고	- 지주목을 세우지 않을 때는 다음의 요율을 감한다 • 인력시공시: 인력품의 10% • 기계시공시: 인력품의 20%				

〈표 5-5〉 2024년도 교목 식재(나무높이) 표준품 (일당)

구분		규격	단위	수량	나무높이	시공량(주)
인력시공	조경공		인	3	2.0 이하	40
					3.0 이하	20
	보통인부		인	1	5.0 이하	12
기계시공	조경공		인	3	2.0 이하	55
	보통인부		인	1	3.0 이하	30
	굴삭기	0.4m^3	대	1	5.0 이하	20
비 고	- 지주목을 세우지 않을 때는 시공량의 11%를 가산한다.					

가. 표준품 환산방법

1주당 소요되는 조경공수, 보통인부수, 굴삭기 작업시간을 계산한다.

- 주당 소요인력(품의 량) = 1일 소요인수 ÷ 1일 시공량(주수)로 계산
- 굴삭기 1대당 시간당 작업량(주수) = 1일 시공량(주수) ÷ 8시간 ÷ 대수 (1일 8시간 작업 기준)
- 주당 굴삭기 작업시간 = 1 ÷ 굴삭기 시간당 작업량
- 지주목을 세우지 않을 때:
  시공량의 11%를 가산하면 계산상 품의 11%가 감산됨

1) 인력시공 환산 계산식

〈표 5-6〉 교목 식재(나무높이) 인력시공 표준품 환산 계산식

나무높이	시공량(주)	조경공(주당)	보통인부(주당)
2.0 이하	40	3÷40=0.075	1÷40=0.025
3.0 이하	20	3÷20=0.15	1÷20=0.05
5.0 이하	12	3÷12=0.25	1÷12=0.083

2) 기계시공 환산 계산식

〈표 5-7〉 교목 식재(나무높이) 기계시공 표준품 환산 계산식

나무높이	시공량(주)	조경공(주당)	보통인부(주당)	굴삭기	
				시간당 작업량 (주수)	1주당 작업시간(hr)
2.0 이하	55	3÷55=0.0545	1÷55=0.018	55÷8÷1=6.875	1÷6.875=0.145
3.0 이하	30	3÷30=0.1	1÷30=0.033	30÷8÷1=3.75	1÷3.75=0.267
5.0 이하	20	3÷20=0.15	1÷20=0.05	20÷8÷1=2.5	1÷2.5=0.4

나. 환산표준품

1일당 시공량으로 표시된 표준품을 시공단위, 즉 일위대가 단위로 환산한 것을 편의상 본 서에서는 '환산표준품'이라 명하기로 한다.

교목식재 표준품을 시공단위인 주당 표준품으로 환산한 환산표준품은 〈표 5-8〉과 같다.

〈표 5-8〉 수고(나무높이)에 의한 식재 환산표준품 (주당)

구분 / 나무높이(m)	인력시공		기계시공		
	조경공(인)	보통인부(인)	조경공(인)	보통인부(인)	굴삭기(hr)
2.0 이하	0.075	0.025	0.055	0.018	0.145
3.0 이하	0.15	0.05	0.1	0.033	0.267
5.0 이하	0.25	0.083	0.15	0.05	0.4
비고	- 지주목을 세우지 않을 때는 인력품의 11%를 감한다.				

* 지주목작업은 인력작업이므로 굴삭기 작업품은 감하지 않음.

본 서에서는 환산표준품의 단위를 기본단위의 10배 또는 100배 즉, 10(m, m^2, m^3), 100(m, m^2, m^3)으로 하는 경우가 있는데 이는 환산표준품의 소수점 이하 수량을 보다 명확히 나타내기 위한 것이므로 일위대가 작성 시에 단위수량에 맞게 유의하여야 한다.

이와 같은 표준품셈의 변화는 인부와 장비의 조합, 1일 전체 시공량 등을 명료하게 파악할 수 있는 장점이 있는 반면, 일위대가 작성을 위해 표준품을 시공단위 당 작업품으로 환산하여야 하는 번거로움이 발생한다.

그러나 이러한 변화는 현행 표준품셈의 실제 작업과 많은 괴리가 있었던 문제점을 보완하기 위한 바람직한 시도라고 할 수 있다. 표준품 조사는 현장 실사 그대로 수록하고 시공단위 당 작업품으로 환산은 적산자가 하도록 하는 것이다.

일 시공량으로 설정된 표준품을 환산없이 그대로 적용할 수 있도록 하기 위해서는 공사비 산출방식이 일위대가 방식이 아닌 시공량에 따른 공사비 산출방식으로 바뀌어야 할 것이며 앞으로 점진적으로 개선될 것으로 보인다.

5-2-3. 표준품셈의 공통기준

가. 수량의 계산

- 수량의 단위 및 소수자리는 표준품셈 단위표준에 의한다.
- 수량의 계산은 지정 소수자리 아래 1자리까지 산출하여 반올림 한다.
- 곱하거나 나눗셈에 있어서는 기재된 순서에 따라 계산한다.
- 면적 및 체적의 계산은 측량 결과 또는 설계도서를 바탕으로 수학적 공식에 의해 산출함을 원칙으로 한다.
- 성토토량은 성토 설계도의 양, 절토량은 자연상태의 설계도의 양으로 한다.
- 다음에 열거하는 것의 체적과 면적은 구조물의 수량에서 공제하지 아니한다.
  - 콘크리트 구조물 중의 말뚝머리, 볼트의 구멍, 모따기 또는 물구멍(水切)
  - 이음줄눈의 간격, 포장공종의 1개소당 0.1㎡ 이하의 구조물 자리, 강(鋼)구조물의 리벳 구멍, 철근 콘크리트 중의 철근, 기타 전항에 준하는 것

나. 단위 및 소수위 표준

1) 재료

조경적산 시 주요재료의 규격 및 단위수량의 단위와 소수는 다음 표에 따라 산출한다.

〈표 5-9〉 주요 재료의 규격 및 단위 소수의 표준

종목	규격		단위수량		비고
	단위	소수자리	단위	소수자리	
직공인부	-	-	인	2	미만 반올림
토적(단면적)	-	-	m^2	1	〃
토적(체적)	-	-	m^3	2	〃
떼	cm	-	m^2	1	〃
모래, 자갈	cm	-	m^3	2	〃
콘크리트	-	-	m^3	2	〃
목재(판재)	폭, 두께	1	m^3	3	〃

〈표 5-9 계속〉 주요 재료의 규격 및 단위 소수의 표준

종목	규격		단위수량		비고
	단위	소수자리	단위	소수자리	
합판	mm	-	장	1	〃
철근	mm	-	kg	-	〃
도료(塗料)			l 또는 kg	2	〃
도장면(塗裝面)			m^2	1	〃
관류(管類)	길이 m	2	개	-	〃

* 자세한 내용은 부록 1-1 참조

2) 금액

금액산출의 단위와 소수는 다음 표에 따라 산출하며, 일위대가표 금액란 또는 기초계산금액에서 소액이 산출되어 공종이 없어질 우려가 있어 소수위 1위 이하의 산출이 불가피할 경우에는 소수위의 정도를 조정 계산할 수 있다. 통상 기본일위대가의 계 금액은 0.1로 한다.

〈표 5-10〉 금액의 단위와 소수 기준

종목	단위	지위	비고
설계서의 총액	원	1,000	미만 버림
설계서의 소계	원	1	〃
설계서의 금액	원	1	〃
일위대가표의 계 금액	원	1	표준일위대가
일위대가표의 금액	원	0.1	〃

다. 토질의 분류

조경공사에 많이 적용되는 토질의 분류는 다음과 같으며 현장의 토질 조건에 따라 품을 달리 적용하여야 한다.

- 보통토사 : 보통상태의 실트 및 점토, 모래질 흙 또는 이들의 혼합물. 삽이나 괭이를 사용할 정도의 토질

- 경질토사 : 견고한 모래질 흙이나 점토로서 곡괭이를 사용할 정도의 토질
- 고사점토 및 자갈섞인 토사 : 자갈질 흙 또는 견고한 실트, 점토 및 이들의 혼합물, 곡괭이로 파낼 수 있는 정도의 단단한 토질
- 호박돌 섞인 토사 : 호박돌 크기의 돌이 섞인 토사. 굴착에 굴삭기가 필요한 정도의 단단한 토질

라. 체적(토량)환산 계수의 적용

대규모 토공사의 경우 토질 시험하여 적용하나 조경공사와 같이 토공사가 소량인 경우 토적계산은 체적환산 계수 표를 적용할 수 있다.

$$L = \frac{\text{흐트러진 상태의 체적}(m^3)}{\text{자연 상태의 체적}(m^3)} \qquad C = \frac{\text{다져진 상태의 체적}(m^3)}{\text{자연 상태의 체적}(m^3)}$$

〈표 5-11〉 체적(토량) 환산계수 (F)

구하는 체적 Q / 기준이 되는 체적 q	자연상태의 체적	흐트러진 상태의 체적	다져진 후의 체적
자연상태의 체적	1	L	C
흐트러진 상태의 체적	1/L	1	C/L
다져진 상태의 체적	1/C	L/C	1

〈표 5-12〉 주요 흙의 종류에 따른 변화율

흙의 종류	L	C
자갈(礫)	1.10~1.20	1.05~1.10
모래	1.10~1.20	0.85~0.95
모래질흙	1.20~1.30	0.85~0.90
점토	1.20~1.45	0.85~0.95
점질토	1.25~1.35	0.85~0.95

* 자세한 내용은 부록 1-2 참조

마. 재료의 단위 중량

재료의 단위 중량은 입경, 습윤도 등에 따라 달라지므로 시험에 의하여 결정하는 것이 원칙이나 소량일 경우 아래 표의 추정단위 중량을 사용할 수 있다.

〈표 5-13〉 주요재료의 단위 중량

종류	형상	단위	중량(kg)	비고
암석	화강암	m^3	2,600~2,700	자연상태
자갈	습기	〃	1,700~1,800	〃
모래	습기	〃	1,700~1,800	〃
점토	습기	〃	1,700~1,800	〃
점질토	보통의 것	〃	1,500~1,700	〃
	역이 섞인 것	〃	1,600~1,800	〃
모래질흙		〃	1,700~1,900	〃
자갈섞인 토사		〃	1,700~2,000	〃
자갈섞인 모래		〃	1,900~2,100	〃
철근 콘크리트		〃	2,400	
콘크리트		〃	2,300	
모르타르		〃	2,100	

* 자세한 내용은 부록 1-3 참조

바. 소운반의 운반거리 기준

표준품에 포함된 것으로 규정된 소운반 거리는 작업반경 20m 이내의 거리를 의미한다. 따라서 소운반 거리가 20m를 초과할 경우 초과분은 인력 운반으로 별도 계상하며, 경사지의 소운반 거리는 직고 1m를 수평거리 6m의 비율로 계상한다.

5-2-4. 표준품셈의 할증기준

가. 재료의 할증기준

재료할증이라 함은 설계수량(정미수량)에 운반, 저장, 가공, 시공 과정에서 발생하는 손실량을 예측하여 부가하는 것이다.

정미수량에 할증량을 더하여 재료량을 산출하고 재료단가를 곱하여 총 소요금액을 일위대가의 재료비에 반영한다. 표준품셈에 명시되어 있는 할증율은 통상 최대치를 나타낸 것이므로 공사성격과 여건에 따라 명시된 할증율의 범위 내에서 조정할 수 있다. 그러나 조경공사의 경우 소량·다품목의 특성을 가지고 있어 가급적 최대치를 수용하여 적산에 반영하는 것이 좋다.

주의할 점은 표준품셈에서의 단위당 소요품은 재료의 정미 소요량을 기준으로 한 것이므로 시공품 적용 시 재료할증에 대한 품까지 적용해서는 안 되므로 정미 재료량에 단위당 표준품을 곱하여 노무량을 산출하여야 한다. 주요재료의 할증량은 다음 표와 같다.

〈표 5-14〉 주요 재료별 할증율

구분	종류	할증률(%)	
		정치식	기타
콘크리트 및 포장용 재료	시멘트	2	3
	잔골재 · 채움재	10	12
	굵은 골재	3	5
	아스팔트	2	3
노상 및 노반재료 (선택층, 보조기층, 기층 등)	모래	6	
	부순돌·자갈·막자갈	4	
	점질토	6	
관 및 구조물기초 부설재료	모래	4	
강재류	원형철근	5	
	이형철근	3	
	강관, 스테인리스 강관	5	
	강판, 스테인리스 강판	10	
목재	각재	5	
	판재	10	
벽돌	붉은 벽돌	3	
	시멘트벽돌	5	

〈표 5-14 계속〉 주요 재료별 할증율

구분	종류	할증률(%)	
		정치식	기타
블록	일반블록	4	
	경계블록	3	
레디믹스트콘크리트타설 (현장플랜트 포함)	무근구조물	2	
	철근구조물	1	
현장혼합콘크리트타설 (인력 및 믹서)	무근구조물	3	
	철근구조물	2	
	소형구조물	5	
조경용 수목, 잔디 및 초화류		10	
도료		2	

* 자세한 내용은 부록 1-3 참조

나. 노임의 할증기준

노임은 관계법령의 규정에 따르며, 근로시간을 벗어난 시간외, 야간 및 휴일의 근무가 불가피한 경우에는 근로기준법 제50조, 제56조 에 정하는 바에 따른다.

- 근로기준법 제50조(근로시간)

① 1주간의 근로시간은 휴게시간을 제외하고 40시간을 초과할 수 없다.
② 1일의 근로시간은 휴게시간을 제외하고 8시간을 초과할 수 없다.

- 근로기준법 제56조(연장 · 야간 및 휴일 근로)

① 사용자는 연장근로(제53조 · 제59조 및 제69조 단서에 따라 연장된 시간의 근로를 말한다)에 대하여는 통상임금의 100분의 50 이상을 가산하여 근로자에게 지급하여야 한다.
② 제1항에도 불구하고 사용자는 휴일근로에 대하여는 다음 각 호의 기준에 따른 금액 이상을 가산하여 근로자에게 지급하여야 한다.
1. 8시간 이내의 휴일근로: 통상임금의 100분의 50
2. 8시간을 초과한 휴일근로: 통상임금의 100분의 100
③ 사용자는 야간근로(오후 10시부터 다음 날 오전 6시 사이의 근로를 말한다)에 대하여는 통상임금의 100분의 50 이상을 가산하여 근로자에게 지급하여야 한다.

다. 품의 할증기준

품의 할증은 다음의 기준 이내에서 공사 규모, 현장조건 등을 감안하여 적용한다.

- 할증의 적용은 품셈 각 항목에서 발생하는 보편적인 작업환경에서 벗어나는 경우에 고려되어야 하며, 항목별로 별도의 할증이 명시된 경우에는 명시된 할증을 우선 적용한다.
- 품의 할증은 품 요소(인력 및 건설기계)에 적용함을 원칙으로 한다.
- 품의 할증 적용에 판단이 필요한 경우는 발주기관의 장 또는 계약 당사자 간 협의하여 적용함을 원칙으로 한다.
- 할증의 중복 가산 방법은 다음과 같다.

  W = 기본품 × (1 + a1 + a2 + ···· + an)

  W : 할증을 포함한 총 소요품, an : 품 할증 요소

1) 작업지연에 따른 할증

공사 수행 시 특정 시공조건이 발생(출입통제, 중단, 이동 등)하여 일일 작업시간에 제약을 받는 경우를 대상으로 한다. 따라서 본 할증은 인력의 출입 및 작업 통제에 의해 실 작업시간이 줄어드는 경우에 적용하며, 도서지역에서 자원(인력, 자재, 건설기계)의 수급에 영향을 받는 경우는 별도 반영한다.

〈표 5-15〉 현장시공 조건에 따른 할증율

구분	적용조건	할증율
통제보안지역	군작전지역, 보안구역 등 작업인력의 출입통제로 작업에 지장을 받는 경우	20%
도서 지역	본토와 도서지구간 인력의 이동(출퇴근) 발생으로 작업에 지장을 받는 경우	50%
공항 지역	공항 내 이착륙(1일 20회 이상)발생으로 작업에 지장을 받는 경우	50%

2) 지세조건 따른 할증

시공위치의 지세, 지형 등의 조건에 의해 작업효율에 영향을 받는 경우를 대상으로 한다.

〈표 5-16〉 지세조건에 따른 할증율

구분	적용조건	할증율
산악지	지세구분에 따른 산악지	50%
야산지	지세구분에 따른 야산지	25%
습지 (물이 있는 논)	습지(물이있는 논 등) 또는 해안지역(갯벌, 간척지, 모래사장 등)에서 직접 작업하는 경우	25%
경사지	비탈면 등 경사면 작업으로 작업에 지장을 받는 경우	20%

〈표 5-17〉 지세구분

구분	산악지	야산지
지형	산림이 우거진 험준한 산악 지대로서 교통이 극히 불편한 곳	야산지대 및 수목이 우거진 보통 산악지대로서 교통이 불편한 곳
지세	험한 산악	험한 야산 또는 보통 산악
높이기준	해발 400m 미만, 표고 200m 미만	해발 300m 미만, 표고 150m 미만
통행조건	소로도 없고 경사가 급격하며 통행이 극히 불편함(사람 이외의 통행불가)	대로가 없고 경사가 급하며 통행이 불편함(소형차 또는 리어카 정도의 통행가능)

3) 도심지 환경조건 따른 할증

도심지 환경조건에 의해 작업효율에 영향을 받는 경우를 대상으로 한다. 차도는 차량의 통행조건(통행제한, 저속통행 등)에 따라 작업에 지장을 받는 경우에 적용하며, 주거지는 주택가와 인접하여 보행자/차량 통행 또는 주거환경 영향으로 인해 작업에 지장을 받는 경우에 적용한다.

〈표 5-18〉 도심지 환경조건에 따른 할증율

구분	적용조건	할증율
차 도	2차로(교행불가 발생)	30%
	4차로 이하(차량통행 영향)	25%
	4차로 초과	20%
주거지	보행자 및 차량통행 영향. 주거환경 영향	15%

4) 위험요소 따른 할증

작업 위치 및 환경에 따른 위험요소의 발생과 위험의 노출로 인해 작업능률의 저하가 예상되는 경우에 적용하는 것으로 10m이상 고소작업, 교량상 작업, 터널작업, 유해작업 등 있으나 조경공사에 적용할 항목은 거의 없다.

5) 소규모작업 할증

"시공량/일"으로 명시된 항목 중 총 시공량이 본 품(시공량/일)의 기준 미만인 소규모 공사인 경우 다음과 같이 적용하며, "시공량/일"이 제시되지 않는 항목의 경우 시공수량과 투입자원(인력, 장비)의 작업능력을 고려하여 산정한다.(재료량에는 적용하지 않는다.) 본 항목은 조경공사의 소규모 특성에 비추어 볼 때 필히 적용되어야할 항목이다.

〈표 5-19〉 소규모작업 할증의 적용 시공량 기준

조건	적용 시공량
시공량 ≦ Q / 2 경우	Q / 2
Q / 2 〈 시공량 ≦ Q 경우	Q

* Q : 표준품셈상의 1일 시공량

5-2-5. 조경공사의 표준품셈 적용

표준품셈에 식재공사 및 수목유지관리공사의 표준품은 수록되어 있어 품 산출에 문제가 없으나 조경시설물공사의 품은 별도로 규정되어 있지 않으므로 조경시설물공사 내 세부 공종의 구성에 따라 토목, 건축, 기계설비 부문의 동일 공종 품 또는 유사 공종품을 적용하되 조경공사의 수량단위 등에 맞추어 환산하여 적용하여야 한다.

조경공사 적산의 어려움이 이러한 문제에 기인하며 조경공사의 특수성을 감안한 적산이 이루어지지 못하는 가장 큰 이유이다. 조경공사는 소량·다품목의 특성이 있어 대량소요를 기반으로 제정된 표준품셈을 그대로 적용할 경우 실제 소요비용에 못 미치는 경우가 많다.

따라서 표준품셈을 적용할 때 시공지식과 표준품셈의 내용을 충분히 인지하고 적산에 임하여야 하며, 품 계산 시 산출 기준 내에서 가급적 여유 있게 산출하는 것이 좋다.

조경공사의 표준품 적용은 다음 표에 따라 해당 표준품을 적용하는 것이 일반적이다.

〈표 5-20〉 조경공사 세부공종의 표준품셈 적용

구분	세부공종	표준품셈 부문	적용 항목
수목공사	수목공사	공통부문	제4장 조경공사
	식재기반조성공사	〃	제3장 토공사
유지관리공사	유지관리공사	유지관리부문	제1장 공통
조경시설물 기반공사	가설공사	공통부문	제2장 가설공사
	토공사	〃	제3장 토공사
	기초공사	〃	제3장 토공사, 제6장 철근콘크리트 공사
	운반공사	〃	제1장 적용기준 - 인력운반
	기계화 시공	〃	제8장 건설기계
	급수공사	기계설비부문	제1장 배관공사
	배수공사	토목부문	제6장 관 부설 및 접합
조경구조물공사	포장공사	토목부문	제1장 도로포장공사
	철근콘크리트 공사	공통부문	제6장 철근콘크리트 공사
	돌공사	〃	제7장 돌공사
	조경석공사	〃	제4장 조경공사
	조적공사	건축부문	제2장 조적공사
	미장공사	〃	제9장 조적공사
	칠공사	〃	제11장 칠공사
조경시설물공사	목재공사	건축부문	제4장 목공사
	금속공사	〃	제8장 금속공사
		기계설비부문	제13장 플랜트설비공사

5-3 단가 기준

5-3-1. 단가의 정의

단가는 공사용 재료 및 노임, 중기 임대료 등의 산정 기준이 되는 단위당 가격으로서 현재 시장에서 거래되는 시장가격을 말한다. 시장가격은 구입시기와 소요량, 구입조건, 외환시세 등에 따라 달라지며, 단가의 적용은 공사원가를 좌우하는 중요한 요소이다. 따라서 단가는 항상 객관성 있는 공정한 가격으로 책정되어야 하며 시중거래가격을 잘 반영할 수 있어야 한다.

원가계산에 의한 적산방식에서 단가는 크게 재료단가, 노무단가, 복합단가 등으로 분류하고 다음과 같이 정의할 수 있다.

- 재료단가 : 재료의 1단위 당 가격.
- 노무단가 : 단위 공종에 투입되는 노무자 1인의 1일 8 시간 노동임금.
- 복합단가 : 단위 공종에 소요되는 재료비, 노무비, 경비를 합산한 것
- 공종단가 : 공종 단위 또는 공사 단위별로 복합단가를 합산한 단가 (예 : 분수시설 설치단가, 조형시설물 설치단가 등)

5-3-2. 단가 적용기준 (국가를 당사자로 하는 계약에 관한 법률 시행규칙 7조)

단가는 어느 경우에나 객관성 있는 공정한 가격으로 책정되어야 하며, 특히 "국가를 당사자로 하는 계약에 관한 법률"의 적용을 받는 공공공사의 경우, 공정한 가격 적용을 위해 아래와 같이 일정한 기준을 가지고 있다.

가. 재료단가 기준

원가계산에 의한 예정가격의 작성에 있어서 단위당 가격(단가)은 다음 순서에 따라 적용하며, 상위가격이 없는 경우에 한하여 하위 가격을 적용한다.

1) 거래실례가격 또는 통계법 제15조에 따른 지정기관이 조사하여 공표한 가격

기획재정부 장관이 단위당 가격을 별도로 정한 경우 또는 각 중앙관서의 장이 별도로 기획재정부 장관과 협의하여 단위당 가격을 조사·공표한 경우에는 당해 가격을 우선 적용

① 조달청장이 조사하여 통보한 가격

조달청에서 조사하여 나라장터에 게시하는 '정부구매물자 가격정보'

② 전문조사기관 가격

전문가격조사기관으로 기획재정부 장관에게 등록한 기관이 공표한 가격

〈표 5-21〉 전문가격조사기관의 발행지

기관명	한국물가협회	한국물가정보	대한건설협회	한국응용 통계연구원	건설산업정보 연구원	한국경제조사 연구원
발행지명	물가자료	물가정보	거래가격	유통물가	가격정보	물가시세

③ 거래실례를 직접조사하여 확인한 가격

각 중앙관서의 장 또는 계약담당공무원이 2 이상의 사업자에 대하여 해당 물품의 거래실례를 직접 조사하여 확인한 가격

2) 기타 거래실례가격 및 표준시장단가 등으로 결정할 수 없는 가격

① 감정가격: 감정평가법인 또는 감정평가사가 감정 평가한 가격

② 유사한 거래실례가격: 기능과 용도가 유사한 물품의 거래실례가격

③ 견적가격: 계약대상자 또는 제3자로부터 직접 제출 받은 가격

나. 노무단가 기준

원가계산에 의한 예정가격 작성 시 적용하는 노무단가 기준은 1994년까지는 구 재무부 장관이 결정·고시(이하 "정부고시노임"이라 함)하였으나 1995년부터는 통계법 제3조의 규정에 의하여 통계작성 승인을 받은 기관(대한건설협회)이 조사·공표한 가격을 적용한다.

시중노임의 개념과 적용에 따른 기준은 기획재정부 계약예규에 명시되어 있으며 조경공을 위시한 관련 직종의 최근 공표된 시중노임은 아래 표와 같다.

〈표 5-22〉 조경관련 직종별 최근 노임단가

조경관련 직종	공표시기별 단가(원)				
	2024.1.1	2023.1.1	2022.1.1	2021.1.1	2020.1.1
조경공	219,533	203,631	189,749	181,378	179,178
특별 인부	214,222	197,450	187,435	179,203	166,063
보통 인부	165,545	157,068	148,510	141,096	138,290
포장공	258,360	237,245	225,104	212,761	158,482
콘크리트공	261,283	245,223	227,269	215,145	216,409

■ 시중노임 적용시 참고사항(기획재정부 계약예규)

공표된 시중노임단가는 1일 8시간을 기준으로 한 것이며, 사용자가 근로의 대가로 노동자에게 일급으로 지급하는 기본급여액이므로 근로기준법에서 규정하고 있는 제 수당, 상여금 및 퇴직급여 충당금은 시중 노임단가를 기준으로 「예정가격작성기준」에 정한 바에 따라 계상하여야 한다.

조사기관이 조사 · 공표하지 않은 직종은 조사기관이 조사 · 공표한 유사한 직종의 시중노임단가에 준하여 적용할 수 있다.

제2부 조경공사 세부공종별 적산

제6장 조경공사의 구성과 특성

제7장 수목공사 적산

제8장 조경유지관리공사 적산

제9장 조경시설물 기반공사 적산

제10장 조경구조물공사 적산

제11장 조경시설물공사 적산

CHAPTER 06

조경공사의 구성과 특성

6-1 조경공사의 구성과 공종

6-1-1. 조경공사의 구성

조경이란 자연을 보전하고 아름다운 경관을 조성하며, 푸르름을 유지하여 옥외공간을 쾌적하게 하고 휴식, 모임, 놀이 등을 즐길 수 있는 활동 장소와 시설을 제공하는 역할을 담당하게 된다.

조경공사는 이러한 공간과 시설을 제공하기 위한 건설공사의 하나로서 녹지, 수경(修景)시설, 휴게시설, 운동시설, 안내시설, 놀이시설, 관리시설, 기타 이에 관련 되는 일체의 경관시설을 하는 공사를 말하며 공사내용상 조경수목공사와 조경시설물공사로 구분된다.

가. 조경수목 공사

일반적으로 조경수목 공사는 수목식재 뿐만 아니라 식재와 관련된 모든 공종을 포함하며 다음과 같이 분류한다.

- 수목 식재공사
- 굴취 및 뿌리돌림
- 지피 식재공사
- 수목이식공사
- 비탈면 녹화공사
- 식재기반 공사
- 유지관리공사

나. 조경시설물 공사

조경시설물 공사는 조경공간의 기반을 조성하는 기반공사, 현장에서 시공되는 구조물공사, 각종 조경시설물을 제작 · 설치하는 시설물 공사로 구분된다.

• 기반공사

정지, 기초 터파기, 절취, 성토 등의 토공사와 시설물 기초, 급수 및 배수공사 등 조경 공간 조성 및 시설물 설치를 위한 기반공사.

• 구조물공사

옹벽, 석축, 가벽, 조형물, 수경시설 등 현장에서 시공되는 구조물과 포장 공사 등 현장에서 제작 및 시공이 이루어지는 공사.

• 시설물공사

휴게시설, 놀이시설, 운동시설, 안내시설, 관리시설, 편익시설 등 주로 공장에서 제작되어 현장에서 조립·설치하는 조경 시설물공사.

6-1-2. 조경공사 세부공종

조경공사를 단순한 공종으로 생각하기 쉬우나 하나의 시설물을 시공하는 경우에도 건축, 토목 등 관련된 여러 분야의 세부공종이 포함된다. 따라서 식재와 시설물을 모두 포함하는 종합적인 조경공사는 매우 다양한 공종을 포함한다.

신 조경시공학[3]에 수록된 조경공사의 공종을 보면 다음과 같다.

- 시공측량 : 레벨 측량, 평판측량, 토탈스테이션 측량 등
- 가설공사 : 가설사무실, 가설창고, 숙소, 울타리, 안내간판, 공사용도로 등
- 기계화시공 : 벌개, 제근, 굴삭, 적재, 운반, 다짐 등
- 수목공사 : 굴취, 식재, 파종, 사면녹화, 뿌리돌림 등
- 유지관리공사 : 전정, 수간보호, 관수, 제초, 시비, 약제살포 등
- 토공사 : 절·성토, 터파기, 되메우기 및 다짐, 잔토처리, 부토 및 마운딩 등
- 콘크리트공사 : 콘크리트 타설, 거푸집 제작 및 설치, 철근 조립 등
- 목공사 : 목재 가공, 방부처리, 목재시설 설치 등
- 운반공사 : 인력운반, 목도운반, 리어카운반 등
- 금속공사 : 용접, 절단, 조립, 잡철물 제작 설치 등

---

3) 한국조경학회, 『신 조경시공학』, 문운당, 2016.

- 조적 및 미장공사 : 블록 및 벽돌쌓기, 미장 등
- 도장공사 : 철부페인트, 목부페인트, 분체도장, 오일계 방부도장 등
- 석재공사 : 돌쌓기, 석재가공, 석재판 붙임 등
- 조경석공사 : 경관석 놓기, 디딤돌 놓기, 조경석 쌓기, 전통석조물공사 등
- 급수 및 배수공사 : 급·배수관 부설, 맹암거 설치, 집수정 등
- 포장공사 : 콘크리트, 소형고압블록, 타일, 점토블록, 고무블록, 잔디블록 등

6-2 조경공사의 특수성과 적산 고려사항

6-2-1. 조경공사의 특수성

조경은 전문분야로 볼 때 건축, 토목, 도시계획, 임학, 원예 등 각 분야가 중첩되는 광범위한 영역에 걸쳐있다. 그러나 자연과 인공환경을 복합적으로 고려하고 외부공간을 주 대상으로 한다는 점에서 건축과 구분되며, 기능적 측면과 미적 측면을 모두 강조하고 자연소재를 다룬다는 점에서 토목이나 도시계획과 구분된다. 또한 외부공간을 설계하고 시공한다는 측면에서 임학이나 원예와는 구분된다.

이렇게 조경이 타 분야와 다른 특성이 있듯이 조경공사도 건축이나 토목과 다른 특수성이 있으며 이것이 조경시공의 발전에 기회요인이기도 하며 또한 제한요인으로 작용하기도 한다.

가. 공종의 다양성

조경공사는 식재공사만 다루는 것이 아니라 여러 가지 시설물 및 구조물공사를 포함하고 있으며, 하나의 시설물 즉, 벤치나 파고라를 시공하는 경우에도 토공사, 콘크리트공사, 목공사, 포장공사, 금속공사, 도장공사 등 관련분야의 많은 공종이 포함되어 있어 공사의 규모에 비해 공종이 매우 다양한 특성이 있다. 따라서 각 공종에 대한 최소한의 전문지식이 필요하며 공종 간의 연계와 합리적인 시공관리가 필요하다.

나. 재료의 다양성

조경시설물의 종류가 경관시설, 수경시설, 휴게시설, 운동시설, 안내시설, 놀이시설, 관

리시설, 편익시설 등 매우 다양하므로 이러한 많은 종류의 조경시설물을 시공하기 위해서는 아래와 같은 다양한 재료가 소요된다.

따라서 창조적인 설계와 합리적 시공을 위해서는 다양한 재료에 대한 기초지식이 필요할 뿐 아니라 새로이 개발·생산되는 신재료들에 대한 최신 정보를 습득하는 것이 필요하다.

- 수목류 : 교목류, 관목류, 초화류, 지피류 등
- 목재 : 원목, 로구로목, 각재, 판재, 합판, 죽재류 등
- 철재 : 강관류, 각관류, 강판류, 리벳트, 볼트, 너트, 못 등
- 석재 : 화강석, 대리석, 견치석, 철평석, 자연석 등
- 포장재 : 소형고압블럭, 타일, 점토블록, 고무블록, 콘크리트 등
- 도장재 : 수성페인트, 유성페인트, 바니쉬, 녹막이, 분체, 오일계 방부도료 등
- 조명자재 : 투광기, 등주, 조광기, 광섬유 등
- 기타 : 벽돌, 인조석, 인조목, 막재, 방수재 등

다. 단위공사의 소규모성

전술한 바와 같이 조경공사는 매우 다양한 공종을 포함하고 있으나 공사규모가 건축이나 토목 분야에 비해 매우 작으며 특히 1개 공종 즉, 단위 공종의 규모가 매우 작아 소요되는 자재의 양이 적고 따라서 조달 시 높은 단가가 요구되므로 시공 상 경제적 효율이 낮고 원가관리의 어려움이 있다.

라. 공사지역의 산재성

조경공사는 토목공사와 같이 단순 공종이 연속적으로 이어지거나 건축공사와 같이 좁은 지역에 집중적으로 시행되는 경우는 매우 드물며 대부분 넓은 지역에 여러 가지 공종이 산재되어 시행되는 경우가 많다. 따라서 소요 자재 및 작업인부의 이동 등에 따른 비용손실이 발생하며 작업효율이 낮고 시공관리의 어려움이 있다.

마. 표준화 및 시공기준의 난이성

일반적으로 공사재료는 표준화 또는 규격화를 통한 대량생산으로 재료단가를 낮추고 품질 향상을 기하게 되나 조경공사의 식물소재는 공산품이 아닌 생물이기 때문에 일정한 규격으로 표준화하기가 어려우며, 또한 시공지역의 토양과 주변환경 및 계절에 따라 식재

방법과 양생조치 등이 달라져야 하며 일정한 시공기준을 규정하기가 쉽지 않다.

조경시설물 역시 시공지역의 특성과 경관을 감안하여 다양한 규격과 형태로 설계되며 효율적인 시공을 위한 표준화에 어려움이 많다.

바. 조경공사의 작품성

조경공사는 조경작품을 만들어 내는 것으로서 기능적인 면 이외에도 예술적이고 심미적인 면이 강조되므로 공사의 질적인 수준을 기능적이고 경제적인 기준으로만 판단하기 곤란하며, 때로는 많은 시행착오를 거듭하고서야 하나의 작품이 탄생되는 경우도 많다.

따라서 작품의 예술성을 파악할 수 있는 미적 감각과 함께 이를 실제로 구현할 수 있는 공학적 지식과 재료특성에 대한 전문지식이 필요하다.

사. 지속적 관리의 필요성

조경공사의 주요재료인 식물재료는 시공 후 관리상태에 따라 생육상황이 매우 달라지므로 양호한 생육상태를 계속 유지하기 위해서는 세심하고 지속적인 유지관리가 필요하다.

한편 조경시설물은 대부분 외부공간에 시공되므로 풍화에 따른 노후화가 급속하게 나타난다. 또한 많은 조경시설물이 목재나 합성수지 등 내구성이 낮은 재료로 제작되어 놀이, 운동 등 많은 사람들의 신체 접촉과 과도한 이용에 따른 파손 현상이 많이 나타난다. 따라서 재료와 구조의 내구성이 중요하고 지속적인 유지관리가 필요하다.

6-2-2. 조경공사의 특수성에 따른 적산 고려사항

가. 발주방법에 따른 적산기준

일반건설공사에 해당하는 조경공사는 대개 별도로 분리 발주하는 것이 원칙이나 공사 여건 상 토목이나 건축의 부대공사로 일괄 발주하면 조경공사의 특수성을 감안한 적산을 하기가 어렵게 된다. 즉, 할증율이나 제 잡비율 기준 등에 있어 토목, 건축 등의 주 공사 적산기준에 맞추어야 하며, 품셈 적용에 있어서도 주 공사 기준에 맞게 적용하여야 하므로 조경공사의 특성인 소규모, 산재 특성을 고려할 수 없게 된다.

따라서 분리 발주하여 별도의 적산기준 하에 공사비 산정이 이루어지고 조경 전문업체가 시공하는 것이 바람직하다.

나. 소규모 및 산재성 고려

전술한 바와 같이 조경공사는 규모가 적고 다양한 공종으로 구성되어 자재의 종류는 많은 대신 소요량이 적어 재료단가도 높고 조달에도 어려움이 있다. 재료구입에 따른 경비 지출이 타 분야에 비해 많이 발생하게 되며, 공사의 산재성으로 작업에 어려운 점이 많으므로 실제 공정 상 시공규모에 대응하는 적절한 적산기준이 고려되어야 한다.

예를 들어 할증율의 경우도 조경공사의 특수성을 감안하여 타 공사에 비해 높게 책정되어야 하며, 소규모 시공량의 할증 등 표준품셈의 적용 시 현행 품셈 범위 내에서 소량공사에 대한 추가 계상이 가능한 항목 등은 모두 반영하고 자재 운반비용 등을 합리적으로 계상 할 수 있어야 한다. 또한 재료단가의 경우 소량 구매에 따른 적절한 단가가 계상될 수 있도록 조사하여 적산에 반영하여야 한다.

다. 식생환경과 시공시기 등의 고려

조경공사에 있어서 가장 중요한 요소가 식물이므로 수목생육을 고려하여 식재 비용 외에 토양개량, 부토 등의 추가비용을 반영하여야 하며, 식재 부적기에 시공하는 경우에는 양생 및 관리비용을 반영하여야 한다.

설계도서에 이와 같은 사항이 누락되어 있을 경우가 많으므로 적산자는 공사비 내역 확정 전에 현장 상황과 시공시기를 검토하여 내역에 반영하여야 한다.

라. 작품성의 고려

조경공사의 대상이 대부분 예술적 심미성을 표현하여야 하는 것이므로 설계된 구조물의 형태와 소재가 어떤 의미로 설계되었는지를 먼저 파악하여 필요한 사항을 적산에 반영시켜야 한다. 특히 환경조형물이나 게이트, 문주, 안내시설 등 작품성을 요구하는 시설물의 경우 무리하게 표준 품셈을 적용하기보다는 필요에 따라 거래실례가격이나 견적가격을 적용하여 숙련된 장인에 의한 작품제작이 가능하도록 유도하여야 한다.

CHAPTER 07

수목공사 적산

7-1 잔디 및 초화류공사 적산

7-1-1. 잔디 식재공법의 종류

가. 잔디 붙이기

1) 평떼식재

식재지 전면적에 걸쳐 뗏장을 맞붙이는 방법으로서 단시일 내에 완전한 잔디밭을 조성할 수 있다.

• 잔디 소요매수 : $1m^2$ 당 11매. (잔디규격 : $0.3 \times 0.3 \times 0.03m$)

2) 줄떼식재

잔디를 뗏장 너비 또는 그 이하로 떼어 뗏장을 이어 붙이는 방법으로서 1~2년의 시간을 두고 잔디밭을 조성하며 주로 경사지에 적용한다.

• 잔디 소요매수 : 뗏장 너비(30cm)만큼 간격을 두고 식재 할 경우 $1m^2$당 5.5매.

평떼식재

줄떼식재

〈사진 7-1〉 잔디식재공법

나. 롤형 잔디식재

두루마리 형태의 카페트 크기 뗏장을 식재지 전면에 까는 방법으로서 단시일 내에 완전한 잔디밭을 조성할 수 있다.

〈사진 7-2〉 롤형잔디

다. 종자 살포 공법(Seed Spray)

살포기계를 이용하여 종자를 식재지 전면적에 뿜어 붙여 피복하는 방법으로서 잔디발아 후 1~2년의 시간을 두고 잔디면을 조성하게 되며 주로 비탈면 녹화에 적용한다.

종자 살포시 푸른색 염료를 넣어 뿌리는데 그 이유는 미관을 위해서가 아니라 살포면과 아닌 곳을 구별하기 위함이다.

〈사진 7-3〉 초류종자 살포

종자살포 공법에는 종자와 비료만을 뿜어붙이는 Seed Spray 공법과 종자와 비료에 특수토양을 섞어 뿜어 붙이는 종비토 공법이 있다. 종비토 공법은 비료와 특수토양의 종류 그리고 뿜어붙이는 방법에 따라 "녹생토 공법", "법면녹화 배토습식공법" 등 다양한 공법이 있다.

7-1-2. 잔디 및 초화류 규격 표시

떼잔디는 뗏장 나타내는 '매'를 단위로 하며 1매의 크기는 0.3×0.3×0.03m를 표준으로 한다.
롤형 잔디는 m^2를 단위로 하되 생산되는 규격은 40×60×2cm, 46×110×2cm, 65×154×2cm 등이 있다.
초화류의 규격표시는 뿌리의 갈라짐을 나타내는 '분얼'과 분의 크기를 나타내는 '포트'로 표기한다.

- 분얼 : 2-3분얼, 3-4분얼, 4-5분얼   - 포트 : 3치 포트, 4치 포트

7-1-3. 수량산출 및 유의사항

잔디 및 초류종자 살포의 수량산출은 도면상의 면적(m^2)으로 산출하며 초화류는 분얼 및 포트의 수량(주)으로 산출한다.

비탈면의 잔디식재 및 초류종자 살포면적은 경사도에 따라 가산하여 계산한다.

- 1:1 사면 = 141%,　　1:2 사면 = 112%,　　1:3 사면 = 105%

비탈면의 경사도가 불규칙하거나 경사도를 알 수 없을 경우 편의상 경사지의 평면 투영면적에 평균 15%를 할증하여 면적을 계산한다.

수목식재에 따른 잔디면적 공제는 교목, 관목, 만경목의 수량을 합한 수목 총 수량에 평균 주당 $0.05m^2$를 곱한 면적을 공제하여 산출하고 초화류 등 지피류는 식재면적 만큼 잔디식재 면적에서 공제한다.

수량산출 시 중복과 혼동을 피하기 위하여 도면을 소단위로 나누어서 산출하는 것이 좋으며 도면별로 집계표를 작성한 다음 공구별로 총괄 집계표를 작성한다.

7-1-4. 잔디 붙이기

가. 표준품셈 적용

표준품셈 공통부문 4장 조경공사의 잔디 및 초화류 항목 중 '잔디붙임'을 적용한다. 표준품은 재배잔디를 붙이는 기준이며, 줄떼는 10~30㎝ 간격을 표준으로 한다.

〈표 7-1〉 잔디붙임(재배잔디) 표준품 (일당)

구분	단위	수량	시공량(m^2)	
			줄떼	평떼
조경공	인	1	170	150
보통인부	인	4		

일당 품으로 되어 있는 표준품을 5-2-2. 표준품셈 환산방법으로 환산하면 〈표 7-2〉와 같다.

〈표 7-2〉 잔디붙임(재배잔디) 환산표준품 (100m^{2}당)

구분	단위	줄떼	평떼
조경공	인	0.588	0.667
보통인부	인	2.353	2.667

나. 환산표준품 적용기준

- 환산표준품은 100m^2 당 품이며 홈파기, 뗏밥주기, 물주기(식재시 1회) 및 마무리 작업을 포함한다.
- 물주기를 위해 살수차 등의 장비가 필요한 경우 기계경비는 별도 계상한다.

7-1-5. 초류종자 살포 및 거적덮기

가. 표준품셈 적용

표준품셈 공통부문 4장 조경공사의 잔디 및 초화류 항목 중 '초류종자 살포'와 '거적덮기'를 적용한다. 초류종자 살포 표준품은 트럭에 종자살포기가 장착되어 살포하는 기준이며, 거적덮기 표준품은 초류종자 살포 시공 후 거적덮기를 작업하는 기준이다.

〈표 7-3〉 초류종자살포(기계살포) 및 거적덮기 표준품 (일당)

구분		규격	단위	수량	시공량(m^2)
초류종자살포 (기계살포)	조경공		인	2	3,100
	보통인부		인	1	
	취부기	19.94KW	대	1	
	트럭	4.5ton	대	1	
	펌프	∅50mm	대	1	
거적덮기	조경공		인	3	1,600
	보통인부		인	1	

일당 품으로 되어 있는 표준품을 5-2-2. 표준품셈 환산방법으로 환산하면 〈표 7-4〉와 같다.

〈표 7-4〉 초류종자살포(기계살포) 및 거적덮기 환산표준품 (100m²당)

구분		규격	단위	수량
초류종자살포 (기계살포)	조경공		인	0.065
	보통인부		인	0.032
	취부기	19.94KW	hr	0.258
	트럭	4.5ton	hr	0.258
	펌프	∅50mm	hr	0.258
거적덮기	조경공		인	0.188
	보통인부		인	0.063

나. 환산표준품 적용기준

- 환산표준품은 100m² 당 품이며 재료배합, 종자살포 작업을 포함하고 살수양생 및 객토가 필요할 때는 별도 계상한다.
- 초류종자살포(기계살포) 소요되는 재료량은 설계도서에 따르되 명시되어 있지 않을 경우 아래 〈표 7-5〉를 참조하여 계상한다.

〈표 7-5〉 초류종자살포(기계살포) 재료량 (100m²당)

구분	규격	단위	수량
종자		kg	2~3
비료	복합비료	〃	10
피복제	화이버/펄프류	〃	18
침식방지 안정제	합성접착제	〃	5~15
색소	착색제	〃	0.2

- 거적덮기 표준품은 거적깔기, 핀설치 및 고정 작업을 포함하며, 재료량(거적, 고정핀, 착지핀, 매트고정판, 비닐끈 등)은 설계수량에 따라 별도 계상한다.

7-1-6. 초화류 식재

가. 표준품셈 적용

표준품셈 공통부문 4장 조경공사의 잔디 및 초화류 항목 중 '초화류 식재'를 적용한다.

〈표 7-6〉 초화류식재 표준품 (일당)

구분	단위	수량	시공량(주)		
			양호	보통	불량
조경공	인	3	2,700	1,800	1,100
보통인부	인	1			

일당 품으로 되어 있는 표준품을 5-2-2. 표준품셈 환산방법으로 환산하면 〈표 7-7〉과 같다.

〈표 7-7〉 초화류 식재 환산표준품 (100주 당)

구분	단위	양호	보통	불량
조 경 공	인	0.111	0.167	0.273
보통인부	인	0.037	0.056	0.091

나. 환산표준품 적용기준

- 환산표준품은 100주 당 품이며 재료 소운반, 식재, 물주기(식재시 1회) 및 마무리를 포함한다.
- 경관상 특수화단(화문화단, 리본화단, 포석화단)은 품을 17%까지 가산할 수 있다.
- 작업조건 분류기준
  - 양호 : 작업장소가 넓고 평탄하여 장애요소가 없으며, 식재의 내용이 단순하여 작업속도가 충분히 기대되는 조건인 경우
  - 보통 : 작업장소에 교목류, 조경석 등 지장물이 있어 식재 작업에 지장을 받는 경우
  - 불량 : 작업장소가 경사지로서 작업조건이 복잡한 경우, 도로변 · 하천변 · 절개지 등 안전 사고의 위험이 있는 경우

7-2 수목규격 표시

7-2-1. 수목류의 측정기준

수목공사 표준품은 수목규격에 따라 결정되어 있으므로 먼저 수목의 규격표시 기준을 알아야 한다.

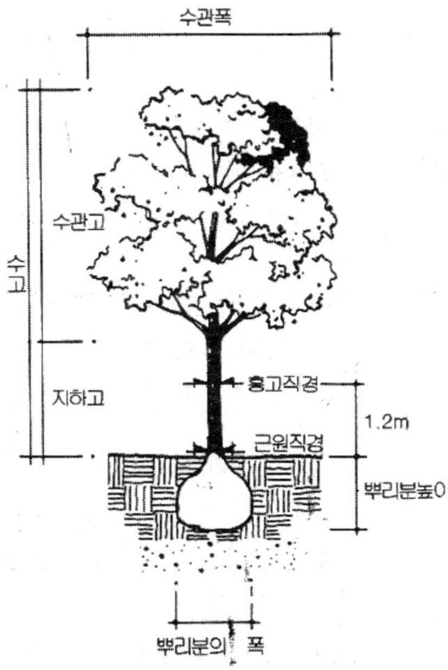

〈그림 7-1〉 수목류의 측정

- 수고(Tree height, H : Height, 단위 : m)
  - 지표면에서 수관 정상까지의 수직거리이며, 수관 꼭대기의 웃자람 가지(도장지)를 제외한다.

- 수관폭(Width of crown, W : Width, 단위 : m)
  - 수관 투영면 양끝의 직선거리이며, 타원형의 수관은 최소폭과 최대폭을 합하여 평균한다.

- 흉고직경(Diameter at breast height, B : Breast, 단위 : cm)
  - 지표면에서 1.2m 부위의 수간 직경이다.
  - 쌍간일 경우에는 각각의 흉고직경의 합의 70%가 최대치 보다 클 때 이를 채택하며, 각각의 흉고직경의 합의 70%가 최대치 보다 작을 때 최대치를 채택한다.

- 근원직경(Root-collar caliper R : Root, 단위 : cm)
  - 지표면 부위의 수간 직경이며, 원형이 아닌 경우 최소폭과 최대폭을 합하여 평균한다.

- 지하고(Crown height, C : Crown , 단위 : m)
  - 수간 최하단부의 줄기에서 지표면까지의 수직 높이이며, 가로수 등 사람의 통행을 고려할 때 특별히 규정한다.

7-2-2. 수목규격 표시방법

가. 교목

- 수고(H : m) × 수관폭(W : m)
  수간이 곧고 수관폭이 원형에 가까우며 수형이 잘 잡혀있고 지하고가 낮은 상록수
  - 잣나무, 섬잣나무, 전나무, 독일가문비, 주목, 편백, 측백, 선향나무, 아왜나무, 리기다 소나무 등

- 수고(H : m) × 흉고직경(B : cm)
  수간이 곧고 주간이 뚜렷하며 상향발당이 잘 되어있고 지하고가 높은 낙엽수로서 주로 녹음수, 가로수 등이 해당
  - 은행, 플라타너스(버즘나무), 왕벚, 메타세쿼이아, 목백합, 자작나무, 가중나무, 계수나무, 낙우송, 벽오동, 수양버들, 은단풍, 칠엽수 등

- 수고(H : m) × 근원직경(R : cm) × 수관폭(W : m)
  수간이 휘어지고 수관폭이 부정형인 상록수
  - 소나무, 눈향나무 등

- 수고(H : m) × 근원직경(R : cm)
  수간이 가슴높이 이하에서 갈라지고 주간이 뚜렷하지 않아 흉고직경을 표시하기 어려운 낙엽수로서 주로 화목류, 유실수, 단풍나무류 등이 해당.
  - 단풍나무, 감나무, 느티나무, 꽃사과, 목련, 노각나무, 대추나무, 마가목, 매화나무, 모감주나무, 배롱나무, 산딸나무, 산수유, 이팝나무, 자귀나무, 층층나무, 쪽동백, 회화나무, 후박나무 등.

나. 관목

- 수고(H : m) × 수관폭(W : m)
  일반적인 대부분의 관목

- 수고(H : m) × 가지수(지)
  상방성장형 또는 늘어지는 형으로 수관폭 측정이 곤란한 수종
  - 개나리, 미선나무 등

다. 만경목 및 묘목

- 만경목 : 수고(H : m) × 근원직경(R : cm)
- 묘목 : 간장(H : m) × 근원직경(R : cm) × 근장(L : cm)

7-3 교목공사 적산

7-3-1. 교목공사 적산 유의사항

수목공사 표준품은 지주목 세우기, 손질 및 뒷정리 등을 포함하므로 지주목의 재료비를 제외하고 지주목 설치에 따른 별도의 비용을 계상할 필요가 없다.

일반적으로 수목가격은 현장 도착을 기준으로 하므로 이식목이 아닌 경우에는 별도의 운반비용을 계상할 필요가 없다.

간사지와 염류토의 식재 시 품을 증가할 수 있으나 이는 객토나 제염비용을 의미하는 것이 아니라 토질의 경도 및 작업난이도에 따른 품의 할증개념이므로 소량만 증가한다.

암반식재, 부적기 식재 등 특수 식재 시는 품을 별도로 계상할 수 있으나 일반적으로는 암반굴착 비용, 객토비용, 부적기 수목양생 비용 등으로 구분하여 계상하는 것이 합리적이다.

수목수량 산출시의 중복과 혼동을 피하기 위하여 도면을 소단위로 나누어서 산출하여야 하며 상록교목, 낙엽교목, 순으로 각 수종별, 규격별로 수량을 집계한다. 분할된 도면별로 집계표를 작성한 다음 합산 집계표를 작성하며 지주목은 종류별로 구분하여 지주목 설치수목의 수량으로 산출한다.

7-3-2. 뿌리돌림

뿌리돌림이란 교목식재공사 시 이식이 어려운 수종이거나 대형목의 경우, 사전에 세근발달을 유도하고 활착률을 높이기 위해 뿌리를 굴취 전에 미리 단근(斷根) 또는 환상박피(環狀剝皮)하고 새끼를 감는 것을 말한다.

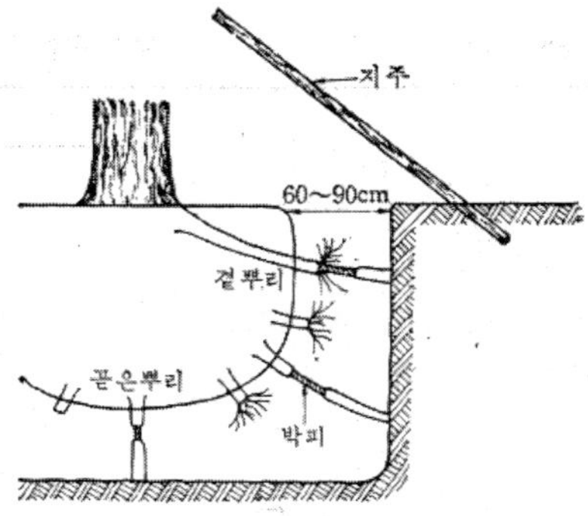

〈그림 7-2〉 뿌리돌림

가. 뿌리분의 크기

뿌리분의 지름은 근원직경의 4~5배를 표준으로 하며 일반적으로 아래 공식을 적용한다.

- 뿌리분 직경 = 24 + (N-3) × d　　N : 근원직경 / d : 상수(상록수 : 4, 낙엽수 : 5)

나. 뿌리분의 종류

뿌리분은 그 형상에 따라 접시분, 보통분, 팽이분으로 구분된다. 접시분은 뿌리가 얕게 퍼지는 천근성 수종에 적합하며, 팽이분은 뿌리가 깊게 뻗는 심근성 수종에 적합한다. 일반적인 수종은 보통분으로 굴취한다.

- 천근성 수종 : 독일가문비, 잎갈나무, 자작나무, 사시나무, 매화나무 등.
- 심근성 수종 : 소나무, 전나무, 주목, 녹나무, 태산목, 느티나무, 은행나무 등.

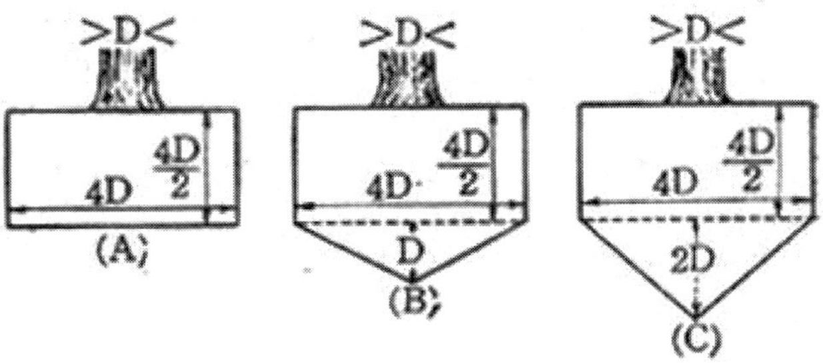

접시분　　보통분　　팽이분

〈그림 7-3〉 분의 종류

다. 표준품셈 적용

표준품셈 공통부문 4장 조경공사의 교목 항목 중 '뿌리돌림'을 적용한다.

〈표 7-8〉 뿌리돌림 표준품 (주당)

근원직경(cm)	조경공(인)	보통인부(인)	근원직경(cm)	조경공(인)	보통인부(인)
3	0.03	0.01	36	1.86	0.22
5	0.06	0.01	42	2.04	0.25
7	0.11	0.01	48	2.32	0.28
9	0.17	0.02	54	2.79	0.33
11	0.23	0.03	60	3.07	0.36
13	0.30	0.03	66	4.18	0.50
15	0.37	0.05	72	4.65	0.55
18	0.56	0.06	78	5.21	0.62
21	0.65	0.08	84	6.51	0.78
24	0.74	0.09	90	7.06	0.85
30	1.58	0.19	100	7.90	0.95

* 표준품이 주당 품이므로 환산없이 그대로 적용한다.

라. 표준품 적용기준

- 분은 근원직경의 4~5배로 한다.
- 뿌리 절단 부위의 보호를 위한 재료비는 별도 계상한다.

7-3-3. 교목 굴취공사

가. 표준품셈 적용

표준품셈 공통부문 4장 조경공사의 교목 항목 중 '굴취'를 적용한다.

1) 나무높이에 따른 굴취 표준품

흉고 또는 근원직경을 추정하기 어려운 수종으로 상록수 계통의 지하고가 낮은 수종에 적용한다.

〈표 7-9〉 교목굴취(나무높이) 표준품 (일당)

구분		규격	단위	수량	나무높이	시공량(주)
인력시공	조경공 보통인부		인 인	4 2	2.0 이하	70
					3.0 이하	45
					5.0 이하	30
기계시공	조경공 보통인부 굴삭기	 $0.4m^3$	인 인 대	3 1 1	2.0 이하	90
					3.0 이하	60
					5.0 이하	40
비 고	- 분이 없는 경우 시공량의 25%를 가산한다.					

일당 품으로 되어 있는 표준품을 5-2-2. 표준품셈 환산방법으로 환산하면 〈표 7-10〉과 같다.

〈표 7-10〉 교목굴취(나무높이) 환산표준품 (주당)

구분 / 나무높이(m)	인력시공		기계시공		
	조경공(인)	보통인부(인)	조경공(인)	보통인부(인)	굴삭기(0.4)(hr)
2.0 이하	0.057	0.029	0.033	0.011	0.089
3.0 이하	0.089	0.044	0.05	0.017	0.133
5.0 이하	0.133	0.067	0.075	0.025	0.20
비고	- 분이 없는 경우 품의 25%를 감한다.				

2) 근원직경에 따른 굴취 표준품

교목류의 굴취에 적용하되 수목의 규격표시에 근원직경 또는 흉고직경의 크기에 맞는 품을 적용한다.

〈표 7-11〉 교목굴취(근원직경) 표준품 (일당)

구분		규격	단위	수량	근원(흉고)직경	시공량(주)
인력시공	조경공 보통인부		인 인	4 2	5(4)이하	50
					6~7(5~6)	30
					8~9(7~8)	15
기계시공	조경공 보통인부 굴삭기	 0.4m³	인 인 대	3 1 1	5(4)이하	70
					6~7(5~6)	40
					8~9(7~8)	25
					10~14((8~12)	15
					15~19(13~16)	10
기계시공	조경공 보통인부 굴삭기 크레인	 0.6m³ 	인 인 대 대	3 1 1 1	20~29(17~24)	7
					30~39(25~32)	5
					40~49(33~41)	4
					50~60(42~50)	3
비 고	- 분이 없는 경우 시공량의 25%를 가산한다.					

일당 품으로 되어 있는 표준품을 5-2-2. 표준품셈 환산방법으로 환산하면 〈표 7-12〉와 같다.

〈표 7-12〉 교목굴취(근원직경) 환산표준품 (주당)

근원(흉고)직경(m) \ 구분	인력시공		기계시공			
	조경공(인)	보통인부(인)	조경공(인)	보통인부(인)	굴삭기(0.4)(hr)	크레인(hr)
5(4) 이하	0.08	0.04	0.043	0.014	0.114	-
6~7(5~6)	0.133	0.067	0.075	0.025	0.20	-
8~9(7~8)	0.267	0.133	0.12	0.04	0.32	-
10~14((8~12)	-	-	0.02	0.067	0.533	-
15~19(13~16)	-	-	0.30	0.10	0.80	-
20~29(17~24)	-	-	0.429	0.143	1.143	1.143
30~39(25~32)	-	-	0.60	0.20	1.60	1.60
40~49(33~41)	-	-	0.75	0.25	2.0	2.0
50~60(42~50)	-	-	1.0	0.333	2.667	2.667
비 고	- 분이 없는 경우 품의 25%를 감한다.					

나. 환산표준품 적용기준

- 분은 근원직경의 4~5배로 한다.
- 준비, 구덩이파기, 뿌리절단, 분뜨기, 운반준비 작업을 포함한다.
- 굴취 시 야생일 경우에는 품의 17%까지 가산할 수 있다.
- 크레인의 규격은 작업여건(시공높이, 시공위치 등) 및 안전율(적정하중, 작업반경 등)을 고려하여 적합한 규격을 적용한다.
- 분 뜨기, 운반준비를 위한 재료비는 별도 계상한다.

7-3-4. 교목 식재공사

가. 표준품셈 적용

표준품셈 공통부문 4장 조경공사의 교목 항목 중 '식재'를 적용한다.

1) 나무높이에 의한 식재 표준품

흉고 또는 근원직경을 추정하기 어려운 수종으로 상록수 계통의 지하고가 낮은 수종에 적용한다.

〈표 7-13〉 교목 식재(나무높이) 표준품 (일당)

구분		규격	단위	수량	나무높이	시공량(주)
인력시공	조경공 보통인부		인 인	4 2	2.0 이하	40
					3.0 이하	20
					5.0 이하	12
기계시공	조경공 보통인부 굴삭기	 $0.4m^3$	인 인 대	3 1 1	2.0 이하	55
					3.0 이하	30
					5.0 이하	20
비 고	- 지주목을 세우지 않을 때는 시공량의 11%를 가산한다.					

일당 품으로 되어 있는 표준품을 5-2-2. 표준품셈 환산방법으로 환산하면 〈표 7-14〉와 같다.

〈표 7-14〉 수고(나무높이)에 의한 식재 환산표준품 (주당)

구분 / 나무높이(m)	인력시공		기계시공		
	조경공(인)	보통인부(인)	조경공(인)	보통인부(인)	굴삭기(0.4)(hr)
2.0 이하	0.10	0.05	0.055	0.018	0.145
3.0 이하	0.2	0.10	0.10	0.033	0.267
5.0 이하	0.333	0.167	0.15	0.05	0.4
비 고	- 지주목을 세우지 않을 때는 인력품의 11%를 감한다.				

* 지주목 작업은 인력작업이므로 굴삭기 작업품은 감하지 않음.

2) 흉고(근원)직경에 의한 식재 표준품

교목류의 수종에 적용하되 설계도서의 규격표시에 따라 흉고 또는 근원 직경의 크기에 맞는 품을 적용한다.

〈표 7-15〉 교목식재(흉고직경) 표준품 (일당)

구분		규격	단위	수량	흉고(근원)직경	시공량(주)
인력시공	조경공 보통인부		인 인	4 2	5(6)이하	30
					6~7(7~8)	15
기계시공	조경공 보통인부 굴삭기	$0.4m^3$	인 인 대	3 1 1	5(6)이하	45
					6~7(7~8)	22
					8~9(9~11)	17
					10~17(12~20)	12
	조경공 보통인부 굴삭기 크레인	$0.6m^3$	인 인 대 대	3 1 1 1	18~24(21~29)	9
					25~34(30~41)	7
					35~44(42~53)	5
					44~50(54~60)	4
비 고	- 지주목을 세우지 않을 때는 시공량의 11%를 가산한다.					

일당 품으로 되어 있는 표준품을 5-2-2. 표준품셈 환산방법으로 환산하면 〈표 7-16〉과 같다.

〈표 7-16〉 교목식재(흉고직경) 환산표준품 (주당)

흉고(근원) 직경(m) \ 구분	인력시공		기계시공			
	조경공(인)	보통인부(인)	조경공(인)	보통인부(인)	굴삭기(0.4)(hr)	크레인(hr)
5(6)이하	0.133	0.067	0.067	0.022	0.178	-
6~7(7~8)	0.267	0.133	0.136	0.045	0.364	-
8~9(9~11)	-	-	0.176	0.059	0.471	-
10~17(12~20)	-	-	0.25	0.083	0.667	-
18~24(21~29)	-	-	0.333	0.111	0.889	0.889
25~34(30~41)	-	-	0.429	0.143	1.143	1.143
35~44(42~53)	-	-	0.60	0.20	1.6	1.6
44~50(54~60)	-	-	0.75	0.25	2.0	2.0
비고	- 지주목을 세우지 않을 때는 인력품의 11%를 감한다.					

* 지주목작업은 인력작업이므로 기계 작업품은 감하지 않음.

나. 환산표준품 적용기준

- 터파기, 나무세우기, 묻기, 물주기(식재 시 1회), 지주목 세우기, 뒷정리 작업을 포함한다.
- 물주기를 위해 살수차 등의 장비가 필요한 경우 기계경비는 별도 계상한다.
- 암반식재, 부적기식재 등 특수식재시는 품을 별도 계상할 수 있다.
- 크레인의 규격은 작업여건(시공높이, 시공위치 등) 및 안전율(적정하중, 작업반경 등)을 고려하여 적합한 규격을 적용한다.

7-4 관목공사 적산

7-4-1. 관목굴취공사

가. 표준품셈 적용

표준품셈 공통부문 4장 조경공사의 관목 항목 중 '굴취'를 적용한다.

〈표 7-17〉 관목굴취 표준품 (일당)

구분	단위	수량	나무높이(m)	시공량(주)
조경공 보통인부	인 인	3 1	0.3 미만	480
			0.3 ~ 0.7 이하	230
			0.8 ~ 1.1 이하	150
			1.2 ~ 1.5 이하	100

일당 품으로 되어 있는 표준품을 5-2-2. 표준품셈 환산방법으로 환산하면 〈표7-18〉과 같다.

〈표 7-18〉 관목굴취 환산표준품 (10주당)

구분 / 나무높이(m)	조경공(인)	보통인부(인)	비고
0.3 미만	0.063	0.021	
0.3~0.7 이하	0.130	0.043	
0.8~1.1 이하	0.20	0.067	
1.2~1.5 이하	0.30	0.10	

나. 환산표준품 적용기준

- 환상표준품은 10주 당 품이며, 분을 보호하지 않은 상태(녹화마대, 녹화끈 등 활용)로 굴취하는 작업기준이다.
- 녹화마대, 녹화끈을 사용하여 분을 보호할 경우 교목굴취(나무높이)' 를 적용한다.
- 나무높이가 1.5m를 초과할 때는 나무높이에 비례하여 품을 가산할 수 있다.
- 나무높이보다 수관폭이 더 클 때는 그 크기를 나무높이로 본다.
- 굴취 시 야생일 경우에는 품을 17%까지 가산할 수 있다.

7-4-2. 관목식재공사

가. 표준품셈 적용

근원부에서 분지되어 다년생으로 자라는 관목수종의 식재 기준으로 표준품셈 공통부문 4장 조경공사의 관목 항목 중 '식재(단식, 군식)'을 적용한다.

〈표 7-19〉 관목식재 표준품 (일당)

구분	단위	수량	나무높이(m)	시공량(주)	
				단식	군식
조경공 보통인부	인 인	3 1	0.3 미만	160	440
			0.3 ~ 0.7 이하	125	300
			0.8 ~ 1.1 이하	75	200
			1.2 ~ 1.5 이하	55	140

일당 품으로 되어 있는 표준품을 5-2-2. 표준품셈 환산방법으로 환산하면 〈표 7-20〉과 같다.

〈표 7-20〉 관목식재 환산표준품 (10주당)

구분 / 나무높이(m)	단식		군식	
	조경공(인)	보통인부(인)	조경공(인)	보통인부(인)
0.3 미만	0.188	0.063	0.068	0.023
0.3~0.7 이하	0.24	0.08	0.1	0.033
0.8~1.1 이하	0.4	0.133	0.15	0.05
1.2~1.5 이하	0.545	0.182	0.214	0.071

나. 환산표준품 적용기준

- 환상표준품은 10주 당 품이며, 터파기, 가지치기, 나무세우기, 묻기, 물주기(1회), 손질, 뒷정리 작업을 포함한다.
- 나무높이가 1.5m를 초과할 때는 나무높이에 비례하여 품을 가산할 수 있다.
- 나무높이보다 수관폭이 더 클 때에는 그 수관폭을 나무높이로 본다.
- 물주기를 위해 살수차 등의 장비가 필요한 경우 기계경비는 별도 계상한다.
- 암반식재, 부적기식재 등 특수식재는 품을 별도 계상할 수 있다.
- 군식 표준품은 일반적으로 아래의 식재밀도 이상인 경우 적용한다.

〈표 7-21〉 군식기준 적용 식재밀도

수관폭(cm)	20	30	40	50	60	80	100
주수/m^2	32	14	8	5	4	2	1

7-5 식재기반 조성공사 적산

식재기반공사는 수목을 식재하고 생육가능 하도록 토양 기반을 조성하는 것으로서 식재면 고르기, 부토 펴기 및 고르기, 마운딩 조성, 등의 토공사와 인공지반에서 인공토로 토양기반을 조성하는 공사, 그리고 비탈면 녹화를 위한 부착망 및 식생기반재 뿜어붙이기공사 등을 의미한다. 따라서 수목활착과 경관조성을 위해 조경식재공사의 한 부분을 차지하는 필수적인 공사이다.

7-5-1. 식재면 고르기

식재면 고르기는 토공사가 완료된 상태에서 인력으로 잔돌제거 등 식재면을 정비하는 작업이다. 표준품은 표준품셈 공통부문 3장 토공사의 성토부대공 항목 중 '식재면 고르기'를 적용한다.

〈표 7-22〉 식재면 고르기 표준품 (10m^{2}당)

구분	단위	수량
조 경 공	인	0.001
보통인부	인	0.008

*표준품이 m^2 당 품이므로 환산없이 그대로 적용한다.

7-5-2. 부토 펴기 및 고르기

부토는 수목 및 지피류를 식재하는 녹지공간의 토질이 수목생육에 불리할 경우 식물생육에 적합한 양토 또는 사질양토를 외부에서 반입하여 일정한 두께로 펴서 까는 것을 말한다.

부토는 주로 평지구간에 토질의 불량정도에 따라 15~30cm의 범위 내에서 시행하며 토량은 설계상의 부토 시행면적에 부토 두께를 곱하여 산출한다.

〈사진 7-4〉 부토펴기 및 고르기 시공

가. 수량산출

부토의 상태는 자연상태를 의미하므로 부토 운반량 계산에 유의하여야 하며 다음 두 가지 방법 중 하나로 계산한다.

- 부토량을 설계량(자연상태)으로 계산하고 기계작업량 계산 시 자연상태로 계산 (f = 0.77~0.83)
- 부토량을 실제 운반 상태인 흐트러진 상태 즉, 설계수량 × L(토량변화율)로 계산하고 기계작업량 계산 시 흐트러진 상태로 계산 (f = 1)

부토량을 자연상태로 계산하였을 경우, 실제 운반 상태는 흐트러진 상태이므로 시공 시 토사 반입은 자연상태로 되기 위한 여성토를 감안하여 설계수량 × L(토량변화율)의 토량으로 하여야 한다.

나. 표준품셈 적용

부토펴기 및 고르기 품은 표준품셈에 수록되어 있지 않으므로 유사한 공종인 표준품셈 공통부문 3장 토공사의 되메우기 및 뒷채움 항목 중 '인력 흙다지기'를 응용하여 적용한다.

인력 흙 다지기는 흐트러진 상태의 흙을 깔아서 다져진 상태의 토량을 기준으로 하므로 그대로 적용할 수 없으며, 자연상태로 가상하여 표준품 품의 85%(사질토의 C값 응용)를 적용하고 표준품셈에 명시된 부토두께 15cm와 30cm를 기준으로 아래 표와 같이 부토두께 15~30cm를 비례 추정하여 적용한다.

따라서 응용품은 흐트러진 상태의 흙 두께를 깔고 고르기한 자연상태를 기준으로 하며 모래밭에는 적용하지 않는다.

〈표 7-23〉 인력 흙다지기 표준품 (100 m^2당)

구분 \ 성토두께	15cm	30cm
보통인부(인)	2.14	3.33

* 표준품은 100m^2 당 품이며, 환산없이 그대로 적용한다.

〈표 7-24〉 부토펴기 및 고르기(사질토) 응용품 (m^2당)

구분 \ 부토두께	15cm	20cm	30cm
보통인부(인)	0.0182	0.0216	0.0283

7-5-3. 마운딩(mounding)

가. 수량 산출

마운딩용 토사의 체적계산은 설계도면상의 등고선 투영면적에 의해 산출하며 등고선에 의한 토적계산법에 따라 구한다.

등고선법에 의한 토적계산 공식은 양단면 평균법을 응용한 다음 식과 같다.

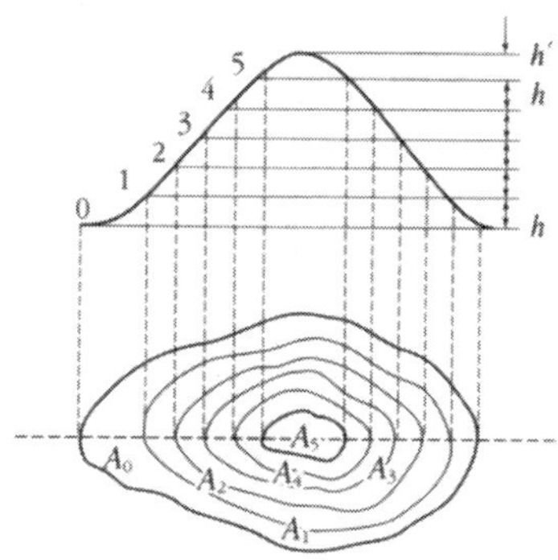

〈그림 7-4〉 마운딩 등고선

$$V = \frac{h}{2} \times (A1 + 2A2 + 2A3 + 2A4 + \cdots\cdots + 2An\text{-}1 + An)$$

나. 표준품셈 적용

마운딩 성토품은 표준품셈에 수록되어 있지 않으므로 유사한 공종으로 적용하되 시공 여건에 따라 기계작업과 인력작업으로 구분하여 적용한다.

작업장소가 넓고 장비의 진입과 작업이 가능한 장소일 경우는 기계시공을 적용하고 작업장소가 좁고 장비의 진입과 작업이 어려운 장소일 경우는 인력시공을 적용한다.

〈표 7-25〉 마운딩 성토 응용품 (m^3당)

구분		단위	수량	비고
인력시공	보통인부	인	0.094	평균깊이 30cm 되메우기 품 적용 (보통인부 0.094인/m^3)
기계시공	굴삭기(0.6m^3)	hr	0.006	q= 0.6, k=1.1, f=1, E=0.9, cm=15 적용

마운딩 고르기품은 표준품셈 공통부문 토공사의 부대성토공 항목 중 '성토면 고르기'와 '식재면고르기'를 합하여 적용한다.

〈표 7-26〉 마운딩 고르기 응용품 (m^2 당)

구분	규격	단위	수량
조 경 공		인	0.001
보통인부		인	0.008
굴삭기	0.6m^3	hr	0.009

7-5-4. 인공 식재기반 조성

인공 식재지반은 지하주차장 및 건축물 옥상 등 콘크리트 슬래브 위에 녹지를 조성하고 수목을 식재하기 위한 토양 기반을 말하는 것으로 인공토 조성방법과 혼합토 조성방법 등이 있다. 인공토 및 혼합토의 포설은 경량토의 특성 상 고르기만 시행하여서는 토사의 입단화가 미흡하므로 다짐을 추가하여 시행하는 것이 효과적이다.

가. 수량 산출

인공토(혼합토) 포설량 계산은 설계도의 면적 × 포설 깊이로 산출하며 작업 시 소실되는 토량과 여성토를 고려하여 할증 계상하여야 한다. 혼합토 포설에 사용되는 보통토사는 별도 계상한다. 인공토 재료의 할증율은 잔골재의 속채움 재료 할증 기준인 10%를 적용한다.

인공식재기반의 배수층 조성을 위한 배수판 설치나 자갈부설 또는 PE 유공관 설치는 배수 공사의 적산에 따라 별도 계상한다.

또한 옥상 등에 인공토 및 혼합토를 운반하여야 경우 운반비는 운반 공사의 적산에 따라 별도 계상한다.

나. 표준품셈 적용

인공 식재지반은 대부분 소규모이거나 옥상층에 설치되므로 인력공사로 계상하며 유사한 공종인 표준품셈 공통부문 3장 토공사의 '인력 흙다지기 항목'을 응용하되 표준품셈에 명시된 부토두께 15cm와 30cm를 기준으로 아래표와 같이 인공토 두께 15~40cm를 비례 추정하여 적용한다.

〈표 7-27〉 인공토(혼합토) 고르기 및 다짐 응용품 (m^2당)

구분 \ 인공토 두께	15cm	20cm	30cm	40cm
보통인부(인)	0.021	0.025	0.033	0.041

7-5-5. 비탈면 녹화기반 조성

비탈면 녹화를 위한 기반조성은 주로 절토사면에서 시행되며 암이 노출되거나 절토면의 토질이 척박하여 초류종자 살포만으로 녹화가 어려울 경우 식물 생장을 위한 기반조성을 한다.

기반조성으로는 부착망 설치와 식생기반재 뿜어붙이기를 시공한다.

가. 수량산출

부착망 설치와 식생기반재 뿜어붙이기의 수량산출은 도면상의 녹화면적(m^2)으로 산출하며 잔디면적 계산방법과 동일하게 아래와 같이 경사도에 따라 가산하여 계산한다.

- 1:1 사면 = 141%, 1:2 사면 = 112%, 1:3 사면 = 105%

비탈면의 경사도가 불규칙하거나 경사도를 알 수 없을 경우 편의상 경사지의 평면 투영면적에 평균 15%를 할증하여 면적을 계산한다.

나. 표준품셈 적용

표준품셈 공통부문 3장 토공사의 비탈면 보호공 항목 중 '절토사면 녹화'를 적용한다.

1) 부착망 설치 및 기계기구 설치와 해체 표준품

부착망 설치 표준품은 절토면의 식생기반재 뿜어붙이기를 위한 사전작업으로 철망(PVC코팅) 설치 기준이며, 기계기구 설치 및 해체 표준품은 식생기반재 뿜어붙이기 작업을 위한 기계기구 설치와 해체작업 기준이다.

〈표 7-28〉 부착망 설치, 기계기구 설치 및 해체 표준품

구분	규격	단위	부착망 설치 (m^2당)		기계기구 설치 및 해체 (회당)
			뿜어붙이기 두께 T= 10 cm 이하	뿜어붙이기 두께 T= 15 cm	
특별인부		인	0.027	0.031	2.0
보통인부		인	0.007	0.009	0.5
발전기	50kw	hr	0.023	0.031	-
크레인	5ton	hr	0.005	0.005	4.0

* 표준품이 m^2당, 회당 품이므로 환산없이 그대로 적용한다.

2) 식생기반재 뿜어붙이기 표준품

표준품은 식생기반제와 종자를 혼합하여 비탈면에 뿜어붙이는 기준이며, 비탈면 녹화를 위한 유사공법에 적용할 수 있다.

〈표 7-29〉 뿜어붙이기 표준품 (m^2당)

구분	규격	단위	뿜어붙이기 두께 (cm)			
			T= 5	T= 7	T= 10	T= 15
조경공		인	0.004	0.005	0.007	0.010
기계설비공		인	0.004	0.005	0.007	0.010
특별인부		인	0.008	0.010	0.014	0.019
보통인부		인	0.007	0.009	0.012	0.018
취부기	18.65 kw	hr	0.028	0.036	0.051	0.075
공기압축기	21 m^3/min	hr				
발전기	50kw	hr				
트럭탑재 크레인	5 ton	hr				
물탱크	5,500 *l*	hr				
덤프트럭	6 ton	hr				

* 표준품이 m^2당 품이므로 환산없이 그대로 적용한다.

다. 표준품 적용기준

1) 부착망 설치

- 부착망 설치 표준품은 부착망펼치기, 앵커핀 및 착지핀 설치, 정리작업을 포함하며, 기계 기구 설치와 해체 표준품은 장비세팅, 배관연결, 시험운전, 작업 후 해체정리 작업을 포함한다.
- 면 고르기가 필요할 경우 별도 계상한다.
- 공구손료 및 경장비의 기계경비는 인력품의 2.5% 계상하며, 잡재료비는 재료비의 3%를 계산한다.
- 수직고 20m 이상인 경우 인력품에 다음 할증률을 가산한다
  - 20~30m 미만: 20%, 30~50m 미만: 30%, 50m 이상: 40%
- 표준품에 소요되는 재료량은 아래와 같으며 재료할증은 포함되어 있다.

〈표 7-30〉 부착망 설치 표준 재료량 (m^2당)

구분	규격	단위	뿜어붙이기 두께	
			T= 10 cm 이하	T= 15 cm
앵커핀	∅16, 0.5m	개	0.23	0.46
착지핀	∅16, 0.35m	개	0.5	0.5
부착망	∅3.258×58 PVC코팅	m^2	1.3	1.3
철선	#8 PVC코팅	m	1.3	1.7

2) 뿜어붙이기

- 재료량은 각 공법의 설계기준에 따라 계상하며, 잡재료비는 재료비의 3%로 계상한다.
- 공구손료 및 경장비의 기계경비는 인력품의 2%로 계상한다.
- 수직고 20m 이상인 경우 인력품에 다음 할증률을 가산한다
  - 20~30m: 20%, 30~50m: 30%, 50m 이상: 40%

CHAPTER 08

조경유지관리공사 적산

8-1 수목전정 및 수간보호 적산

유지관리는 시설의 조성목적을 달성하고 본래의 기능을 양호한 상태로 유지하기 위한 기술적인 관리이다. 조경유지관리는 조경공간에 식재된 수목과 지피 등의 식물관리와 휴게시설, 운동시설, 놀이시설 등 시설물 관리로 나눌 수 있으나 일반적으로 '조경 유지관리공사'는 생물소재의 유지관리에 한정되어 있다.

조경 유지관리공사의 주요공종으로는 전정, 수간보호, 관수, 잔디깎기, 제초, 예초, 시비, 약제살포 등이 있으며, 기타 방풍벽 세우기, 은행나무 과실채취, 가로수 제거 등 있다.

8-1-1. 교목 전정(剪定)

교목 전정작업은 수목의 가지와 줄기를 제거하여 모양을 다듬고 건강한 상태를 유지하도록 하는 작업으로 표준품셈에 '일반전정'과 수형을 다듬고 아름다운 모양을 만들기 위한 '조형전정' 그리고 '가로수 전정'으로 구분하여 품이 설정되어 있다.

가. 표준품셈 적용

표준품셈 유지관리부문 제1장 공통의 조경공사 항목 중 '일반전정, 조형전정, 가로수 전정'을 적용한다.

1) 일반전정 표준품

일반전정 표준품은 일반 공원 및 녹지대 등에서 수목의 정상적인 생육장애요인의 제거 및 외관적인 수형을 다듬기 위해 수행하는 전정작업 기준이다.

〈표 8-1〉 일반 전정 표준품 (일당)

구 분			규격	단위	수량	흉고직경(cm) 11 미만	11~ 21 미만	21~31 미만	31 ~41 미만	41 ~51 미만	51 ~61 미만	61 초과
						시공량(주)						
인력 시공	낙엽수	조경공		인	2	36	22	13	-	-	-	-
		보통인부		인	1							
	상록수	조경공		인	2	42	24	15	-	-	-	-
		보통인부		인	1							
기계 시공	낙엽수	조경공		인	2	-	48	31	18	13	8	6
		보통인부		인	1							
		고소작업차	3ton	대	1							
	상록수	조경공		인	2	-	56	35	22	15	10	7
		보통인부		인	1							
		고소작업차	3ton	대	1							

일당 품으로 되어 있는 표준품을 5-2-2. 표준품셈 환산방법으로 환산하면 〈표 8-2〉와 같다.

〈표 8-2〉 일반 전정 환산표준품 (주당)

구 분			규격	단위	흉고직경(cm) 11 미만	11~ 21 미만	21~31 미만	31~41 미만	41~51 미만	51~61 미만	61 초과
인력 시공	낙엽수	조경공		인	0.056	0.091	0.154	-	-	-	-
		보통인부		인	0.028	0.045	0.077	-	-	-	-
	상록수	조경공		인	0.048	0.083	0.133	-	-	-	-
		보통인부		인	0.024	0.042	0.067	-	-	-	-
기계 시공	낙엽수	조경공		인	-	0.042	0.065	0.111	0.154	0.250	0.333
		보통인부		인	-	0.021	0.032	0.056	0.077	0.125	0.167
		고소작업차	3ton	hr	-	0.167	0.258	0.444	0.615	1.0	1.333
	상록수	조경공		인	-	0.036	0.057	0.091	0.133	0.20	0.286
		보통인부		인	-	0.018	0.029	0.045	0.067	0.10	0.143
		고소작업차	3ton	hr	-	0.143	0.229	0.364	0.533	0.80	1.143

2) 조형전정 표준품

조형전정 표준품은 일반 공원 및 녹지대 등에서 조형적인 수형을 형성하기 위해 정상적인 생육장애요인의 제거와 미적요소(구형, 반구형 등)를 고려하여 전정가위 등으로 수형을 다듬는 전정작업 기준이다.

〈표 8-3〉 조형 전정 표준품 (일당)

구 분			규격	단위	수량	흉고직경(cm)						
						11 미만	11~21 미만	21~31 미만	31~41 미만	41~51 미만	51~61 미만	61 초과
						시공량(주)						
인력시공	낙엽수	조경공		인	2	23	14	8	-	-	-	-
		보통인부		인	1							
	상록수	조경공		인	2	27	16	10	-	-	-	-
		보통인부		인	1							
기계시공	낙엽수	조경공		인	2	-	31	20	12	8	5	4
		보통인부		인	1							
		고소작업차	3ton	대	1							
	상록수	조경공		인	2	-	36	23	14	10	7	5
		보통인부		인	1							
		고소작업차	3ton	대	1							

일당 품으로 되어 있는 표준품을 5-2-2. 표준품셈 환산방법으로 환산하면 〈표 8-4〉와 같다.

〈표 8-4〉 조형 전정 환산표준품 (주당)

구 분			규격	단위	흉고직경(cm)						
					11 미만	11~21 미만	21~31 미만	31~41 미만	41~51 미만	51~61 미만	61 초과
인력시공	낙엽수	조경공		인	0.087	0.143	0.25	-	-	-	-
		보통인부		인	0.043	0.071	0.125	-	-	-	-
	상록수	조경공		인	0.074	0.125	0.20	-	-	-	-
		보통인부		인	0.037	0.063	0.10	-	-	-	-

〈표 8-4 계속〉 조형 전정 환산표준품 (주당)

구 분			규격	단위	흉고직경(cm)						
					11 미만	11~21 미만	21~31 미만	31~41 미만	41~51 미만	51~61 미만	61 초과
기계 시공	낙엽수	조경공		인	-	0.065	0.10	0.167	0.250	0.40	0.50
		보통인부		인	-	0.032	0.050	0.083	0.125	0.20	0.250
		고소작업차	3ton	hr	-	0.258	0.40	0.667	1.0	1.60	2.0
기계 시공	상록수	조경공		인	-	0.056	0.087	0.143	0.20	0.286	0.40
		보통인부		인	-	0.028	0.043	0.071	0.10	0.143	0.20
		고소작업차	3ton	hr	-	0.222	0.348	0.571	0.80	1.143	1.60

3) 가로수 전정 표준품

가로수 전정 표준품은 가로수(낙엽수)를 전정하는 기준이다.

〈표 8-5〉 가로수 전정 표준품 (일당)

구 분		규격	단위	수량	흉고직경(cm)						
					11 미만	11~21 미만	21~31 미만	31~41 미만	41~51 미만	51~61 미만	61 초과
					시공량(주)						
약전정	조경공		인	2	31	21	16	12	10	8	7
	보통인부		인	2							
	고소작업차	3ton	대	1							
강전정	조경공		인	2	19	14	10	8	7	6	5
	보통인부		인	2							
	고소작업차	3ton	대	1							
조형전정	조경공		인	2	17	12	9	7	6	4	3
	보통인부		인	2							
	고소작업차	3ton	대	1							

일당 품으로 되어 있는 표준품을 5-2-2. 표준품셈 환산방법으로 환산하면 〈표 8-6〉와 같다.

〈표 8-6〉 가로수 전정 환산표준품 (주당)

구 분		규격	단위	흉고직경(cm)						
				11 미만	11~21 미만	21~31 미만	31~41 미만	41~51 미만	51~61 미만	61 초과
약전정	조경공		인	0.065	0.095	0.125	0.167	0.20	0.250	0.286
	보통인부		인	0.065	0.095	0.125	0.167	0.20	0.250	0.286
	고소작업차	3ton	hr	0.258	0.381	0.50	0.667	0.80	1.0	1.143
강전정	조경공		인	0.105	0.143	0.20	0.250	0.286	0.333	0.40
	보통인부		인	0.105	0.143	0.20	0.250	0.286	0.333	0.40
	고소작업차	3ton	hr	0.421	0.571	0.80	1.0	1.143	1.333	1.60
조형전정	조경공		인	0.118	0.167	0.222	0.286	0.333	0.50	0.667
	보통인부		인	0.118	0.167	0.222	0.286	0.333	0.50	0.667
	고소작업차	3ton	hr	0.471	0.667	0.889	1.143	1.333	2.0	2.667

나. 환산표준품 적용기준

- 작업준비, 전정, 뒷정리 작업을 포함하며, 전정 후 외부 운반 및 폐기물처리비는 별도 계상한다.
- 고소작업차 규격은 작업여건(위치, 높이 등)에 따라 변경할 수 있다.
- 공구손료 및 경장비(전정기 등)의 기계경비는 인력품의 3%(조형전정은 2%)로 계상한다.
- 특수관리가 필요한 수목(문화재보호수 등), 특수 조형물 형상(예술작품 등) 전정 등은 별도 계상한다.
- 가로수전정의 작업구분은 다음과 같다
  - 약전정: 수관내의 통풍이나 일조 상태의 불량에 대비하여 밀생된 부분을 솎아내거나 도장지 등을 잘라내어 수형을 다듬는 작업
  - 강전정: 굵은 가지 솎아내기 및 장애지 베어내기 등으로 수형을 다듬는 작업
  - 조형전정: 가로수의 미적인 형태를 살리기 위해 정상적인 생육장애요인의 제거와 미적요소를 고려하여 수형을 다듬는 작업

8-1-2. 관목 전정(剪定)

관목 전정작업은 관목류의 생울타리와 단식 또는 군식된 관목류의 다듬기 작업을 말한다.

가. 표준품셈 적용

표준품셈 유지관리부문 제1장 공통의 조경공사 항목 중 '관목 전정' 적용한다.

1) 관목군식 전정 표준품

〈표 8-7〉 관목(군식) 전정 표준품 (일당)

구분	단위	수량	시공량(식재면적 m²)	
			나무높이 0.9m 미만	나무높이 0.9m 이상
조 경 공	인	2	540	330
보통인부	인	1		

일당 품으로 되어 있는 표준품을 5-2-2. 표준품셈 환산방법으로 환산하면 〈표 8-8〉과 같다.

〈표 8-8〉 관목(군식) 전정 환산표준품 (식재면적 100m²당)

구분	단위	나무높이	
		0.9m 미만	0.9m 이상
조 경 공	인	0.37	0.606
보통인부	인	0.185	0.303

2) 관목 생울타리 및 단식 전정 응용품

표준품셈에 생울타리와 관목 단식의 전정품은 없다. 따라서 실무지침서[4]의 품 기준을 소개한다.

4) 대한건설협회 조경위원회 외(2010), "조경공사 적산기준" p 330

〈표 8-9〉 관목(생울타리, 단식) 전정 응용품 (주당)

구분 \ 수고		단위	30cm 미만	30cm 이상 60cm 미만	60cm 이상 90cm 미만	90㎝ 이상 120cm 미만	120㎝ 이상 150cm 미만
생울타리	조경공	인	0.0005	0.001	0.0015	0.002	0.0025
	보통인부	인	0.0002	0.0003	0.0004	0.00045	0.0005
관목 단식	조경공	인	0.002	0.002	0.0025	0.004	0.011
	보통인부	인	0.0003	0.0005	0.001	0.0015	0.0022

나. 환산표준품 적용기준

- 환산표준품은 식재면적 100m²당 품이다.
- 표준품은 인력에 의한 작업을 기준한 것이며, 고소작업차가 필요한 경우 기계경비는 별도 계상한다.
- 작업준비, 전정 및 전정 후 뒷정리 작업을 포함하며, 전정 후 외부 운반 및 폐기물 처리비는 별도 계상한다.
- 공구손료 및 경장비(전정기 등)의 기계경비는 인력품의 3.5%를 계상한다.
- 생울타리 및 단식 응용품은 표준품이 아니므로 현장여건에 따라 적절하게 적용하는 것이 좋다.
- 생울타리 전정은 수벽의 상단, 전면, 후면 전정을 원칙으로 하며 공구손료는 조경공의 3%를 적용한다.

8-1-3. 수간보호 및 줄기 싸주기

수간보호는 녹화마대 등의 수간보호재로 지표면에서 1.5m 높이 정도까지 교목의 줄기를 감싸 보호해 주는 것이며, 여름철 햇빛에 의한 줄기 피소를 방지하고 겨울철 동해 방지와 병충해 방제를 위한 작업이다.

줄기 싸주기는 동절기에 수목의 동해 방지와 해충들의 동면장소 제공을 위해 줄기에 짚이나 새끼 등으로 30~45cm 정도 싸주는 작업이다.

가. 표준품셈 적용

표준품셈 유지관리부문 제1장 공통의 조경공사 항목 중 '수간보호, 줄기 싸주기'를 적용한다.

〈표 8-10〉 수간보호 및 줄기싸기 표준품 (일당)

구 분			단위	수량	흉고직경(cm)				
					11 미만	11~ 21 미만	21 ~31 미만	31 ~41 미만	41 ~51 미만
					시공량(주)				
수간 보호	조형	조경공	인	2	24	13	6	3	2
		보통인부	인	1					
	일반	조경공	인	2	38	24	16	11	8
		보통인부	인	1					
줄기 싸주기		조경공	인	2	85	68	54	42	30
		보통인부	인	1					

일당 품으로 되어 있는 표준품을 5-2-2. 표준품셈 환산방법으로 환산하면 〈표 8-11〉과 같다.

〈표 8-11〉 수간보호 환산표준품 (주당)

구 분			단위	흉고직경(cm)				
				11 미만	11~ 21 미만	21 ~31 미만	31 ~41 미만	41 ~51 미만
수간 보호	조형	조경공	인	0.083	0.154	0.333	0.667	1.0
		보통인부	인	0.042	0.077	0.167	0.333	0.50
	일반	조경공	인	0.053	0.083	0.125	0.182	0.25
		보통인부	인	0.026	0.042	0.063	0.091	0.125
줄기 싸주기		조경공	인	0.024	0.029	0037	0.048	0.067
		보통인부	인	0.012	0.015	0.019	0.024	0.033

나. 환산표준품 적용기준

- 수간보호의 범위는 지표로부터 1.5m 높이까지의 감싸주는 기준이며 녹화마대의 재료량은 설계수량에 따라 별도 계상한다.
- 수간보호의 작업구분은 수종별, 형상별 등 필요에 따라 다음을 참고하여 적용한다.
  - 조형: 교목의 조형미를 고려하여 줄기를 수형에 맞게 보호재로 감싸주는 것
  - 일반: 동해 예방과 병충해 방제 및 피소현상을 예방하기 줄기를 보호재로 감싸주는 것
- 줄기싸기의 설치폭은 30~45cm를 기준으로 한다.

8-2 관수 및 시비 적산

8-2-1. 관수

가. 표준품셈 적용

표준품셈 유지관리부문 제1장 공통의 조경공사 항목 중 '인력관수, 살수차관수'를 적용한다.

1) 인력관수 표준품

〈표 8-12〉 인력관수 표준품 (일당)

구 분	단위	수량	흉고직경(cm)				
			10 미만	10~20 미만	20~30 미만	30~40 미만	40 이상
			시공량(주)				
보통인부	인	1	33	25	17	13	10

일당 품으로 되어 있는 표준품을 5-2-2. 표준품셈 환산방법으로 환산하면 〈표 8-13〉과 같다.

〈표 8-13〉 인력관수 환산표준품 (주당)

종별	단위	흉고직경(cm)				
		10 미만	10~20 미만	20~30 미만	30~40 미만	40 이상
보통인부(인)	인	0.030	0.040	0.059	0.077	0.10

2) 살수차 관수 표준품

〈표 8-14〉 살수차관수 표준품 (일당)

구 분		규격	단위	수량	시공량 (식재면적m^2)
소형장비 사용	보통인부	-	인	1	700
	물탱크(살수차)	1,800 l	대	1	
중형장비 사용	보통인부	-	인	1	1,100
	물탱크(살수차)	3,800 l	대	1	
대형장비 사용	보통인부	-	인	1	2,200
	물탱크(살수차)	5,500~6,500 l	대	1	

일당 품으로 되어 있는 표준품을 5-2-2. 표준품셈 환산방법으로 환산하면 〈표 8-15〉와 같다.

〈표 8-15〉 살수차관수 환산표준품 (식재면적 100m^2당)

	규격	단위	소형장비 사용	중형장비 사용	대형장비 사용
보통인부	-	인	0.143	0.091	0.045
물탱크(살수차)	1,800 l	hr	1.143	-	-
	3,800 l	hr	-	0.727	-
	5,500~6,500 l	hr	-	-	0.364

나. 환산표준품 적용기준

- 인력관수 환산표준품은 주당 표준품이며, 살수차관수 환산표준품은 식재면적 100m²당 표준품이다.
- 살수차의 운전시간에는 급수시간 및 1회당 5㎞까지의 이동시간을 포함하며, 이동거리가 5km를 초과할 경우 초과 5km마다 1,800~3,800 *l* 규격은 0.07hr/100㎡, 5,500~6,500 *l* 규격은 0.04hr/100㎡ 를 가산한다.

8-2-2. 시비(施肥)

표준품셈에 수록된 시비품은 '교목시비', '관목시비', '잔디시비'이며 인력에 의한 시비품이며, 살수기에 의한 엽면시비 등은 '약제 살포' 품을 준용한다.

가. 표준품셈 적용

표준품셈 유지관리부문 제1장 공통의 조경공사 항목 중 '교목시비, 관목시비, 잔디시비'를 적용한다.

1) 교목시비 표준품

〈표 8-16〉 교목시비 표준품 (일당)

구 분		단위	수량	근원직경(cm)					
				11 미만	11~21 미만	21~31 미만	31~41 미만	41~51 미만	51 이상
				시공량(주)					
환상 시비	조경공	인	2	76	61	51	44	38	34
	보통인부	인	1						
방사형 시비	조경공	인	2	100	82	69	59	52	46
	보통인부	인	1						

일당 품으로 되어 있는 표준품을 5-2-2. 표준품셈 환산방법으로 환산하면 〈표 8-17〉과 같다.

〈표 8-17〉 교목시비 환산표준품 (주당)

구 분		단위	근원직경(cm)					
			11 미만	11~21 미만	21~31 미만	31~41 미만	41~51 미만	51 이상
환상 시비	조경공	인	0.026	0.033	0.039	0.045	0.053	0.059
	보통인부	인	0.013	0.016	0.020	0.023	0.026	0.029
방사형 시비	조경공	인	0.02	0.024	0.029	0.034	0.038	0.043
	보통인부	인	0.01	0.012	0.014	0.017	0.019	0.022

2) 관목 및 잔디시비 표준품

관목시비 표준품은 군식 관목에 적용하며, 관목 단식의 경우에는 수목규격에 따라 교목시비 품을 응용하여 적용한다.

잔디시비 표준품은 화학비료의 살포가 300~700kg/10,000㎡인 경우 적용하는 기준이다.

〈표 8-18〉 관목 및 잔디시비 표준품 (일당)

구 분		규격	단위	수량	시공량(m^2)
관목시비	조경공	-	인	2	300
	보통인부	-	인	1	
잔디시비	조경공	-	인	2	22,500
	보통인부	-	인	1	
	트 럭	2.5 ton	대	1	

일당 품으로 되어 있는 표준품을 5-2-2. 표준품셈 환산방법으로 환산하면 〈표 8-19〉와 같다.

〈표 8-19〉 관목 및 잔디시비 환산표준품 (식재면적 100m²당)

구 분	규격	단위	관목시비	잔디시비
조경공		인	0.667	0.0089
보통인부		인	0.333	0.0044
트 럭	2.5 ton	대	-	0.0356

나. 환산표준품 적용기준

- 관목 및 잔디시비 환산표준품은 100m²당 품이다.
- 교목시비 표준품은 근원직경 기준이며, 터파기, 비료포설, 되메우기 작업을 포함한다.
- 교목시비 품은 아래 작업방법에 따라 구분 적용한다.
  - 환상시비: 뿌리가 손상되지 않도록 뿌리분 둘레를 깊이 0.3 m, 가로 0.3m, 세로 0.5m 정도로 흙을 파내고 소요량의 퇴비(부숙된 유기질비료)를 넣은 후 복토.
  - 방사형 시비: 1회시에는 수목을 중심으로 2개소에, 2회시에는 1회시비의 중간위치 2개소에 시비후 복토.
- 잔디시비품은 현장조건과 살포조건에 따라 기준 비료살포량(300~700kg/10,000㎡)과 다를 경우는 표준품의 20% 범위에서 증감할 수 있다.
- 비료의 종류와 수량은 설계도서에 정해진 바에 따라 별도 계상한다.

8-3 잔디깎기 및 예초 적산

8-3-1. 잔디깎기

가. 품셈표준 적용

기계를 사용하여 잔디를 연3회 이상 깎는 기준이며, 표준품셈 유지관리부문 제1장 공통의 조경공사 항목 중 '잔디깎기'를 적용한다.

〈표 8-20〉 잔디깎기 표준품 (일당)

구 분		단위	수량	시공량 (잔디면적m²)
배부식	특별인부	인	3	3,300
	보통인부	인	1	
핸드가이드식	특별인부	인	1	4,000
	보통인부	인	1	

일당 품으로 되어 있는 표준품을 5-2-2. 표준품셈 환산방법으로 환산하면 〈표 8-21〉과 같다.

〈표 8-21〉 잔디깎기 환산표준품 (100m²당)

	단위	배부식	핸드가이드식
특별인부	인	0.091	0.025
보통인부	인	0.030	0.025

나. 환산표준품 적용기준

- 환산표준품은 100m²당 품이며, 잔디깎기, 풀 모으기 및 적재 작업을 포함한다.
- 잔디깎기 후 잔재의 외부 운반 및 폐기물처리비는 별도 계상한다.
- 잔디깎기의 연간 시공횟수에 따른 할증은 다음과 같다.
  - 연 1회: -30%, 연 2회: -20%
- 공구손료 및 경장비 기계경비는 다음과 같이 계상한다.
  - 배부식: 인력품의 8%, 핸드 가이드식: 인력품의 7%.

8-3-2. 예초

가. 표준품셈 적용

예초 표준품은 배부식 기계를 사용하여 연3회 이상 풀을 깎고 제거하는 기준이며, 표준품셈 유지관리부문 제1장 공통의 조경공사 항목 중 '예초'를 적용한다.

〈표 8-22〉 예초 표준품 (일당)

구 분	단위	수량	시공량(m^2)
특별인부	인	3	2,500
보통인부	인	1	

일당 품으로 되어 있는 표준품을 5-2-2. 표준품셈 환산방법으로 환산하면 〈표 8-23〉과 같다.

〈표 8-23〉 예초 환산표준품 ($100m^2$ 당)

구 분	단위	수량
특별인부	인	0.12
보통인부	인	0.04

나. 환산표준품 적용기준

- 환산표준품은 $100m^2$ 당 품이며, 풀 모으기 및 제거 작업을 포함한다.
- 예초 후 잔재의 외부 운반, 폐기물처리비는 별도 계상한다.
- 공구손료 및 경장비(예초기 등)의 기계경비는 인력품의 6%로 계상한다.
- 경사구간에서는 경사도 25% 이상일 때 인력품의 10%를 가산한다.
- 예초의 연간 시공횟수에 따른 할증은 다음과 같다.
  - 연 1회: -30%, 연 2회: -20%

8-4 제초 및 약제살포 적산

8-4-1. 제초

가. 표준품셈 적용

제초는 인력으로 잡초를 제거하는 기준이며, 표준품셈 유지관리부문 제1장 공통의 조경공사 항목 중 '제초'를 적용한다.

〈표 8-24〉 제초 표준품 (일당)

구 분	단위	수량	시공량(m^2)	
			일반 잔디지역	지장물 지역
조경공	인	1	1,400	1,000
보통인부	인	5		

일당 품으로 되어 있는 표준품을 5-2-2. 표준품셈 환산방법으로 환산하면 〈표 8-25〉와 같다.

〈표 8-25〉 제초 환산표준품 (100m^2 당)

구 분	단위	일반 잔디지역	지장물 지역
조경공	인	0.071	0.10
보통인부	인	0.357	0.50

나. 환산표준품 적용기준

- 환산표준품은 100m^2 당 품이며, 뒷정리를 포함한다.
- 지장물 지역은 정기적으로 제초작업이 진행되지 않아 대상지역 잡초의 밀도가 높거나, 지장물(초화류, 관목류 등)이 많은 지역을 의미한다.
- 잔재의 외부 운반 및 폐기물처리비는 별도 계상한다.

8-4-2. 약제 살포

약제 살포는 조경수목의 원활한 성장과 병충해 방제를 위해 농약, 증산억제제, 발근촉진제, 성장 촉진제 등 배합된 액체형 약제를 살포하는 것을 말한다.

가. 표준품셈 적용

표준품셈 유지관리부문 제1장 공통의 조경공사 항목 중 '약제살포(기계, 인력)'을 적용한다.

기계 약제살포 표준품은 배합된 액체형 약제를 동력분무기를 사용하여 수목류에 살포하는 품이며, 인력 약제살포 표준품은 인력으로 배합된 액체형 약제를 잔디에 살포하는 품이다.

〈표 8-26〉 약제살포 표준품 (일당)

구 분		규격	단위	수량	시공량
기계 약제살포	조경공		인	2	(약제 살포량) 2,600 l
	보통인부		인	1	
	동력 분무기	4.85kw	대	1	
	덤프 트럭	2.5 ton	대	1	
인력 약제살포	조경공		인	1	(잔디면적) 2,000m^2

일당 품으로 되어 있는 표준품을 5-2-2. 표준품셈 환산방법으로 환산하면 〈표 8-27〉과 같다.

〈표 8-27〉 약제살포 표준품

구분	규격	단위	기계 약제살포 (약제 살포량 1,000ℓ 당)	인력 약제살포 (잔디면적 1,000m^{2}당)
조경공		인	0.769	0.5
보통인부		인	0.385	-
동력 분무기	4.85kw	대	3.077	-
덤프 트럭	2.5 ton	대	3.077	-

나. 환산표준품 적용기준

- 기계 약제살포는 약제 1,000 l 당, 인력 약제살포는 잔디면적 1,000m^{2}당 기준이다.
- 인력 약제살포의 약제량 기준은 잔디면적 100m^{2}당 배합된 액체형 약제 20L를 살포한다.
- 약제배합, 살포 및 뒷정리 작업을 포함하며, 약재와 배합되는 물공급은 별도 계상한다.
- 작업여건에 따라 고소작업 차가 필요한 경우에는 기계경비를 별도 계상한다.

8-5 기타 유지관리 적산

기타 유지관리로 표준품셈에 수록된 항목으로는 '방풍벽 세우기', '은행나무 과실채취', '가로수 제거'등이 있다.

8-5-1. 방풍벽 세우기

방풍벽 세우기는 겨울철 제설제의 염해방지와 방풍을 위해 도로 인접구간에 식재된 관목에 거적을 세우는 작업이다.

가. 표준품셈 적용

표준품셈 유지관리부문 제1장 공통의 조경공사 항목 중 '방풍벽 설치'를 적용한다.

〈표 8-28〉 방풍벽세우기 표준품 (일당)

구 분	단위	수량	시공량(설치길이 m)	
			설치높이 0.45m	설치높이 0.9m
조경공	인	2	350	250
보통인부	인	1		

일당 품으로 되어 있는 표준품을 5-2-2. 표준품셈 환산방법으로 환산하면 〈표 8-29〉와 같다.

〈표 8-29〉 방풍벽세우기 환산표준품 (설치길이 100m당)

구 분	단위	설치높이 0.45m	설치높이 0.9m
조경공	인	0.571	0.80
보통인부	인	0.286	0.40

나. 환산표준품 적용기준

- 환산표준품은 설치길이 100m 당 품이며, 소운반, 지지대 및 지지철선, 거적설치, 고정 및 마무리 품을 포함한다.

8-5-2. 은행나무 과실채취

은행나무 과실채취는 전정 작업이 수행된 은행나무 가로수 구간에 낙과에 따른 악취 및 도로변 오염방지를 위해 미리 은행나무 과실을 채취하는 작업이다.

가. 표준품셈 적용

표준품셈 유지관리부문 제1장 공통의 조경공사 항목 중 '은행나무 과실채취'를 적용한다.

〈표 8-30〉 은행나무 과실채취 표준품 (일당)

<table>
<tr><th rowspan="3">구 분</th><th rowspan="3">규격</th><th rowspan="3">단위</th><th rowspan="3">수량</th><th colspan="7">흉고직경(cm)</th></tr>
<tr><th>11 미만</th><th>11~
21 미만</th><th>21
~31
미만</th><th>31
~41
미만</th><th>41
~51
미만</th><th>51
~61
미만</th><th>61
초과</th></tr>
<tr><th colspan="7">시공량(주)</th></tr>
<tr><td>조경공</td><td></td><td>인</td><td>2</td><td rowspan="3">46</td><td rowspan="3">31</td><td rowspan="3">23</td><td rowspan="3">17</td><td rowspan="3">15</td><td rowspan="3">14</td><td rowspan="3">10</td></tr>
<tr><td>보통인부</td><td></td><td>인</td><td>4</td></tr>
<tr><td>고소작업차</td><td>3ton</td><td>대</td><td>1</td></tr>
</table>

일당 품으로 되어 있는 표준품을 5-2-2. 표준품셈 환산방법으로 환산하면 〈표 8-31〉과 같다.

〈표 8-31〉 은행나무 과실채취 환산표준품 (주당)

<table>
<tr><th rowspan="2">구 분</th><th rowspan="2">규격</th><th rowspan="2">단위</th><th colspan="7">흉고직경(cm)</th></tr>
<tr><th>11 미만</th><th>11~21
미만</th><th>21~31
미만</th><th>31~41
미만</th><th>41~51
미만</th><th>51~61
미만</th><th>61
초과</th></tr>
<tr><td>조경공</td><td></td><td>인</td><td>0.043</td><td>0.065</td><td>0.087</td><td>0.118</td><td>0.133</td><td>0143</td><td>0.20</td></tr>
<tr><td>보통인부</td><td></td><td>인</td><td>0.087</td><td>0.129</td><td>0.174</td><td>0.235</td><td>0.267</td><td>0.286</td><td>0.40</td></tr>
<tr><td>고소작업차</td><td>3ton</td><td>hr</td><td>0.174</td><td>0.258</td><td>0.348</td><td>0.471</td><td>0.533</td><td>0.571</td><td>0.80</td></tr>
</table>

나. 환산표준품 적용기준

- 작업준비, 은행 털어내기, 뒷정리 작업을 포함하며, 과실채취 후 외부 운반 및 폐기물 처리비는 별도 계상한다.
- 대상수목의 관리가 이루어지지 않았거나, 악취 등 민원발생 등으로 인해 민원대상 수목만 단독으로 작업하는 경우에는 환산 표준품의 30%를 가산하여 적용한다.

8-5-3. 가로수 제거

가로수 제거는 수형 및 생육상태가 불량인 가로수를 제거하거나 도로노선 변경 및 확장 등으로 가로수를 벌목하고 뿌리를 제거하는 작업이다.

가. 표준품셈 적용

표준품셈 유지관리부문 제1장 공통의 조경공사 항목 중 '가로수 제거'를 적용한다.

〈표 8-32〉 가로수 제거 표준품 (일당)

<table>
<tr><th colspan="2" rowspan="3">구 분</th><th rowspan="3">단위</th><th rowspan="3">수량</th><th colspan="7">흉고직경(cm)</th></tr>
<tr><th>11 미만</th><th>11~21 미만</th><th>21~31 미만</th><th>31~41 미만</th><th>41~51 미만</th><th>51~61 미만</th><th>61 초과</th></tr>
<tr><th colspan="7">시공량(주)</th></tr>
<tr><td rowspan="4">나무 베기</td><td>벌목부</td><td>인</td><td>2</td><td rowspan="4">48</td><td rowspan="4">32</td><td rowspan="4">20</td><td rowspan="4">13</td><td rowspan="4">8</td><td rowspan="4">5</td><td rowspan="4">3</td></tr>
<tr><td>보통인부</td><td>인</td><td>3</td></tr>
<tr><td>굴삭기 (부착용 집게)</td><td>대</td><td>1</td></tr>
<tr><td>고소작업차</td><td>대</td><td>1</td></tr>
<tr><td rowspan="3">뿌리 제거</td><td>특별인부</td><td>인</td><td>2</td><td rowspan="3">37</td><td rowspan="3">25</td><td rowspan="3">15</td><td rowspan="3">10</td><td rowspan="3">6</td><td rowspan="3">4</td><td rowspan="3">3</td></tr>
<tr><td>보통인부</td><td>인</td><td>1</td></tr>
<tr><td>굴삭기 (브레이커)</td><td>대</td><td>1</td></tr>
</table>

일당 품으로 되어 있는 표준품을 5-2-2. 표준품셈 환산방법으로 환산하면 〈표 8-33〉과 같다.

〈표 8-33〉 가로수 제거 환산표준품 (일당)

<table>
<tr><th colspan="2" rowspan="2">구 분</th><th rowspan="2">단위</th><th colspan="7">흉고직경(cm)</th></tr>
<tr><th>11 미만</th><th>11~21 미만</th><th>21~31 미만</th><th>31~41 미만</th><th>41~51 미만</th><th>51~61 미만</th><th>61 초과</th></tr>
<tr><td rowspan="4">나무 베기</td><td>벌목부</td><td>인</td><td>0.042</td><td>0.063</td><td>0.10</td><td>0.154</td><td>0.25</td><td>0.40</td><td>0.667</td></tr>
<tr><td>보통인부</td><td>인</td><td>0.063</td><td>0.094</td><td>0.15</td><td>0.231</td><td>0.375</td><td>0.60</td><td>1.0</td></tr>
<tr><td>굴삭기
(부착용 집게)</td><td>hr</td><td>0.167</td><td>0.250</td><td>0.40</td><td>0.615</td><td>1.0</td><td>1.60</td><td>2.667</td></tr>
<tr><td>고소작업차</td><td>대</td><td>0.167</td><td>0.250</td><td>0.40</td><td>0.615</td><td>1.0</td><td>1.60</td><td>2.667</td></tr>
<tr><td rowspan="3">뿌리 제거</td><td>특별인부</td><td>인</td><td>0.054</td><td>0.08</td><td>0.133</td><td>0.20</td><td>0.333</td><td>0.50</td><td>0.667</td></tr>
<tr><td>보통인부</td><td>인</td><td>0.027</td><td>0.040</td><td>0.067</td><td>0.10</td><td>0.167</td><td>0.25</td><td>0.333</td></tr>
<tr><td>굴삭기
(브레이커)</td><td>hr</td><td>0.216</td><td>0.320</td><td>0.533</td><td>0.80</td><td>1.333</td><td>2.0</td><td>2.667</td></tr>
</table>

나. 환산 표준품 적용기준

- 제거된 수목의 외부 운반 및 폐기물처리비는 별도 계상한다.
- 보도용 블록 및 가로수분(받침틀)의 설치 및 철거는 별도 계상한다.
- 장비(굴삭기, 고소작업차)의 규격은 작업여건 및 안전율(적정하중, 작업반경 등)을 고려하여 적합한 규격을 적용한다.
- 공구손료 및 경장비(엔진톱 등)의 기계경비는 다음과 같이 계상한다.
  - 나무베기: 인력품의 3%, 뿌리제거: 없음

CHAPTER 09 조경시설물 기반공사 적산

조경시설물 기반공사란 조경공간의 정지, 굴착 등의 토공사와 각종 조경시설물의 기초다짐 및 기초콘크리트 공사, 토공사에 수반되는 운반공사, 그리고 급수 및 배수공사 등 조경공간을 조성하기 위한 기반공사를 의미한다.

9-1 조경용 토공사 적산

조경용 토공사의 일반적인 내용은 시설공간을 조성하기 위한 정지공사로서 터파기(굴착)및 땅깎기(절토), 땅돋우기(성토, 마운딩) 등의 작업과 시설물의 기초 및 포장 기초작업을 위한 터파기와 이에 따르는 흙 처리 등의 작업을 말한다.

9-1-1. 조경용 토공사 적산 유의사항

조경용 토공사의 적산은 별도의 표준품셈이 없어 토목공사의 내용과 시공기준에 따른 표준품셈을 적용한다. 다만 대규모 토공사의 경우와 같이 토질 시험에 의한 정밀한 적산을 하는 경우는 거의 없으며, 표준품셈에 수록된 표준치를 적용하고 토질의 종류는 일반적으로 보통토사로 적용하여 적산한다.

그러나 조경용 토공사는 시공량이 적고 공사가 산재되어 있으므로 실제 시공규모에 대응하는 적절한 적산이 되어야 한다. 예를 들어, 조경용 토공사 적산은 가급적 인력시공을 적용하되 토공사의 시공량이 많아 인력시공으로 적산 시 소요비용이 과다하게 산출될 경우 그리고 토사의 장거리 운반 등 인력을 적용할 수 없는 경우에만 기계화 시공에 따라 적산하는 것이 좋다.

표준품셈의 적용 시에도 현행 품셈 범위 내에서 소량공사에 대한 추가 계상이 가능한 항목은 모두 반영하고 소운반 비용 등은 빠뜨리지 않고 반영하여야 한다.

9-1-2. 토사의 종류와 체적변화

토공사에 적용하는 토사 및 암의 분류는 다음과 같으며, 조경용 토공사의 적산에 적용하는 보통토사의 토질은 보통상태의 모래질흙 또는 그 혼합물로써 삽이나 괭이 등의 연장을 사용하여 인력으로 다룰 수 있는 정도의 토질을 말한다.

토량계산 시 환산계수는 표준품셈의 체적변화율(〈표 5-12〉 참조)에 의함을 원칙으로 하며 성토, 절토 및 사토량의 산정은 자연상태를 기준으로 한다.

- 토사 : 보통토사, 경질토사, 고사점토 및 자갈 섞인 토사, 호박돌 섞인 토사 등
- 암 : 풍화암, 연암, 보통암, 경암 등

9-1-3. 토량 계산

토량은 토사의 부피로 계산하며 토적(土積, 토사의 체적)이라고 한다. 토적계산 방법은 시설물 기초설치에 따른 토공사와 같은 경우에는 양단면 평균법을 적용하며, 넓은 지역의 토적 계산에는 점고법을 적용하고, 마운딩 토적은 등고선법을 적용한다.

가. 양단면 평균법

토적의 양단면이 평행일 경우에만 적용하며 단면의 면적이 A1, A2이고 양단면 간의 거리(길이)가 l 일 때

$$토적\quad V = \frac{l}{2} \times (A1 + A2)$$

양단면의 차이가 클수록 실제의 토량보다 큰 값을 나타내나 토공사는 실제시공 시 토적에 많은 차이가 나타날 수 있으므로 토적계산은 가급적 여유 있게 적산하기 위해 양단면 평균법을 적용한다.

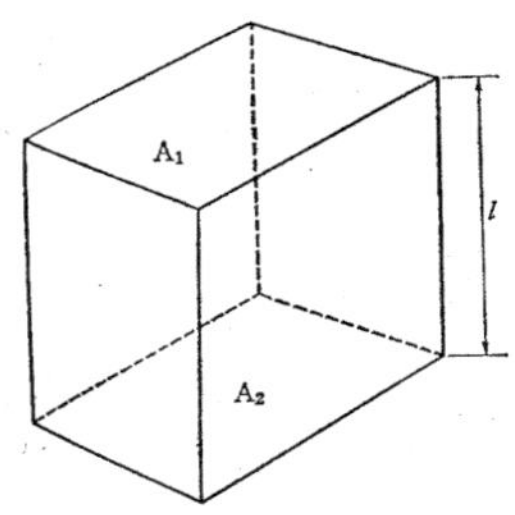

〈그림 9-1〉 양단면 평균법

나. 점고법(點高法)

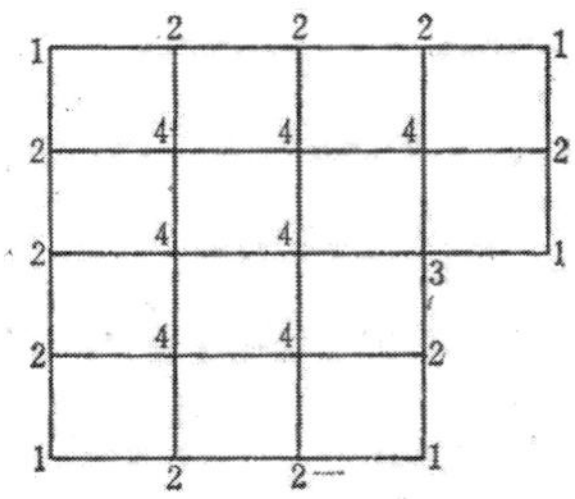

〈그림 9-2〉 점고법

하나의 구형 토적을 V0, 구형의 단면적을 A, 각 구형의 4 정점의 토적 높이의 합을 Σh라 하면

$$V0 = A \times \frac{1}{4} \Sigma h$$

$$\text{전체 토량 } V = \Sigma V0 = A \times \frac{1}{4}(\Sigma h1 + 2\Sigma h2 + 3\Sigma h3 + 4\Sigma h4)$$

다. 등고선법

등고선의 순서에 따라 양단면 평균법을 응용하여 전체토적 계산

$$\text{전체 토량 } V = \frac{l}{2} \times (A1 + 2A2 + 2A3 + 2A4 + \cdots\cdots + 2\ An\text{-}1 + An)$$

* 7-4-3 마운딩 적산 수량산출 참조

9-1-4. 토공사의 종류

조경공사에서 일반적으로 시행되는 토공사는 주로 식재기반 조성과 시설물 기초설치를 위해 이루어지며 시설물 기초설치와 관련된 토공사는 다음과 같이 구분된다.

- 굴착 : 구조물 기초 공사 및 배수시설 등의 지하구조물 설치를 위한 터파기 작업
- 되메우기 : 터파기 한 후 구조물을 설치하고 남은 터파기 여유 공간에 파낸 흙을 다시 메우는 작업
- 잔토처리 : 되메우고 남은 토사를 대지 조성고(FH)에 영향을 미치지 않는 범위 내에서 현장 내 깔고 고르는 작업
- 비탈면 고르기 : 절토 또는 성토에 의해 발생한 비탈면을 평활하게 고르는 작업.
- 흙 다지기 : 흐트러진 상태의 흙을 일정두께로 깔고 다지는 작업.

〈사진 9-1〉 인력 굴착

〈사진 9-2〉 기계 굴착

9-1-5. 굴착(터파기)

가. 터파기 비탈기울기

특수한 토질을 제외하고는 터파기의 비탈기울기는 깊이가 1m 미만일 때는 수직 터파기를 원칙으로 한다.

나. 터파기 여유폭

터파기 여유폭은 거푸집 설치, 흙막이 등의 작업공간이 필요한 경우 확보하는 여유공간으로서 설계도서에 특별히 지정하지 않았을 경우 다음 기준에 의하며, 조경공사에서는 흙막이가 없는 경우가 대부분이므로 조경공사 시 터파기 여유폭은 대부분 20cm를 넘지 않는다.

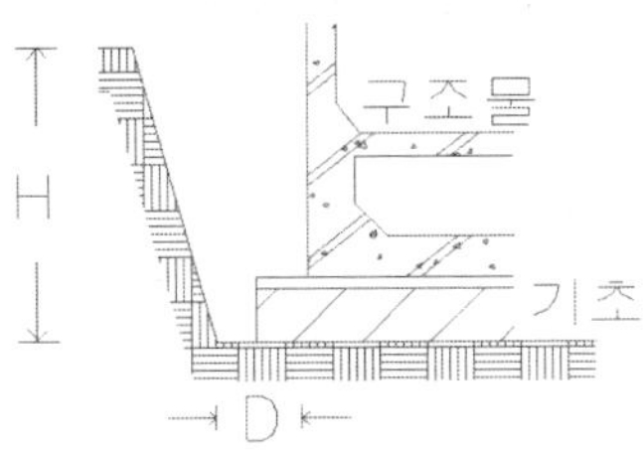

〈그림 9-3〉 흙막이 없는 터파기 단면

〈표 9-1〉 터파기 여유폭

높이	D
H : 1.0m 이하	20cm
H : 2.0m 이하	30cm
H : 4.0m 이하	50cm
H : 4.0m 이상	60cm

다. 토량 계산

1) 독립 기초일 경우 : 양단면 평균법

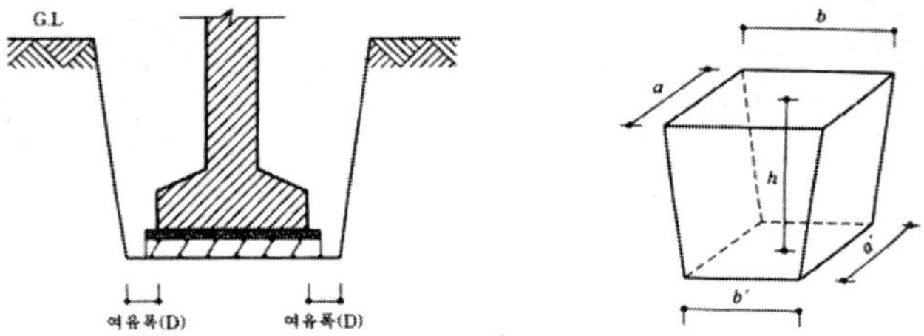

〈그림 9-4〉 독립기초

2) 연속 기초(줄기초) : 단면적 × 길이

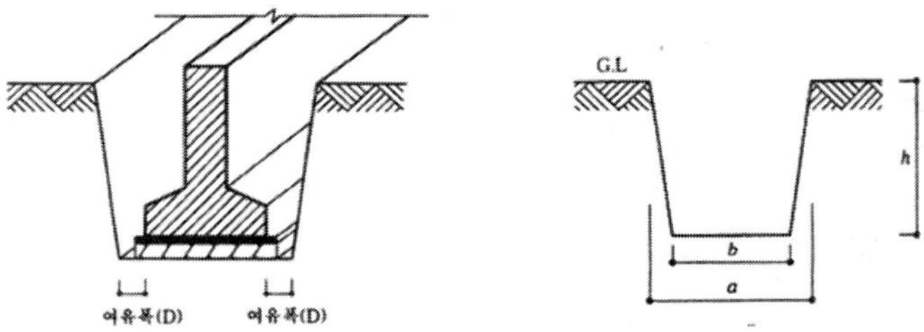

〈그림 9-5〉 연속기초

라. 표준품셈 적용

표준품셈 공통부문 3장 토공사의 굴착 항목 중 '인력굴착(토사)'을 적용하되 토사 종류와 터파기 깊이에 따라 해당 표준품을 적용한다.

본 품은 자연상태 토사를 기준한 것이며, 깊이 1m이하의 인력에 의한 구조물 터파기 또는 흙깎기 등에 적용한다.

〈표 9-2〉 인력굴착 표준품 (m^3당)

구분	단위	보통 토사	경질 토사	고사점토 및 자갈 섞인 토사	호박돌 섞인 토사
보통인부	인	0.20	0.26	0.32	0.57

* 표준품이 m^3 당 품이므로 환산없이 적용한다.

마. 표준품 적용기준

- 표준품은 면고르기가 포함된 것이며, 호박돌 섞인 토사 품에는 발파품을 인력품으로 환산한 것도 포함되어 있다.
- 흙막기 및 물푸기 품은 별도 계상한다.
- 용수가 있는 곳은 본 품의 50%까지 가산할 수 있다.
- 주위에 장애물(가시설물, 인접건물 및 기타시설물)이 있을 때와 협소한 독립기초파기 때에는 품을 50%까지 가산할 수 있다.

9-1-6. 되메우기 및 잔토처리

가. 토량 계산

되메우기의 토적계산은 터파기 체적에서 기초부 체적을 공제하여 계산하며, 기초부 체적은 지반선(GL) 이하의 기초 콘크리트 및 잡석다짐 등 지하부분 전체를 합한 것으로 한다.

되메우고 다질 경우의 되메우기 토량은 토량 환산계수를 적용하여 되메우기 토량 × 1/C로 계산한다.

잔토처리 토량은 자연상태 기준으로 대지조성고(FH)이하의 구조물 체적과 동일하며, 잔토가 다량으로 발생할 경우에는 전체 잔토량을 모아 대지조성의 성토재로 사용하거나 현장 외로 반출토록 하고 토사운반 비용은 별도로 계상하여야 한다.

나. 표준품셈 적용

되메우기는 표준품이 없으므로 표준품셈 공통부문 3장 토공사의 되메우기 및 뒷채움 항목 중 '인력 흙다지기'를 응용하되, 자연상태를 기준으로 할 경우 토사의 체적변화를 감안하여 표준품의 85%를 적용하고 되메우고 다질 경우에는 표준품을 그대로 적용한다. 되메우기 깊이는 표준품에 명시된 깊이 15cm, 30cm를 비례 계산하여 45cm를 적용한다.

〈표 9-3〉 되메우기 응용품 (m^3당)

구분		단위	되메우기 깊이 cm		
			15	30	45
자연상태 기준	보통인부	인	0.119	0.094	0.068
되메우고 다질경우	보통인부	인	0.14	0.11	0.08

잔토처리는 자연상태를 기준으로 하며, 표준품셈 공통부문 3장 토공사의 굴착 항목 중 '인력굴착'에 명시된 m^3당 보통인부 0.2인을 적용한다.

9-1-7. 비탈면 고르기 및 흙다지기

가. 표준품셈 적용

1) 비탈면 고르기

굴삭기를 사용한 비탈면 고르기 기준으로 표준품셈 공통부문 3장 토공사의 절토부대공 및 성토부대공 항목 중 '절토면 고르기와 성토면 고르기'를 적용한다.

비탈면고르기 면적은 평면도에서 경사도에 따라 가산하여 작업 실면적을 계산한다. (예 : 1:1 경사면 = 141%, 1:2 경사면 = 112%, 1:3 경사면 = 105%)

〈표 9-4〉 비탈면 고르기 표준품 (m^2당)

		규격	단위	모래, 사질토, 점토, 점질토	연질토, 불순자갈	호박돌 섞인 고결토,경질토
절토면 고르기	보통인부		인	0.005	0.009	0.010
	굴삭기	$0.6m^3$	hr	0.015	0.021	0.024
성토면 고르기	굴삭기	$0.6m^3$	hr	0.009	-	-

* 표준품이 m^2 당 품이므로 환산없이 적용한다.

2) 흙 다지기

표준품셈 공통부문 3장 토공사의 되메우기 및 뒷채움 항목 중 '인력 흙 다지기'를 적용하고 토량계산은 다져진 상태의 토량을 기준으로 산출한다.

〈표 9-5〉 인력 흙다지기 표준품

구분		단위	토사 성토두께		점토 성토두께	
			15cm	30cm	15cm	30cm
체적기준(m^3 당)	보통인부	인	0.14	0.11	0.25	0.19
면적기준(m^2 당)	보통인부	인	0.021	0.033	0.038	0.057

* 표준품이 m^3 및 m^2당 품이므로 환산없이 적용한다.

나. 표준품 적용기준

- 비탈면 고르기 품은 점토, 점질토, 모래, 사질토 기준이다.
- 흙 다지기 품은 흙고르기를 포함하며, 모래밭에는 적용하지 않는다.
- 살수(撒水) 품은 물의 운반거리에 따라 별도 가산한다.
- 기계(유압식 진동 콤펙터 등) 병용 시 본 품의 20%를 감할 수 있다.

9-1-8. 기타 토공사 적산

가. 모래깔기

모래깔기는 어린이 놀이터의 모래밭이나 씨름장 조성 시 적용하며 표준품셈에 없는 공종이므로 유사공종을 응용하여 적용한다.

1) 토량 계산

모래량 계산은 체적변화율을 곱하여 흐트러진 상태의 모래량으로 산출한다. 모래단가는 흐트러진 상태의 m^3 당 단가를 의미하므로 일위대가에 적용하기 위해서는 흐트러진 상태의 모래량으로 산출하는 것이다.

- 모래량(흐트러진 상태) = 면적 × 깊이 × L(토적 변화율)

2) 응용품 적용

모래깔기는 시공과정 상 유사한 공종으로 되메우기 품 중 자연상태 깊이 30cm를 적용하고 m^2 당 품으로 환산한다.

- 모래 두께 30cm일 경우 되메우기 품 환산:
  - 보통인부 0.094(인/m^3) ÷ (1÷0.3) ≒ 0.028(인/m^3)

나. 마사토 다짐

운동장이나 산책로 등에 마사토를 깔고 다질 경우 적용하며 표준품셈에 없는 공종이므로 유사공종을 응용하여 적용한다.

1) 토량 계산

마사토량 계산은 체적변화율을 곱하여 흐트러진 상태로 계산한다.

- 마사토량(흐트러진 상태) = 면적 × 평균두께 × L(토적 변화율)

마사토를 외부에서 굴착하여 운반할 경우 운반 기계작업량 계산시 토사 상태를 흐트러진 상태로 계산하여야 한다.

2) 응용품 적용

응용품은 마사토 깔기 품과 다짐기계로 표면다짐하는 품을 합산한다. 마사토 깔기는 시공 과정 상 유사한 공종으로 되메우기 품 중 되메우고 다질 경우의 깊이 15cm를 적용하고 m^2 당 품으로 환산한다.

- 마사토 되메우고 다질 경우 평균두께 15cm 표준품 환산 :
  - 보통인부 0.14(인/m^3) ÷ (1÷0.15) ≒ 0.021(인/m^2)

표면다짐은 플레이트 콤팩터를 적용하며 기계경비 계산은 '기계화 시공'에서 다루기로 한다.

9-2 조경시설물 기초공사 적산

조경시설물의 기초공사는 원지반 다짐과 구조물의 안정화를 위해 모래, 자갈, 잡석 등으로 바닥을 다지는 기초다짐, 그리고 시설물의 콘크리트 기초를 타설하는 것 등으로 구성되어 있다. 통상 조경시설물의 기초는 원지반 다짐, 잡석다짐 그 위에 기초 콘크리트를 타설하는 것이 일반적이나 의자류, 철책 등 높이가 낮은 소형 구조물의 경우 원지반 다짐 위에 잡석다짐 없이 기초 콘크리트를 타설하는 경우도 있다.

9-2-1. 조경시설물 기초다짐 적산

시설물의 기초다짐에는 원지반 다짐, 모래다짐, 자갈다짐, 잡석다짐 등이 있다.

가. 수량산출

기초다짐의 수량은 원지반 다짐, 모래다짐, 자갈다짐, 잡석다짐 등 공종별로 구분하여 설계상의 소요량(구하는 상태의 토량)을 산출한다.

원지반 다짐은 다짐기계 경비를 별도 계상하며 일반적으로 플레이트 콤팩터를 3회 적용한다.

〈사진 9-3〉 원지반 다짐

나. 표준품셈 적용

모래, 자갈, 잡석 등의 재료를 명기하여 기초설계가 되어 있는 경우 표준품셈 공통부문 제3장 토공사의 되메우기 및 뒷채움 항목 중 '기초지정'을 적용한다.

〈표 9-6〉 기초지정 표준품 (m^3당)

구분	규격	단위	모래지정	자갈지정	잡석지정
보통인부		인	0.015	0.016	0.018
굴삭기	0.2㎥	hr	0.056	0.063	0.070
플레이트 콤팩터	1.5 ton	hr	0.062	-	-
진동롤러(핸드가이드식)	0.7 ton	hr	-	0.074	0.086

* 표준품이 m^3당 품이므로 환산없이 적용한다.

다. 표준품 적용기준

- 포설 및 고르기, 다짐 작업을 포함하며, 투입장비는 작업여건에 따라 장비조합을 변경하여 적용할 수 있다
- 본 품은 단위시설물의 기초다짐에 적용하는 품으로서 포장공사의 기층 및 보조 기층으로 설계된 잡석다짐에 적용해서는 안되며, 포장공사의 포장 하부 잡석다짐은 포장공사 적산의 포장하부 기초다짐을 적용한다.

9-2-2. 기초 콘크리트의 적산

가. 콘크리트의 분류

콘크리트는 중량과 재료보강 방법, 생산방법, 시공방법 등에 따라 여러 가지로 분류된다.

■ 설계기준 강도에 따른 콘크리트 품질 분류

일반 콘크리트 구조물에서 콘크리트의 강도는 압축강도를 의미하며, 콘크리트 부재의 구조계산 시 재령 28일을 기준으로 한 압축강도로 설계기준 강도를 결정한다.

구조물의 중요도와 안전도, 표면마감 등의 분류에 의해 일반적으로 135kg/㎠ ~ 300kg/㎠의 압축강도를 적용하여 콘크리트의 품질을 구분한다.

〈표 9-7〉 설계기준 강도에 따른 콘크리트 품질 분류

구분	설계기준 강도	용도
콘크리트 A종	240 kg/㎠	건축물 기둥 / 내력벽 / 공동구
	210 〃	역T형 / L형 옹벽 등
콘크리트 B1종	180 〃	중력식 옹벽 / 계단 / 측구 덮개
콘크리트 B2종	180 〃	콘크리트 포장 / L형 측구 / 집수정
콘크리트 C종	160 〃	각종 시설물 기초

일반적으로 시설물의 기초용으로 시공되는 콘크리트는 설계기준 강도에 따른 분류에서 콘크리트 C종으로 분류된 콘크리트로 시공한다.

나. 콘크리트 수량 산출

기초 콘크리트 수량은 레디믹스트 콘크리트 타설의 경우에는 콘크리트 정미수량을 산출한 후 할증을 가산한다.

인력비빔 타설의 경우에는 기초 콘크리트량에서 배합비에 따라 모래 및 자갈량 등의 골재 정미수량을 산출한 후 할증을 가산한다.

- 콘크리트 할증율 : 무근구조물 : 2%, 철근 구조물 : 1%, 철골 구조물 : 1%
- 골재 할증율 : 시멘트 : 2%, 잔골재 : 10%, 굵은 골재 : 3%

다. 표준품셈 적용

콘크리트 타설은 레디믹스트 콘크리트 타설, 현장비빔 타설로 구분되며 현장비빔 타설은 기계비빔 타설과 인력비빔 타설로 구분된다.

일반적으로 조경공사에서 시공하는 기초 콘크리트 타설은 레디믹스트콘크리트 타설로 시공하나 레미콘 수급이 어려운 오지, 또는 산악지역 등과 콘크리트 타설 물량이 레미콘 차량 1대 분량 이하의 소량일 경우, 인력비빔 타설로 시공한다.

〈사진 9-4〉 기초 콘크리트 타설

따라서 기초 콘크리트 타설품은 표준품셈 공통부문 6장 '철근 콘크리트'의 콘크리트 항목 중 레디믹스트콘크리트 타설 인력운반을 적용하거나 현장비빔타설 인력비빔 타설을 적용한다.

이하 콘크리트 타설 표준품에 관한 자세한 내용은 철근콘크리트에서 다루기로 한다.

9-3 운반공사 적산

운반공사는 건설공사용 자재를 인력 또는 건설장비를 이용하여 이동하는 작업을 말한다. 조경공사는 공사의 특성인 산재성(散在性)으로 인해 현장 내에서 자재를 이동하여야 하는 경우가 많이 발생하며 현장 내 운반에 대한 경비를 별도로 계상하여야 하는 경우가 많다.

운반공사는 일반적으로 대운반과 소운반으로 구분된다. 대운반은 건설재료 및 잔재를 현장 외부에서 내부로 반입하거나 반출하는 비교적 장거리 운반으로서 차량을 이용하는 기계화 시공 대상이며, 소운반은 건설재료 및 잔재를 현장 내 가까운 장소로 이동하는 것으로서 주로 인력으로 작업하게 된다.

따라서 대운반 공사의 적산은 기계화 시공으로 하며, 운반공사의 적산에서는 지게운반, 중량물 운반 등의 인력운반을 다룬다.

9-3-1. 인력운반 적산

가. 기본공식

표준품셈의 공통부문 제1장 '적용기준' 항목 중의 '운반'을 적용한다.

$$Q = N \times q$$

$$N = \frac{T}{\frac{60 \times L \times 2}{V} + t} = \frac{V \cdot T}{120L + V \cdot t}$$

Q : 1일 운반량(㎥ 또는 ㎏)　N : 1일 운반횟수　q : 1회 운반량(㎥ 또는 ㎏)
T : 1일 실작업시간　L : 운반거리(m)　t : 적재, 적하 소요시간(분)
V : 평균왕복속도(m/hr)

- 1일 운반횟수(N) : 운반거리 내에서의 왕복 회수
- 1일 실작업 시간(T) : 1일 8시간(480분)을 기준으로 하되 준비, 작업지시, 작업장 이동, 작업 후 정리 등의 시간 30분을 공제하고 450분을 적용한다.
- 적재, 적하 소요 시간(t) : 적재물을 싣고 부리는 시간
- 평균 왕복 속도(V) : 운반로의 상태에 따른 왕복 속도

위 공식은 복잡한 수학공식처럼 보이지만 아주 상식적인 공식이다. 1일 운반량은 운반횟수와 1회 운반량의 곱(Q = N × q)으로 계산되며, 1일 운반횟수는 1일 실제 작업시간을 1회 작업시간으로 나눈 것에 불과하다. 또한 공식에서 60×L×2는 왕복거리에 속도를 분(min)으로 산출하기 위해 60을 곱한 것이다.

나. 공식 적용기준

본 공식은 건설재료 및 잔재를 현장 내에서 인력을 이용하여 비교적 단거리 운반하는데 적용하며 소운반 거리인 20m를 초과할 경우에 계상한다.

- 적재, 운반, 적하의 인부 수는 1인을 기준으로 한다.
- 1회 운반량은 보통토사 25kg을 기준으로 한다.
- 경사면의 운반거리는 높이 1m를 수평거리 6m의 비율로 적용한다.
- 지게운반의 적재, 적하 시간(t)과 평균 왕복운반속도(V)는 다음표의 기준을 따른다.

〈표 9-8〉 지게운반의 적재, 적하 시간(t)과 평균 왕복속도(V)

구분 / 종류	싣고 부리기 소요시간(t)	평균 왕복속도(V)		
		양호	보통	불량
토사류	1.5분	3,000m/hr	2,500m/hr	2,000m/hr
석재류	2분			

- 왕복속도 구분
  - 양호: 운반로가 평탄하며 보행이 자유롭고 운반상 지장물이 없는 경우
  - 보통: 운반로가 평탄하지만 다소 운반에 지장이 있는 경우
  - 불량: 습지, 모래, 자갈질, 암반 등 지장이 있는 운반로의 경우

9-3-2. 중량물 운반 적산

중량물 운반은 주로 2인, 3인, 4인, 6인이 1조가 되어 길이가 긴 장대물이나 무거운 중량물을 목도채를 이용하여 인력으로 운반하는 것으로서 '목도운반' 이라고도 한다.

근래 건설공사에서 건설장비의 발달로 중량물 운반은 점차 장비를 이용하는 추세이나 조경공사에서는 산지 및 급경사지 등 장비 진입이 어려운 지역의 대형수목 및 조경석 등 운반에 일부 목도운반 방법을 사용하고 있다.

〈사진 9-5〉 목도운반

가. 기본공식

주로 장대물(長大物)이나 중량물(重量物)의 인력운반에 적용하며. 표준품셈의 공통부문 제1장 적용기준 항목 중 '운반'을 적용한다.

운반비 = $\frac{M}{T} \times A(\frac{60 \times 2 \times L}{V} + t)$

M : 인력운반공 수(인) = 중량물의 무게(kg) 1인 운반량(25kg)
T : 1일 실작업시간 A : 인력운반공 노임 L : 운반거리(km)
V : 왕복평균속도(km/hr) t : 작업 준비 시간(2분)

위 공식도 복잡한 수학공식처럼 보이지만 아주 상식적인 공식이다. 공식에서 $(\frac{60 \times 2 \times L}{V} + t)$는 운반 왕복시간(분)을 구하는 것으로 왕복거리(L)에 속도(V)를 나누어 왕복시간을 계산하되, 분으로 산출하기 위해 60을 곱한 것이며, 작업준비 시간(t)을 더한다.

M × A 는 인력운반공 노임합계이므로 $\frac{M}{T} \times A$ 는 T를 분으로 계산할 때 분당 인력운반공 합계노임이 된다. 따라서 운반비 = 인력운반공 합계노임/분 × 중량물 왕복시간(분) 이 되므로 위와 같은 공식이 된다.

나. 공식 적용기준

- 인력운반공수(M)

  목적물을 운반하는데 필요한 인력운반공 수(M)는 운반 목적물 개당 운반량에 목도공 1인1회 운반량을 나눈 값이며 1인 1회 운반 량은 25kg을 기준으로 한다.
  운반 목적물 개당 운반 시 최대 8명(8 목도)까지 1개조로 작업 가능한 것으로 적용하며 그 이상일 경우 크레인 등을 이용 한다.

- 1일 실작업 시간(T)

  1일 8시간(480분)을 기준으로 하되 준비, 작업지시, 작업장 이동, 작업 후 정리 등의 시간 30분을 공제하고 450분을 적용한다.

- 인력운반공 노임(A)

  통계작성 승인기관이 조사 공표한 인력운반공 노임단가를 말한다.

- 평균 왕복속도(V)

  운반로의 상태에 따른 왕복속도(m/hr) 이며 운반로의 조건에 따라 다음과 같다.

  - 양호 : 2.0km/hr, 보통 : 1.5km/hr, 불량 : 1.0km/hr, 물이 있는 논 : 0.5km/hr

- 작업준비시간(t)

  운반 목적물을 작업기구(목도채)에 매달고 부리는 시간(분) 2분을 적용한다

- 경사지 환산

  목도운반은 경사가 급한 곳을 이동하는 경우가 많으므로 환산거리는 수평거리에 환산 계수를 곱하여 산출한다.

  - 운반거리= $\alpha \times L$ α : 경사도별 환산계수 L : 수평거리

〈표 9-11〉 인력운반 경사지 환산계수

경사도	%	10	20	30	40	50	60	70	80	90	100
	각도	6	11	17	22	27	31	35	39	42	45
환산계수		2	3	4	5	6	7	8	9	10	11

9-4 기계화 시공 적산

기계화 시공은 현장에서 건설기계로 수행하는 모든 작업을 말하며 주로 대규모 작업에 적합하다. 기계화 시공은 건설공사를 효율적으로 수행하고 대규모 공사를 단기간에 수행할 수 있어 건설공사에 중요한 역할을 하고 있다. 특히 토공작업은 대부분 기계화 시공이 되고 있으며 조경공사의 기계화 시공은 대개 골재의 채집, 운반, 부토 등 토사의 운반 등에 주로 적용된다.

조경공사도 과거에는 인력에 많이 의존하였으나 공사규모가 커지고 공사내용이 복잡화되어 효율적인 대응이 요구됨에 따라 기계장비의 사용이 증가하고 있으며 조경공사용 소

형장비도 점차 개발되고 있다.

기계시공에 대한 원가계산 방식은 기계의 시간당 작업량을 산정하고 기계경비 단가를 작업량으로 나누어 시간당 시공단가(작업비 단가)를 산출하는 방식이므로 다소 복잡한 계산과정을 거쳐 산출하게 된다. 일견 합리적인 과정으로 보이나 시공현장에서의 장비비 계산은 1일당 작업비를 포함한 장비임대 비용으로 계산하므로 실제 비용과는 많은 차이가 있다. 따라서 원가계산의 정확성을 기하기 위해서는 기계화 시공 적산에 대한 충분한 지식이 필요하다.

9-4-1. 주요 조경용 건설기계의 종류 및 특성

가. 굴삭기(백호우 Back Hoe)

비교적 경량이며 구조가 간단하고 기동성이 뛰어난 기계로서 토사의 굴착과 적재 및 정리 작업에 많이 사용된다. 일명 '포크레인'으로 불리우며, 보통 유압식 백호우(Back Hoe)가 일반적이다.

이동 및 운반에 편리하고 자체적으로 좌우 독립 주행이 용이하며 운전조작이 용이하고 사이클 타임(cycle time)이 빠르므로 작업능률이 좋다.

굴삭기 규격은 바켓의 크기(m³)에 따라 0.12, 0.2, 0.4, 0.6, 0.7, 0.8, 1.0, 1.2, 2.0 등으로 구분되며 무한궤도식과 차륜식(타이어식)이 있다.

조경공사에서는 토사굴착, 운반, 대형목 식재, 자연석 운반, 쌓기 등에 많이 활용하고 있다.

무한궤도식

차륜식

〈사진 9-6〉 굴삭기

나. 로더(Loader)

주로 토사 및 골재의 굴착과 적재 작업에 사용하며 굴착력이 약하여 주로 쌓여있거나 흐트러진 상태의 자재(토사, 골재 등) 적재에 사용한다.

규격은 바켓 크기(㎥)에 따라 0.57, 0.95, 1.34, 1.72, 2.29, 2.87, 3.5, 5.0 등으로 구분된다. 조경공사에서는 작업 후 청소, 정리 등에 바켓 0.57 이하의 소형 로더(바브켓)를 많이 사용한다.

소형로더(바브켓)

미니로더

〈사진 9-7〉 소형 로더

다. 덤프트럭(Dump Truck)

적재함을 경사지게 하여 자동 하역하는 운반장비로서 적재, 적하에 편리하다.

규격은 적재함의 중량(ton)에 따라 2.5t, 4.5t, 6t, 8t, 10.5t, 15t, 20t 등으로 구분된다.

15 ton 덤프트럭

2.5 ton 소형덤프트럭

〈사진 9-8〉 덤프트럭

라. 다짐기계

토공사 후 원지반을 다지거나 포장공사 후 포장면을 다지는 기계로서 다양한 규격의 다짐기계가 있다. 조경공사에서는 소형기계인 플레이트 컴팩터나 롤러 컴팩터가 주로 이용된다.

플레이트 컴팩터

롤러 컴팩터

〈사진 9-9〉 소형 다짐기계

마. 고소(高所) 작업 기계

높은 곳에서 작업하거나 크고 무거운 재료를 이동할 때 사용하는 기계로서 조경공사에서는 가로수 전정 시 또는 대형 수목, 조경석 등을 이동하거나 하차할 때 고소 작업기계를 이용한다.

고소 작업차

트럭탑재형 크레인

〈사진 9-10〉 고소작업 기계

바. 분무기 및 살수차

동력 분무기는 조경공사에서 약제살포나 종자파종 등에 사용되며, 살수차는 관수에 주로 사용된다.

동력분무기

살수차

〈사진 9-11〉 분사기계

사. 잔디깎기 기계

배부식

핸드가이드식

〈사진 9-12〉 잔디깎기 기계

9-4-2. 건설기계의 시공능력 산정

가. 기본공식

표준품셈의 공통부문 제8장 건설기계의 적용기준 항목 중 '시공능력 산정 기본식'을 적용한다.

$$Q = n \times q \times f \times E$$

Q : 시간당 작업량(㎥/hr 또는 ton/hr)
n : 시간당 작업 싸이클 수
q : 1회 작업 싸이클 당 표준작업량(㎥ 또는 ton)
f : 토량 환산 계수
E : 작업 효율

위 공식도 운반공사의 기본공식과 마찬가지로 복잡한 수학공식처럼 보이지만 상식적인 공식이다. 시간당 작업량은 시간당 작업횟수와 1회 표준작업량의 곱($Q = n \times q$)으로 계산되며, 여기에 구하고자 하는 토량의 상태에 따라 체적환산계수와 작업효율을 곱하는 것이다.

모든 건설기계의 작업공식은 기계의 작업특성에 따라 위의 기본공식을 응용하여 만들어져 있다.

나. 기본공식 적용기준

1) 시간당 작업량(Q)

건설기계가 1시간 작업으로 이루어 내는 시공량을 말한다. 토사의 경우 자연상태의 토량, 흐트러진 상태의 토량, 다져진 상태 토량의 3가지로 표시 할 수 있으며 단위는 통상 ㎥/hr로 표시되나 ton/hr, m/hr로 표시할 수 있다.

2) 시간당 작업 싸이클 수(n)

건설기계가 1시간 작업 시 반복되는 횟수이다.

$n = \frac{60}{cm}$(분) 또는 $\frac{3600}{cm}$(초)로 표시되며 cm는 1회 싸이클에 걸리는 표준작업시간이다.

3) 1회 작업 싸이클 당 표준작업량(q)

건설기계는 일련의 동작을 반복 작업하는데 1회 동작으로 시공되는 표준적인 작업량이다.

토사의 경우 흐트러진 상태에서 작업하게 되므로 흐트러진 상태의 토량으로 산출되며 단위는 보통 m^3 로 표시되나 ton으로 표시할 수도 있다.

4) 토량 환산 계수(f)

1회 표준작업량(q)이 흐트러진 상태이므로 구하는 토량이 흐트러진 상태일 경우에는 $f = \frac{L}{L} = 1$이며, 구하는 토량이 자연 상태일 경우에는 $f = \frac{1}{L}$이 된다.

5) 작업효율(E)

건설기계의 시간당 작업량은 작업현장의 제반 여건에 따라 달라지므로 표준적인 작업능력에 작업현장의 여러 가지 여건에 따른 효율을 고려하여 산정한다. 따라서 작업효율은 기계의 작업적요소와 시간적요소를 곱하여 산정한다.

- 작업효율 = 현장 작업능력계수 × 실작업 시간율

9-4-3. 굴삭기의 작업량 계산

가. 굴삭기 작업공식

표준품셈의 공통부문 제8장 건설기계의 시공능력 항목 중 '굴삭기'를 적용한다.

$$Q = \frac{3600 \times q \times K \times f \times E}{cm}$$

Q : 시간당 작업량(m^3/hr) q : 버킷 용량(m^3)
K : 버킷계수 f : 토량 환산 계수
E : 작업 효율 cm : 1회 싸이클의 시간(초)

위 공식에서 3,600은 cm의 단위가 초(sec)이므로 시간당 작업량으로 환산하기 위한 계수로서 3,600/cm은 건설기계의 기본공식의 n이 되며 q는 실제 버킷 용량인 q × K 가 되므로 건설기계의 기본공식과 같은 공식이 된다.

나. 작업공식 적용기준

1) q : 버킷 용량(㎥)

굴삭기의 버킷용량으로서 해당 버킷용량인 0.2, 0.4, 0.7, 1.0, 2.0 등을 적용한다.

2) K : 버킷계수

작업 시 현장 토석의 종류에 따라 버킷에 담겨지는 양상이 다르므로 버킷계수를 적용하여 보정하는 것이며 토질조건에 따라 1.1~0.55를 적용한다.

〈표 9-10〉 굴삭기 버킷계수 기준

현장 조건(토질 조건)	K 값
용이하게 굴착할 수 있는 연한 토질로서 버킷에 산적으로 가득찰 때가 많은 조건이 좋은 모래, 보통토인 경우	1.10
약간 단단한 토질로서 버킷에 거의 가득 채울 수 있는 모래, 보통토 및 조건이 좋은 점토인 경우	0.90
버킷에 가득 채우기 어렵거나 가벼운 발파를 필요로 하는 단단한 점토질, 점토, 역토질인 경우	0.70
버킷에 넣기 어렵고 불규칙한 공극이 생기는 것으로 발파 또는 리퍼작업 등에 의하여 얻어진 암과 파쇄암, 호박돌, 자갈인 경우	0.55

3) E : 작업효율

현장조건과 토질에 따라 0.85~0.35를 적용한다.

〈표 9-11〉 굴삭기 작업효율 기준

토질 \ 현장조건	자연상태			흐트러진 상태		
	양호	보통	불량	양호	보통	불량
모래, 사질토	0.85	0.70	0.55	0.90	0.75	0.60
자갈 섞인 흙, 점성토	0.75	0.60	0.45	0.80	0.65	0.50
파쇄암(깬돌)	-	-	-	-	0.45	0.35

- 작업조건 기준
  - 양호 : 자연지반이 무르고, 절토작업이 최적으로 연속작업이 가능하고, 작업방해가 없는 등의 조건.
  - 보통 : 자연지반은 단단하지만 절토작업이 최적인 경우, 또는 자연지반은 무르지만 절토작업이 곤란한 경우 등 제 조건이 중간으로 판단되는 경우.
  - 불량 : 자연지반이 단단하고, 연속작업이 곤란하며, 작업방해가 많은 등의 조건.
  - 터파기 작업의 작업효율은 기준값에 0.05를 뺀 값으로 한다.

4) cm : 1회 싸이클의 시간

굴삭기의 팔(arm)이 한번 선회하여 버킷에 담는 1회 작업시간을 말하며 기계 규격과 선회각도에 따라 시간(초)을 적용한다.

〈표 9-12〉 굴삭기 싸이클 기준

선회각도 / 용량(㎥)	싸이클 타임(sec)			
	45도	90도	135도	180도
0.12 ~ 0.4	13	15	18	20
0.6 ~ 0.8	16	18	20	22
1.0 ~ 1.2	17	19	21	23
2.0	22	25	27	30

9-4-4. 덤프트럭의 작업량 계산

가. 덤프트럭 작업공식

표준품셈의 공통부문 제8장 건설기계의 시공능력 항목 중 '덤프트럭'을 적용한다.

$$Q = \frac{60 \times q \times f \times E}{cm} \qquad q = \frac{T \times L}{rt}$$

Q : 1시간 당 작업량(m^3/hr)

q : 흐트러진 상태의 덤프트럭 1회 적재량(m^3)

rt : 자연상태의 토사의 단위중량(습윤밀도)(t/m^3)

T : 덤프트럭의 적재용량(ton) L : 토량환산계수에서의 체적변화율

f : 토량환산계수 E : 작업효율(0.9)

cm : 1회 싸이클 시간(분)

$cm = t_1 + t_2 + t_3 + t_4 + t_5 + t_6$

- t_1 : 적재(積載)시간-적재물을 트럭에 싣는 시간으로서 적재기계의 적재방법에 따라 계산
- t_2 : 왕복시간(분)-목적지까지의 왕복시간으로 운행속도에 따라 산출
- t_3 : 적하(積荷)시간-적재한 토석류를 내리는데 소요되는 시간
- t_4 : 대기시간-적재장소에 도착한 때로부터 적재 작업이 시작 될 때까지의 시간
- t_5 : 적재함 덮개 설치 및 해체시간
- t_6 : 세륜기 통과 시간

위 공식도 복잡한 수학공식처럼 보이지만 역시 상식적인 공식이다. 공식에서 60은 Cm의 단위가 분이므로 Q의 단위인 시간으로 환산하기 위한 계수이며, cm 의 적재시간(t_1)은 덤프트럭에 적재하는 적재기계의 1회 작업시간에 적재횟수를 곱하면 된다.

q 값을 계산하는 별도의 공식은 덤프트럭의 적재용량이 톤으로 되어 있어 이를 작업량 단위인 m^3로 환산하기 위한 것이다.

나. 작업계수 기준

1) q (Qt) : 덤프트럭 1회 적재량(m^3)

덤프트럭의 적재단위인 ton을 작업량 단위인 m^3로 환산하기 위한 것으로 덤프트럭의 적재용량(ton)을 토사의 단위중량 (자연상태)으로 나누어 자연상태 토사의 부피(m^3)를 구하고 체적변화율(L)을 곱하여 흐트러진 상태의 토사 적재량을 구한다.

2) E : 작업효율

실작업시간($\frac{54}{60}$)으로 계산한 표준작업효율로서 0.9를 적용한다.

3) cm : 1회 싸이클 시간(분)

덤프트럭이 목적물을 적재하여 운반하고 하역한 후 현장으로 되돌아오기까지 소요되는 1회 총 작업시간이며 $cm = t_1 + t_2 + t_3 + t_4 + t_5 + t_6$ 가 된다.

4) 적재시간(t_1)

인력 또는 기계에 의한 적재방법이 있으나 대부분 기계에 의한 적재방법을 쓰게 되므로 기계적재의 시간(t1)을 계산하는 공식을 설명하면 다음과 같다.

$$t_1 = \frac{Cms \times n}{60 \times Es}$$

- Cms : 적재기계의 1회 사이클 시간(초).
  적재기계(굴삭기)가 버킷에 적재물을 담아 선회하여 트럭 적재함에 붓고 버킷이 다시 원래 적재물 위치로 오는 1회 작업시간
- n : 덤프트럭 1대를 적재하는데 소요되는 적재기계(굴삭기)의 사이클 수
- Es : 적재기계(굴삭기)의 작업효율

5) 기계적재 작업횟수(n) 공식

덤프트럭 1대의 적재량이 Qt 라 할 때 적재기계의 1회 적재량은 실제 적재기계(굴삭기)의 버킷용량인 q × K 가 되므로 덤프트럭 1대를 적재하는 적재기계의 사이클 수(n) 즉, 작업횟수는 다음과 같은 공식으로 계산된다.

$$n = \frac{Qt}{q \times k}$$

- Qt (q) : 덤프트럭 1대의 적재량(㎥)
- q : 적재기계의 버킷 또는 덤퍼 용량(㎥)
- K : 적재기계의 버킷계수

6) 왕복시간(t_2)

목적지까지의 왕복시간이며 도로조건에 따른 적재 시 평균 주행속도와 공차 시 평균주행속도에 따라 산출한다.

$$\text{왕복시간} = \frac{\text{운반거리}}{\text{적재시 평균주행속도}} + \frac{\text{운반거리}}{\text{공차시 평균주행속도}}$$

〈표 9-13〉 도로상태(차로 왕복)에 따른 평균속도 기준

도로 상태	평균속도(km/hr)	
	적재	공차
토취장 또는 토사장 등 열악한 조건의 도로	7	8
교차가 가능한 산간지도로 및 제방도로, 미포장도로	15	20
2차로 이상의 공사용 도로	30	35
2차로 시가지 포장도로(7,000~2,000대 / 일 이상)	25	30
4차로 이상의 시가지 포장도로(40,000대 / 일 미만)	30	35
2차로 교외 포장도로(2,000대 / 일 이상)		
4차로 이상의 교외 포장도로(40,000대 / 일 이상)		
2차로 고속도로 또는 교통량(편도) 1일 40,000대 이상의 4차로 고속도로	50	55
4차로 고속도로(편도 교통량 1일 40,000대 미만)	60	60

* 상세한 내용은 부록 1-5 참조

7) 적하시간(t_3)

적재한 토석류를 내리는데 소요되는 시간이며 작업조건과 토질에 따라 0.5분~1.5분을 적용한다.

〈표 9-14〉 덤프트럭 적하시간(t_3) 기준

작업조건 / 토질	양호	보통	불량
모래, 자갈, 호박돌	0.5분	0.8분	1.1분
점질토, 점토	0.6분	1.05분	1.5분

- 작업조건 기준
  - 양호 : 사토장이 넓고 정지된 상태에서 일시에 적하하는 경우
  - 보통 : 사토장이 넓으나 움직이는 상태에서 적하하는 경우
  - 불량 : 사토장이 넓지 않고 천천히 움직이는 상태에서 적하하는 경우

8) 대기시간(t_4) 기준

적재장소에 도착한 때로부터 적재 작업이 시작 될 때까지의 시간이며 현장 상태에 따라 0.15분~0.70분을 적용한다.

〈표 9-15〉 덤프트럭 대기시간(t_4) 기준

현장 상태	대기시간(분)
적재장소가 넓어 트럭이 자유로이 진입할 수 있을 때	0.15
적재장소가 넓지는 않으나, 큰 불편 없이 진입할 수 있을 때	0.42
적재장소가 좁아 진입하는 데 불편할 때	0.70

9) 적재함 덮개 설치 및 해체시간(t_5)

인력에 의한 경우에는 3.77분, 자동덮개시설의 경우에는 0.5분을 적용한다.

10) 세륜기 통과시간(t_6) : 1.5 분

9-4-5. 플레이트 콤팩터의 작업량 계산

플레이트 콤팩터는 주로 포장공사 시 원지반과 표면을 다지거나 시설물 기초의 원지반을 다지는데 사용한다. 따라서 다짐면적으로 계상되는 경우가 많다.

가. 플레이트 콤팩터 작업공식

표준품셈 공통부문 제8장 건설기계의 시공능력 항목 중 '플레이트 콤팩터'를 적용한다.

A = 1,000 × V × W × E × 1/N

A : 시간당 다짐면적(m²/hr)

V : 다짐속도(km/hr)

W : 유효다짐폭(m)

D : 펴는 흙의 두께(m, 다져진 상태)

E : 작업 효율

N : 소요 다짐횟수

〈사진 9-13〉
플레이트 콤팩터 작업

위 공식도 역시 간단한 상식적인 공식에 불과하다. 다짐면적은 속도에 다짐폭을 곱하는 것이고 1000은 V의 단위가 km/hr 이므로 A의 단위인 m²/hr로 계산하기 위한 계수이며, 실제 시간당 다짐면적은 소요 다짐횟수로 나누어 산출한다.

나. 작업계수 기준

- 다짐속도는 표준속도 1.0km/hr을 적용하며 유효 다짐폭은 0.45m를 적용한다.
- 작업 효율은 작업조건에 따라 아래와 같이 적용한다.
  - 양호 : 0.80, 보통 : 0.60, 불량 : 0.40
- 소요 다짐횟수는 설계서의 조건에 따라 결정하며 일반적으로 원지반 다짐 3회, 포장표면 다짐 1회를 적용한다.

9-4-6. 기계경비의 내용

기계경비는 기계사용에 따라 소요되는 건설기계의 시간당 비용을 말하며 시간당 비용을 알아야 기계작업에 의한 공사비를 산출할 수 있다.

현재 대부분의 적산 실무자들은 물가자료지에 이미 계산되어있는 기계경비 단가자료를 그대로 인용하여 공사비를 산출하고 있어 기계경비 산출방법을 잘 모르는 경우가 많다. 조경시공에서도 기계화 시공의 비중이 점차 늘어나고 있으므로 기계경비의 산출방법도 필히 알아두어야 할 내용이다.

가. 기계경비의 구성

기계경비는 기계사용에 따른 기계손료, 운전경비 및 수송비의 합계액으로 하되 특히 필요하다고 인정될 때에는 조립 및 분해조립 비용을 포함한다.

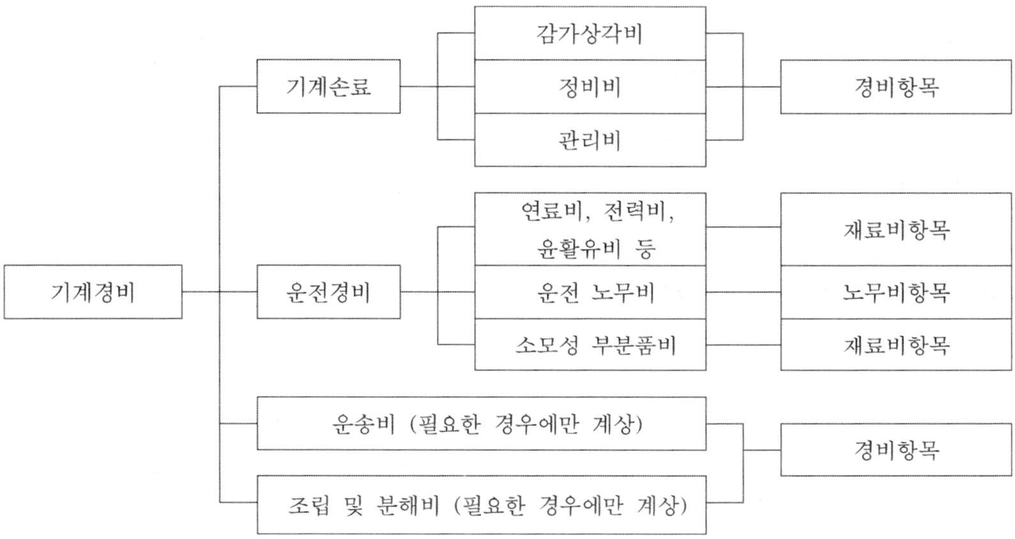

〈그림 9-6〉 기계경비의 구성

나. 용어 해설

- 상각비 : 기계의 사용에 따르는 가치의 감가액을 말한다.
- 정비비 : 기계를 사용함에 따라 발생하는 고장 또는 성능 저하부분의 회복을 목적으로 하는 분해수리 등 정비와 기계 기능을 유지하기 위한 정기 또는 수시 정비에 소요되는 비용을 말한다.
- 관리비 : 보유한 기계를 관리하는데 필요로 하는 비용 및 기계 보관비용을 말한다.
- 정비비율 : 기계의 경제적 내용시간 동안에 소요되는 정비비 누계액의 기계 취득가격에 대한 비율을 말한다.
- 연간 관리비율 : 연간 소요되는 기계관리비의 평균취득 가격에 대한 비율을 말한다.
- 취득가격 : 수입기계가격에 대하여는 C.I.F 가격에 인정할 수 있는 수입에 따르는 제경비를 포함한 가격으로 하고 국산기계는 표준규격에 의한 표준시가로 한다.

- 경제적 내용시간 : 잔존율이 취득가격의 10%인 경우에 경제적 사용이 가능하다고 인정되는 운전 시간을 말한다.
- 잔존율 : 경제적 내용시간이 끝날 때의 기계잔존가치의 취득가격에 대한 비율을 말하며 0.1(10%)로 한다.
- 연간표준가동시간 : 기계가 연간 운전하는데 가장 표준이라고 인정되는 시간을 말한다.
- 경제적 내용년수 : 경제적 내용시간을 연간 표준가동시간으로 나눈 값을 말한다.
- 시간당 손료 : 손료산정의 시간당 손료계수 합계에는 시간당 상각비계수, 정비비 계수 및 평균취득가격에 의한 시간당 관리비 계수가 포함된 것으로서 시간당 손료는 취득가격에 시간당 손료계수의 합계를 곱한 값을 말한다.

9-4-7. 기계경비 산출방법

가. 시간당 기계손료 계산

상각비, 정비비 및 관리비의 합계액으로 하되, 관리비에 대하여는 1일 8시간을 초과할 경우라도 8시간으로 계산한다.

따라서 시간당 기계손료는 기계취득 가격에 시간당 손료계수를 곱하여 시간당 비용을 계산하며 시간당 손료 계수는 상각비 계수, 정비비 계수, 관리비 계수의 합으로 구성된다.

시간당 기계손료의 기준은 표준품셈 공통부문 제8장 건설기계의 기계손료 항목을 적용한다.

〈표 9-16〉 주요 조경용 건설기계의 시간당 손료계수

기계명	규격	내용시간	연간 표준 가동시간	상각 비율	정비 비율	연간 관리 비율	시간당 손료계수(10-7)			
							상각비 계수	정비비 계수	관리비 계수	계
굴삭기 (유압식)	무한궤도식	10,000	1,250	0.9	0.7	0.1	900	700	485	2,085
	타이어식	10,000	1,250	0.9	0.7	0.14	900	700	679	2,279
덤프트럭	2.5t ~ 6t	7,500	1,250	0.9	0.8	0.14	1,200	1,067	700	2,967
	8t	8,000	1,250	0.9	0.8	0.14	1,125	10,00	695	2,820
	10.5t ~ 32t	10,000	1,400	0.9	0.7	0.14	900	700	679	2,279

〈표 9-16 계속〉 주요 조경용 건설기계의 시간당 손료계수

기계명	규격	내용 시간	연간 표준 가동시간	상각 비율	정비 비율	연간 관리 비율	시간당 손료계수(10-7)			
							상각비 계수	정비비 계수	관리비 계수	계
진동롤러 (핸드가이드)	7t	7,000	890	0.9	0.6	0.1	1,286	857	682	2,825
플레이트 콤팩터	1.5t	5,000	890	0.9	0.6	0.1	1,800	1,200	708	3,708
트럭탑재형 크레인	2.0t~18t	7,000	890	0.9	0.25	0.14	1,286	357	955	2,598
고소작업차	2.0t~5.0t	7,000	890	0.9	0.25	0.14	1,286	357	955	2,598
물탱크 (살수차)	1,800 *l* ~ 16,000 *l*	11,000	890	0.9	0.7	0.1	818	636	659	2,113
동력분무기	4.85kw	8,000	890	0.9	0.8	0.1	1,125	1,000	674	2,799
취부기	11.94kw~ 18.65kw	4,000	890	0.9	0.55	0.1	2,250	1,375	730	4,355

- 시간당 손료계산(예)
  - 기계취득가격 (2024년 기준)
    굴삭기(타이어식 0.6m^3) : 112,684,000 원, 덤프트럭(15t) : 86,142,000원
  - 굴삭기(0.7m^3) 시간당 손료계산(예)
    112,684,000원 × 2,279 × 10-7 = 25,680.6원/hr
  - 덤프트럭(15t) 시간당 손료계산(예)
    86,142,000원 × 2,279 × 10-7 = 19,631.7원/hr

나. 시간당 운전경비 계산

운전경비는 기계를 운전하는데 필요한 연료 또는 전력 및 윤활유 등의 재료비와 운전수 및 보조원의 임금, 그리고 정비비에 포함되지 않는 소모품비를 포함한다.

1) 재료비

- 주연료 : 휘발유 및 경유 등의 시간당 소비량에 대한 재료비로 계상한다.
- 전력비, 윤활유, 기어유 등의 비용 : 잡품으로 처리하여 일괄적으로 계상한다.
- 삽날, 타이어, 티스 등의 소모율 : 잡품에 포함하여 계상한다.
- 잡재료는 기계 종류별에 따라 주 연료비에 대한 일정 비율로 계상한다.

2) 노무비

기계를 조종하는 건설기계 운전기사, 건설기계 운전조수, 건설기계 조장 등의 시간 당 노임으로서 상시 고용을 기준으로 다음과 같이 계상한다.

- 시간당 노무비 : 기본노임 × 근무시간(1/8) × 상여 계수 × 휴지 계수
  - 기본노임 : 통계작성 승인기관이 조사 공표한 1일 노임단가
  - 근무시간 : 근로기준법에 따라 1일 8시간을 기준으로 하므로 1/8을 적용.
  - 상여 계수 : 상시고용을 기준으로 산정하는 것으로서 상여금 및 퇴직금의 합계를 400%로 보고 월급여에 대한 계수 16/12≒1.33 적용.
  - 휴지 계수 : 월간 작업가능일수에 대한 보정계수로서 근로기준법상 주 근무시간 40시간을 기준으로 주 근무일수 중 악천후 등의 이유로 작업이 불가능한 일수 1일(월4일)을 인정하여 5/4= 1.25를 적용한다.

노무비 계상 시 휴지계수를 적용하는 이유는 기본노임이 1일 노임단가이므로 상시고용과 마찬가지로 악천후로 인한 작업중단 일수는 불가항력에 의한 경우로 보고 임금을 지급한다는 취지에 따른 것이다.

시간당 운전경비의 기준은 표준품셈 공통부문 제8장 건설기계의 운전경비산정 항목 중 해당기계를 적용한다.

〈표 9-17〉 주요 조경용 건설기계의 운전경비 표준품

기계명		규격	주연료(경유 ℓ)	잡재료(%)	조종원(인/일)
굴삭기	무한궤도	0.12 m^3	3.2	21	1
		0.2 m^3	5.0	21	1
		0.4 m^3	9.9	22	1
		0.6 m^3	10.2	22	1
		0.7 m^3	11.6	22	1
		1.0 m^3	19.5	22	1
	타이어	0.18 m^3	5.6	24	1
		0.6 m^3	11.6	24	1
		0.8 m^3	16.3	24	1
덤프트럭		2.5ton	2.9	38	1
		4.5ton	5.0	38	1
		10.5ton	14.1	38	1
		15ton	15.9	38	1
진동롤러 (핸드가이드)		0.7ton	2.2	13	1
플레이트, 콤펙터		1.5ton	1.0(휘발유)	20	1
트럭탑재형 크레인		2ton	2.9	20	1
		3ton	3.1	20	1
		5ton	5.1	20	1
고소작업차		2ton	2.9	20	1
		3ton	3.1	20	1
		5ton	5.1	20	1
물탱크(살수차)		1,800 l	8.2	30	1
		3,800 l	8.6	30	1
		5,500 l	9.3	30	1
동력분무기		4.85kw	1.3(휘발유)	20	-

- 굴삭기 (타이어, 0.6m^3) 운전경비 계산 예 (2024년도 5월 단가 기준)
  - 굴삭기 (타이어, 0.6m^3) 가격(2024년도) : 112,684,000원
  - 주연료(경유) 단가 : 1,560원/ℓ, - 건설기계 운전사 노임 : 267,360원
  - 노무비 : 267,360×1/8×16/12×20/16 = 267,360×0.2 = 53.472.4 (원/hr)
  - 재료비 : 1,560×11.6 + (1,560×11.6)×0.24 = 22,439.0 (원/hr)
  - 경 비 : 112,684,000×2,279×10^{-7} = 25.680.6 (원/hr)

9-5 급수 및 배수공사 적산

일반적으로 조경공사에서 다루는 급수공사의 내용은 음수대, 연못, 분수, 벽천 등에 공급되는 급수관의 부설과 제수변의 설치 등이며, 배수공사의 내용은 운동장, 놀이터, 광장 등의 표면배수를 위한 배수 구조물 설치와 배수관 부설, 그리고 심층토 배수를 위한 맹암거 설치 등에 한정한다.

9-5-1. 급수공사 적산

가. 급수 배관재의 종류와 치수구분

배관재의 종류는 아래와 같이 일반배관용 탄소강관에서부터 고강도 복합관에 이르기까지 많은 종류가 있으나 조경공사 급수관으로는 일반적으로 스테인리스 강관을 많이 사용하고 있다.

- 강관류 : 일반배관용 탄소강관, 고압배관용 탄소강관, 아연도 강관(백관), 폴리에틸렌 피복 강관, 폴리에틸렌 에폭시 피복강관 등
- 주철관 및 동관류 : 닥타일 주철관, 에폭시 도장 주철관, 동 파이프 등
- 스테인리스 강관류 : 스테인리스 강관, 주름마디 스테인리스 강관 등
- 합성수지 관류 : 폴리에틸렌 파이프, 고강도 및 고밀도 폴리에틸렌 파이프, 폴리프로필렌 파이프, 고강도 복합관(EPP) 등

일반 배관용 관의 치수구분은 외경(바깥지름)이나 내경(안지름)치수가 아닌 호칭치수를 사용한다.

〈표 9-18〉 일반 배관용 관의 치수 사례 (KSD-3507)

호칭(A)	바깥지름 mm	두께 mm	호칭(A)	바깥지름 mm	두께 mm
15	21.7	2.65	32	42.7	3.25
20	27.2	2.65	40	48.5	3.25
25	34.0	3.25	50	60.5	3.65

나. 스테인리스강관 접합 및 배관

스테인리스 강관의 접합은 용접 접합과 프레스 접합 두 종류가 있으므로 설계서의 기준에 따라 적용하며 설계서에 규정되어 있지 않을 경우 일반적으로 '용접식'을 적용한다.

1) 표준품셈 적용

용접 접합 및 배관은 표준품셈 기계설비 부문 1장 배관공사의 스테인리스 강관 항목 중 '용접 접합, 용접배합'을 적용하며 용접접합 표준품은 TIG용접으로 스테인리스 강관을 접합하는 기준이다.

〈표 9-19〉 스테인리스 강관 용접접합 및 배관 표준품 (m당)

규격(mm)	용접접합(개소당)	용접배관 (m당)	
	용접공(인)	배관공(인)	보통인부(인)
15	0.050	0.028	0.015
20	0.057	0.033	0.017
25	0.066	0.048	0.022
32	0.077	0.059	0.025
40	0.084	0.065	0.027
50	0.099	0.079	0.032
65	0.119	0.097	0.040
80	0.135	0.110	0.045
90	0.151	0.144	0.060
100	0.167	0.158	0.066

* 표준품이 개소 및 m당 품이므로 환산없이 적용한다.

프레스식 접합 및 배관은 표준품셈 기계설비 부문 1장 배관공사의 스테인리스 강관 항목 중 '프레스식 접합 및 배관'을 적용한다.

〈표 9-20〉 스테인리스 강관 프레스식 접합 및 배관 표준품 (m당)

규격(mm)	프레스 배관 (m당)	
	배관공(인)	보통인부(인)
13SU	0.034	0.017
20	0.045	0.023
25	0.053	0.027
32	0.067	0.034
40	0.078	0.040
50	0.084	0.043
65	0.109	0.057
80	0.126	0.066
90	0.165	0.087
100	0.192	0.102

* 표준품이 m당 품이므로 환산없이 적용한다.

2) 표준품 적용기준

- 스테인리스강관 용접 접합
  - 공구손료 및 경장비(절단기 등) 기계경비는 인력품의 4%를 계상한다.
  - 용접접합에 필요한 부자재는 별도 계상한다.

  (용접봉과 Argon 가스 소요량은 〈부록: 참고자료〉의 TIG용접 소모재료 참조)
- 스테인리스강관 배관
  - 배관(용접, 프레스) 표준품은 일반 배관용 스테인리스 강관의 옥내 일반배관 기준이므로 그대로 적용하면 안 되며 옥외 부설로 보고 10%를 감하여 적용한다.
  - 인서트(거푸집용), 지지철물설치, 절단, 배관(가용접, 프레스 접합), 배관시험을 포함한다.
  - 밸브류 설치품은 별도 적용하고, 관이음 부속류의 설치품은 본 품에 포함되어 있다.
  - 공구손료 및 경장비(절단기, 등) 기계경비는 인력품의 2%를 계상한다.
  - 관로의 터파기, 되메우기, 기초다짐, 잔토처리 등의 품은 별도 계상한다.

다. 밸브설치

1) 표준품셈 적용

표준품셈 기계설비부문 5장 밸브설비공사의 밸브 항목 중 '일반밸브 및 콕류 설치'를 적용한다.

〈표 9-21〉 일반밸브 및 콕류 설치 표준품 (개당)

규격(mm)	배관공(인)	보통인부(인)
15~25	0.050	-
32~50	0.074	-
65	0.108	0.073
80~90	0.141	0.083
100	0.214	0.105

* 표준품이 개당 품이므로 환산없이 적용한다.

2) 표준품 적용기준

- 표준 품은 설치위치 선정, 설치, 작동시험 및 마무리 작업을 포함한다.
- 공구손료 및 경장비(전기드릴 등)의 기계경비는 인력품의 2%로 계상한다.

9-5-2. 배수공사 적산

가. 배수 배관재의 종류

배수용 배관재는 급수용과 마찬가지로 아래와 같이 많은 종류가 있으나 조경공사에서 많이 사용하는 배수용 배관재는 파형 폴리에칠렌(P.E)관, 파형강관 등이다.

- 일반토관, 철근콘크리트관, 원심력 철근콘크리트관(흄관), P.V.C관, 파형 폴리에칠렌(P.E)관, 파형강관

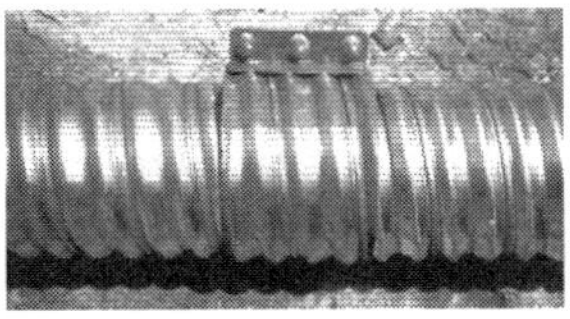

파형강관

파형 PE관

PE 유공관

〈사진 9-14〉 배관재의 종류

나. 배수구조물의 종류

조경공사에 주로 사용되는 배수구조물은 우수받이(빗물받이), 맨홀(manhole), 맹암거 등이 있으며 우수받이는 우수를 모아서 하수본관 또는 맨홀로 연결하는 구조물로써 상부는 그레이팅 등 유공뚜껑으로 제작된다.

맨홀은 빗물받이와 하수 본류관을 연결하거나 지선 배수관과 간선배수관의 연결 지점에 배수를 모으기 위한 배수구조물로써 콘크리트나 합성수지 등으로 제작된다.

맹암거는 심토층 배수를 위한 것으로서 구조물을 지표면에 노출시키지 않고 유공관과 자갈 등의 침투성 재료를 지하에 매설하여 배수하는 시설을 말한다.

우수받이

맨홀

맹암거

〈사진 9-15〉 배수구조물의 종류

다. 수량산출 및 적산 유의사항

배수관의 수량은 재질과 규격별로 설계도면상의 정미수량 산출 후 할증을 계상하며, 연결관, 고무링, 부직포 등의 재료는 설계도면에 따라 수량을 산출한다.

관 부설에 필요한 터파기 토량 및 기초용 모래, 자갈, 잡석 등의 수량은 설계도면에 따라 별도 계상하되 도면상의 기초용 모래, 자갈, 잡석 등의 수량은 다져진 상태로 보고 체

〈사진 9-16〉 배수공사 시공

적변화율을 곱하여 흐트러진 상태로 산출한다.

도면상의 맹암거 또는 지하 배수용 자갈 및 잡석의 상태는 자연상태로 보고 체적변화율을 곱하여 흐트러진 상태로 산출한다.

배관 하부 모래 및 자갈 또는 자갈의 기초다짐 품은 8장 2절 기초공사의 '기초지정'을 적용한다.

조경용 우수받이와 맨홀 등은 기성제품을 주로 사용하므로 별도의 적산이 필요 없이 터파기와 기초다짐, 되메우기 등의 매설 비용만 계상하면 되므로 본 장에서는 관 접합 및 부설만 설명한다.

라. 폴리에칠렌(P.E)관 배관

폴리에칠렌(P.E)관 배관의 접합방법은 조임식 접합, 밴드 접합, 소켓융착, 바트융착 등의 방법이 있으나 조경공사에서 많이 적용하는 옥외 중구경의 '밴드 접합 및 배관'에 대해 설명한다.

1) 표준품셈 적용

P.E관을 밴드로 접합하는 것으로 표준품셈 토목부문 6장 관 부설 및 접합의 P.E관 항목 중 '밴드 접합 및 부설'을 적용한다.

〈표 9-22〉 폴리에칠렌관 밴드 접합 및 부설 표준품 (개소 당)

구분 / 관경(mm)	배관공(수도)(인)	보통인부(인)
100	0.11	0.06
150	0.15	0.08
200	0.19	0.10
250	0.22	0.12
300	0.26	0.13
350	0.30	0.15
400	0.33	0.17

* 표준품이 개소 당 품이므로 환산없이 적용한다.

2) 표준품 적용기준

- 표준품은 P.E관 직관길이 6m를 밴드(조임식) 접합하는 방식으로서 배관길이 6m 당 표준품을 적용한다.
- 표준품은 이물질 제거, 수밀시트 접합, 밴드 체결, 위치 및 구배 확인, 관로표시 테이프 부설 작업을 포함한다.
- 공구손료 및 잡재료는 인력품의 3%로 계상한다.

마. 파형강관 배관

1) 표준품셈 적용

파형강관을 부설 및 접합(스틸밴드)하는 기준으로서 표준품셈 토목부문 6장 관 부설 및 접합의 기타 관 항목 중 '파형강관 부설 및 접합'을 적용한다.

〈표 9-23〉 나선형 파형강관 접합 및 부설 표준품 (본 당)

구분 / 관경(mm)	배관공(수도)(인)	보통인부(인)	크레인(hr)
250	0.04	0.02	0.12
300	0.06	0.03	0.13
400	0.10	0.05	0.16
450	0.12	0.06	0.17
500	0.13	0.07	0.18

* 표준품이 본당 품이므로 환산없이 적용한다.

2) 표준품 적용기준

- 표준품은 파형강관 직관길이 6m를 부설 및 접합하는 방식으로서 배관길이 6m 당 표준품을 적용한다.
- 표준품은 이물질 제거, 수밀시트 접합, 밴드 체결, 위치 및 구배 확인, 관로표시 테이프 부설 작업을 포함한다.
- 파형강관 8m 직관에서는 크레인(시간)을 10%까지 가산하여 적용할 수 있다.
- 크레인 규격은 현장여건(작업범위, 위치 등)에 따라 변경할 수 있다.
- 공구손료 및 잡재료는 인력품의 2%로 계상한다.

바. 맹암거

1) 표준품셈 적용

맹암거 내 PE 유공관 접합 및 부설은 파형 PE관 접합 및 부설을 그대로 적용한다. 부직포 깔기는 합성수지 계통 토목섬유 매트의 포설 및 봉합작업을 하는 것으로서 표준품셈 공통부문 5장 '기초공사'의 연약처리지반 항목 중 매트부설(육상 사면)을 적용한다.

〈표 9-24〉 부직포 포설 표준품 (100m^2당)

구분	규격	단위	수량
특별인부		인	0.07
보통인부		인	0.04
굴삭기	0.4 m^3	hr	0.10

* 표준품이 100m^2 당 품이므로 환산없이 적용한다.

2) 표준품 적용기준

- 본 품은 매트부설, 매트봉합 및 마무리 작업이 포함된 것이다.
- 공구손료의 기계경비는 인력품의 4%로 계상한다.

CHAPTER 10

조경구조물공사 적산

조경구조물공사란 옹벽, 석축, 가벽, 조형물, 수경시설 등 주로 현장에서 시공되는 조경구조물과 포장공사를 말하며 조경구조물공사에 포함되는 세부공종으로는 포장공사, 콘크리트공사, 석재공사, 자연석공사, 조적공사, 미장공사, 칠공사 등이 있다.

10-1 포장공사 적산

포장(鋪裝)이란 자연재료 또는 인공재료를 사용하여 견고하고 내구성 있는 지면을 조성하는 것으로서 옥외공간의 기능, 용도, 분위기, 경관 등을 결정하는 중요한 요소이다.

조경공간에서의 포장은 단순히 지면 조성의 의미만 갖는 것이 아니라 포장재료의 색채, 질감, 패턴 등을 통해 조경공간의 장소성을 갖게 하며 다양한 재료의 조합과 독창적인 패턴설계로 설계자의 창의성을 나타내게 된다.

10-1-1. 포장재료의 종류

가. 콘크리트 포장

일반콘크리트 포장, 칼라콘크리트 포장 등이 있으며 강성포장으로서 불투수성이고 시공이 간편하며 시공비가 저렴하다. 단점으로 색상이 단순하여 포장경관의 질이 낮으며 균열이 발생하는 경우가 많다.

나. 블록류 포장

1) 소형고압블록 포장

고압으로 성형한 소형 콘크리트 조립블록으로 포장하는 것을 말한다. 색상과 패턴에 따라 다양한 공간과 경관을 조성할 수 있으며 시공비가 비교적 저렴하다.

조립블록의 형상과 치수에 따라 I형, O형, U형, R형 등으로 구분되며 강도 및 두께에 따라 보도용(6cm), 차도용(8cm)으로 구분된다.

2) 점토블록 포장

점토를 성형하여 소성한 블록으로 포장하는 것을 말한다. 부드럽고 미려한 황토색상으로 환경친화적 소재이며 시공비가 비교적 고가이다. 최근 건설공사에서 친환경 소재의 사용이 확산되고 있어 조경공사에 많이 사용되고 있다.

소형고압블록 포장

점토블록 포장

〈사진 10-1〉 블록 포장류-1

3) 잔디블록 포장

포장공간 내에 잔디 생육이 가능하도록 다공질 콘크리트 또는 매쉬 형태의 합성수지 블록으로 포장하는 것으로서 환경친화적 소재이며 녹지를 그대로 유지하고 투수성이 높으나 시공비가 비교적 고가이다.

4) 고무블록 포장

고무칩 또는 폐타이어 칩을 블록형태로 가공하여 포장하는 것으로서 부드러운 탄성이 있어 보행감이 좋다.

잔디블록 포장

고무블록 포장

〈사진 10-2〉 블록 포장류-2

다. 석재류 포장

1) 화강석 판석 포장

화강석을 얇은 판석으로 가공하여 포장하는 것으로서 중후하고 고급스런 느낌을 가지나 시공비가 고가이며 경도가 높아 깨지기 쉽다.

2) 사고석 포장(포석 포장)

석재를 한변이 15~25cm 정도의 정방형 각석(角石)으로 가공하여 포장하는 것으로서 중후하고 고급스런 느낌을 가지나 시공비가 고가이다.

3) 자연석 포장

납작한 자연석을 포장재료로 활용하는 것으로서 자연스러운 경관을 연출할 수 있으나 시공비가 고가이다.

화강석 판석 포장

사고석 포장

자연석 포장

〈사진 10-3〉 석재류 포장

라. 자갈류 포장

1) 해미석, 콩자갈 포장

모르타르 위에 해미석 또는 콩자갈을 촘촘히 박은 것으로 독특하고 자연스런 질감과 패턴을 나타내며 독특한 보행 촉감을 갖는다.

2) 조약돌, 호박돌 포장

콘크리트 위에 조약돌이나 호박돌을 박은 것으로 투박하고 자연스런 질감과 패턴을 나타내며 독특한 보행 촉감을 갖는다.

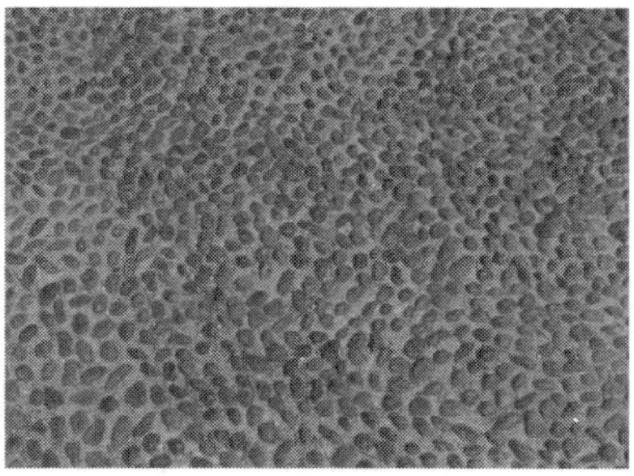

콩자갈 포장

호박돌 포장

〈사진 10-4〉 자갈 포장류

마. 토사 포장류

1) 마사토 포장

마사토를 다짐하여 포장하는 것으로 주로 운동장 또는 산책로 포장에 사용된다. 부드러운 흙의 감촉과 투수성이 높고 시공비가 저렴하나 강우 시 세굴과 침식의 우려가 있으므로 유지관리에 유의하여야 한다.

2) 흙경화 포장

마사토 또는 황토에 경화제를 혼합하여 포장하는 것으로서 흙포장의 느낌을 가지면서도 마사토보다는 내구성이 높아 친환경 포장재로 이용되고 있다. 최근 개발된 종류로 황토경화 포장, Soil cement 포장 등이 있으나 아직 포장강도가 낮아 유지관리에 다소 어려움이 있다.

Soil cement 포장

황토경화 포장

〈사진 10-5〉 토사류 포장

바. 일체식 포장

1) 우레탄 포장

우레탄 합성수지를 콘크리트 기초위에 접착제를 이용하여 포설하는 것으로서 롤러 스케이트장, 테니스장 등 운동공간에 주로 포장하며 시공비가 고가이고 정밀 시공이 요구된다.

2) 고무탄성 포장

재생 고무칩을 콘크리트 기초 위에 접착제를 이용하여 포설하는 것으로서 부드러운 탄성이 있어 보행감이 매우 좋다.

우레탄 포장

고무탄성 포장

〈사진 10-6〉 일체식 포장

사. 기타 포장

기타 포장으로 산책로 및 등산로 등에 기초공사 없이 포설하는 야자섬유매트포장과 주로 실내 바닥포장용으로 석재 느낌의 테라조 타일을 포장하는 타일포장 등이 있다.

야자섬유매트 포장

테라조 타일 포장

〈사진 10-7〉 기타 포장

10-1-2. 포장공사 적산 유의사항

포장공사 적산은 포장하부 기초부분과 포장상부 표층부분으로 나누어 적산한다.

포장을 위한 터파기량은 포장마감 높이(F.L)와 대지조성 높이(G.L)를 비교하여 터파기 깊이를 파악하여 토량을 계산하고 토질 종류에 맞는 표준품을 적용한다.

기초부분은 설계도면상 기층과 보조기층이 구분되어 있을 경우 각각 표준품을 적용하며 구분이 되어 있지 않을 경우 통상 보조기층으로 적산한다.

포장하부 보조기초용 모래와 잡석은 설계단면이 다져진 상태이므로 흐트러진 상태로 환산하여 수량을 산출하고 할증을 가산한다.

판석포장이나 탄성포장 등 콘크리트 기초가 있는 경우 기초 콘크리트의 타설작업을 보면 넓고 얇게 타설하므로 시설물 기초콘크리트 타설이라기 보다 콘크리트포장 표층 타설과 거의 동일하므로 콘크리트 타설품은 <u>콘크리트 포장 표층 인력포설 표준품을 적용</u>하는 것이 타당하다.

기초 콘크리트의 수량은 레미콘 타설 시는 설계단면에 따라 콘크리트 량을 구하고 인력타설 시에는 콘크리트 량을 구한 후 콘크리트 타설에 필요한 골재량(모래, 자갈)을 표준 배합비에 따라 산출한다.

포장상부 표층면적의 수량산출은 포장재료별로 구분하되 같은 재료라도 단면상세가 다를 경우 따로 구분하여 면적을 계산하고 각각 일위대가를 따로 만들어 내역서에 반영한다.

포장면적 계산시 포장 개소당 0.1㎡ 이하의 구조물 자리 등 미세한 미포장 부분은 포장면적에서 공제하지 않는다.

10-1-3. 포장하부 기초부분 적산

가. 표준품셈 적용

1) 원지반 다짐

포장을 하기 위해 터파기를 하고 터파기 바닥을 다짐기계를 사용하여 다지는 것을 말한다.

다짐횟수는 아래와 같이 적용하고 블록 포장의 플레이트 콤팩터의 기계경비는 기계화시공 적산에 따라 별도로 계상한다.

- 넓지 않은 지역: 콤팩터(1.5ton) 3회
- 넓은 지역: 진동롤러(4.4ton) 4회
  - 넓은 지역이라 함은 진동롤러의 작업이 가능한 폭 4.0m 이상일 경우를 말한다.

2) 보조기층 및 기층 포설 및 다짐

소형 다짐장비를 사용한 소규모구간의 보조기층 또는 기층 작업으로서 표준품셈 토목부문 1장 도로포장공사의 보조기층 또는 입도조정기층 항목 중 '인력식 소규모장비포설'을 적용한다.

〈표 10-1〉 보조기층/기층 인력식 소규모장비포설 표준품 (일당)

구 분	규격	단위	수량	시공량(m^3)	
				보조기층	기층
포설공		인	2	150	135
보통인부		인	2		
굴삭기	0.6 m^3	대	1		
진동롤러(핸드가이드식)	0.7ton	대	1		
살수차	5,500 l	대	0.5		

일당 품으로 되어 있는 표준품을 5-2-2. 표준품셈 환산방법으로 환산하면 〈표 10-2〉와 같다.

〈표 10-2〉 보조기층/기층 인력식 소규모장비포설 환산표준품 ($10m^3$)

구 분	규격	단위	보조기층	기층
포설공		인	0.133	0.148
보통인부		인	0.133	0.148
굴삭기	0.6 m^3	hr	0.533	0.593
진동롤러(핸드가이드식)	0.7ton	hr	0.533	0.593
살수차	5,500 l	hr	0.267	0.296

나. 환산표준품 적용기준

- 환산표준품은 $10m^3$당 품이며, 포설준비, 포설 및 고르기, 다짐작업을 포함한다.
- 장비는 현장여건 및 시험포장 결과에 따라 장비조합 및 규격을 변경하여 적용할 수 있다.
- 두께 20㎝일 때 $100m^2$당 살수량은 일반적으로 2ton을 표준으로 한다.
- 순수 인력 살수 시에는 살수품을 $100m^2$당 1인 가산한다.

10-1-4. 보도용 콘크리트포장 적산

가. 수량 산출

콘크리트의 품질 구분은 설계도면에 의거 결정하되 도면에 명기된 것이 없을 경우 B2종을 적용하고 재료량은 레미콘 타설일 경우 포장두께에 따라 m^3당 콘크리트량을 산출한다.

현장 비빔 타설일 경우에는 표준 배합비에 의해 콘크리트의 각 재료량(시멘트, 모래, 자갈)을 산출하여 일위대가를 작성한다.

와이어 메쉬가 포함되어 있을 경우에는 면적(m^2)으로 산출하여 계상하며, 사용고재 처리를 위해 메쉬의 무게를 산출할 경우 m^2당 할증을 포함하여 5.18kg을 적용한다.

콘크리트 타설품은 일당 품으로 되어 있는 표준품을 포장두께별로 포장단위 면적 m^2당 품으로 환산하여 일위대가를 작성한다.

나. 표준품셈 적용

1) 보도용 콘크리트포장

표준품은 레미콘 트럭으로 직접 타설하는 콘크리트 포장의 인력포설로서 표준품셈 토목부문 1장 도로포장공사의 콘크리트 포장 항목 중 '표층 인력포설'을 적용한다.

〈표 10-5〉 콘크리트 포장 표층 인력포설 표준품 (일당)

직종	단위	수량	A Type			B Type		
			표층두께 20cm	표층두께 30cm	표층두께 40cm	표층두께 20cm	표층두께 30cm	표층두께 40cm
			시공량(m^3)			시공량(m^3)		
포장공	인	4	100	150	200	50	75	100
보통인부	인	2						

일당 품으로 되어 있는 표준품을 5-2-2. 표준품셈 환산방법으로 환산하면 〈표 10-6〉과 같다.

〈표 10-6〉 콘크리트 포장 표층 인력포설 환산 표준품 (m^3 당)

직종	단위	A Type			B Type		
		표층두께 20cm	표층두께 30cm	표층두께 40cm	표층두께 20cm	표층두께 30cm	표층두께 40cm
포장공	인	0.04	0.027	0.02	0.08	0.053	0.04
보통인부	인	0.02	0.0133	0.01	0.04	0.027	0.02

2) 포장줄눈 절단 및 설치

포장줄눈 절단 및 설치는 콘크리트포장 표층면이 기온에 따라 신축하여 파손되는 것을 방지하기 위해 표층면을 깊이 10cm이하로 절단하고 줄눈재를 설치하는 것이다.

표준품은 표준품셈 토목부문 1장 도로포장공사의 콘크리트 포장 항목 중 '포장줄눈 절단'과 '포장줄눈 설치'를 적용한다.

〈표 10-7〉 포장줄눈 절단 및 설치 표준품 (일당)

구 분		규격	단위	수량	시공량(m)
포장줄눈 절단	특별인부		인	1	600
	보통인부		인	1	
	커 터	320~400mm	대	1	
포장줄눈 설치	특별인부		인	3	900
	보통인부		인	2	

일당 품으로 되어 있는 표준품을 5-2-2. 표준품셈 환산방법으로 환산하면 〈표 10-8〉과 같다.

〈표 10-8〉 포장줄눈 절단 및 설치 환산표준품 (100m당)

구분	규격	단위	포장줄눈 절단	포장줄눈 설치
특별인부		인	0.167	0.333
보통인부		인	0.167	0.222
커 터	320~400mm	hr	1.333	

다. 환산표준품 적용기준

1) 보도용 콘크리트포장

- 현장 여건별 적용기준은 다음과 같다.
  - A Type : 콘크리트 믹서트럭으로 직접 타설하는 경우
  - B Type : 콘크리트 믹서트럭 후진 진입 또는 경운기 등으로 운반하여 타설하는 경우
- 표준품은 비닐깔기 및 철망깔기, 콘크리트 포설, 양생 작업을 포함한다.
- 거푸집 설치 및 해체, 줄눈작업은 별도 계상한다.
- 경운기 등 기타방법으로 콘크리트를 운반하는 경우 소요되는 비용은 별도 계상한다.
- 콘크리트와 노반과의 접착부에 모래층 깔기 품은 별도 계상한다.
  - 모래 부설품: 두께 3㎝ 보통인부 0.003인/m^2, 두께 6㎝ 보통인부 0.005인/m^2
- 공구손료 및 경장비(스크리드 등)의 기계경비는 인력품의 3%로 계상한다.
- 비닐, 양생재, 철망 등 재료비 및 잡재료비는 별도 계상한다.

2) 포장줄눈 절단 및 설치

- 환산표준품 100m당 품이며, 포장절단, 절단면 물청소, 백업재 설치, 프라이머 및 줄눈재 시공을 포함한다.
- 공구손료 및 경장비(동력분무기 등)의 기계경비는 인력품의 3%로 계상한다.
- 줄눈재, 백업재 등 재료비는 별도 계상한다.

10-1-5. 보도용 블록 포장 적산

규격 0.1㎡이하, 두께 8cm이하 보도용 소형 블록을 포장하는 것으로 소형고압블록 및 점토블록 포장 등에 적용한다.

가. 표준품셈 적용

표준품셈 토목부문 1장 도로포장공사의 저속도로 포장 항목 중 '보도용 블록 설치(소형)'을 적용한다.

〈표 10-9〉 보도용 블록 포장(소형) 표준품 (일당)

직종	규격	단위	A Type		B Type	
			수량	시공량(m^2)	수량	시공량(m^2)
포장공		인	3		2	
특별인부		인	2		2	
보통인부		인	2	300	1	190
굴삭기	$0.6m^3$	대	1		-	
굴삭기	$0.4m^3$	대	-		1	
플레이트 콤팩터	1.5t	대	1		1	

일당 품으로 되어 있는 표준품을 5-2-2. 표준품셈 환산방법으로 환산하면 〈표 10-10〉과 같다.

〈표 10-10〉 보도용 블록 포장(소형) 환산표준품 ($10m^2$당)

직종	규격	단위	A Type	B Type
포장공		인	0.10	0.105
특별인부		인	0.067	0.105
보통인부		인	0.067	0.053
굴삭기	$0.6m^3$	대	0.267	-
굴삭기	$0.4m^3$	대	-	0.421
플레이트 콤팩터	1.5t	대	0.267	0.421

나. 환산표준품 적용기준

- 현장 여건별 적용기준은 다음과 같다.
  - A Type : 공원, 단지·택지조성공사의 보도 등 장비이동 및 적재가 용이한 구간
  - B Type : 차도인접, 주택가 보도 등 장비이동 및 적재 공간이 협소한 구간
- 환산표준품은 $10m^2$당 품이며,모래 부설, 모래층 다짐 및 고르기, 블록 절단 및 설치, 줄눈채움, 블록설치 후 다짐 작업을 포함한다.
- 유도 · 점자블록을 설치하는 경우 시공량의 10%를 가산하여 적용한다.
- 블록 정밀절단(전동절단기)에 의한 시공이 아닌 경우, 특별인부를 50% 적용한다.
- 공구손료 및 경장비(절단기 등)의 기계경비는 인력품의 5%, 블록 정밀절단(전동절단기)에 의한 시공이 아닌 경우 2%로 계상한다.

10-1-6. 투수아스팔트 포장 적산

투수 아스팔트 포장은 강우가 지하로 침투 가능한 친환경 포장으로 조경공사에서는 주로 피니셔를 사용하지 않는 포설두께 5~7㎝ 정도의 소규모 투수아스팔트 포장으로 시공한다.

가. 표준품셈 적용

표준품셈 토목부문 1장 도로포장공사의 저속도로 포장 항목 중 '투수아스팔트 표층 소규모포설'을 적용한다.

〈표 10-11〉 투수아스팔트 포장 표준품 (일당)

구분	규격	단위	수량	시공량(m^2)
포장공		인	2	250
보통인부		인	1	
로더(타이어)	$0.57m^3$	대	1	
진동롤러(핸드가이드식)	0.7t	대	1	
플레이트 콤팩터	1.5t	대	1	
살수차	5,500 *l*	대	0.5	

일당 품으로 되어 있는 표준품을 5-2-2. 표준품셈 환산방법으로 환산하면 〈표 10-12〉와 같다.

〈표 10-12〉 투수아스팔트 포장 환산표준품 ($10m^2$당)

구분	규격	단위	수량
포장공		인	0.08
보통인부		인	0.04
로더(타이어)	$0.57m^3$	hr	0.32
진동롤러(핸드가이드식)	0.7t	hr	0.32
플레이트 콤팩터	1.5t	hr	0.32
살수차	5,500 *l*	hr	0.16

나. 환산표준품 적용기준

- 환산표준품은 $10m^2$당 품이며, 포설 및 고르기, 다짐 작업을 포함한다.
- 현장여건에 따라 장비조합 및 규격을 변경하여 적용할 수 있다.

10-1-7. 탄성 포장 적산

가. 표준품셈 적용

표준품셈 토목부문 1장 '도로포장공사'의 저속도로 포장 항목 중 탄성포장재 포설을 적용하며, 탄상포장재를 포장두께 7.5cm이하로 포설하고 다짐하는 표준품이다.

〈표 10-13〉 탄성포장재 포설 표준품 (일당)

구분	규격	단위	수량	시공량(m^2)
포장공		인	5	120
보통인부		인	3	
믹서	$0.2m^3$	대	1	

일당 품으로 되어 있는 표준품을 5-2-2. 표준품셈 환산방법으로 환산하면 〈표 10-14〉와 같다.

〈표 10-14〉 탄성포장재 포설 환산표준품 ($10m^2$당)

구분	규격	단위	수량
포장공		인	0.417
보통인부		인	0.250
믹서	$0.2m^3$	hr	0.667

나. 환산표준품 적용기준

- 환산표준품은 $10m^2$당 품이며, 프라이머 바름, 탄성재 배합, 기층 및 표층 포설 및 다짐, 양생을 포함한다.
- 표층을 다양한 무늬로 포설하는 경우는 별도 계상한다.
- 공구손료 및 경장비(발전기, 다짐롤러 등)의 기계경비는 인력품의 2%로 계상한다.

10-1-8. 석재 포장 적산

가. 화강석 판석 포장

화강석 판석포장은 깨지기 쉬우므로 콘크리트 기초위에 모르타르를 사용하여 일정규격의 화강석 판석을 붙이는 포장이다.

1) 수량 산출

판석수량은 종류별로 면적을 산출하고 할증(정형 10%, 부정형 30%) 가산하며 기초 콘크리트 수량은 설계단면에 따라 산출한다.

보도용 판석류 포장의 경우 일반적으로 기초 콘크리트 위에 모르터 붙임으로 설계하므로 기초 콘크리트는 10-1-2. 포장공사 유의사항에서 전술한 바와 같이 콘크리트 포장으로 적산하며 줄눈 절단 및 설치를 포함한다. 모르타르량은 1:3 용적배합을 기준으로 시멘트와 모래량을 산출한다.

2) 표준품셈 적용

표준품셈 공통부문 7장 돌공사의 석재판 붙임 항목 중 '습식공법'의 바닥부분을 적용하고 기초용 콘크리트 타설은 넓고 얇게 타설하므로 공종 상 유사한 콘크리트 포장 표층 인력시공 표준품을 적용한다.

〈표 10–15〉 석재판 붙임(바닥) 표준품 (m^2당)

종류	구분	석공(인)	인부(인)
화강석	바닥	0.31	0.14

* 표준품이 m^2 당 품이므로 환산없이 적용한다.

3) 표준품 적용기준

- 표준품은 모르타르 비빔, 모르타르 포설 및 고르기, 석재판 절단 및 붙임, 줄눈 채움, 보양 작업을 포함한다.
- 공구손료 및 경장비(절단기 등)의 기계경비는 인력품의 1%로 계상한다.

나. 사고석(포석) 포장

사고석 포장은 보행밀도가 낮은 보도용으로 기초 콘크리트 없이 보조기층위에 포설하는 경우와 보차도 혼용 또는 도심지와 같이 보행밀도가 높은 보도용으로 기초 콘크리트 위에 포설하는 두 가지 경우가 있다.

표준품셈에 사고석 포장 표준품이 없으므로 시공 상으로는 블록포장(소형)의 시공과정과 유사하므로 블록포장(소형)품을 적용하는 것이 합리적이다.

따라서 품셈적용 및 기준은 블록포장(소형)의 표준품을 그대로 적용하며 기초 콘크리트가 있을 경우에는 전술한 바와 같이 콘크리트 포장으로 적산하며 줄눈 절단 및 설치를 포함한다.

10-1-9. 잔디블록 포장 적산

가. 표준품셈 적용

잔디블록 포장은 모래를 깔고 대형 잔디블록을 설치하는 것으로 표준품셈 공통부문 4장 조경공사의 조경구조물 항목 중 '잔디블록 포장'을 적용한다.

〈표 10-16〉 잔디블록 포장 표준품 (일당)

구분	규격	단위	수량	시공량(m^2)
조경공		인	3	65
보통인부		인	1	
굴삭기	$0.6m^3$	대	1	
플레이트 콤팩터	1.5 ton	대	1	

일당 품으로 되어 있는 표준품을 5-2-2. 표준품셈 환산방법으로 환산하면 〈표 10-17〉과 같다.

〈표 10-17〉 잔디블록 포장 환산표준품 (m^2당)

구분	규격	단위	수량
포장공		인	0.046
보통인부		인	0.015
굴삭기	$0.6m^3$	hr	0.123
플레이트 콤팩터	1.5 ton	hr	0.123

나. 환산표준품 적용기준

- 모래 부설, 다짐 및 고르기, 잔디블록 절단 및 설치, 잔디식재 작업을 포함한다.
- 장비의 규격은 작업여건(작업범위, 위치 등)에 따라 변경할 수 있다.
- 블록절단 시 절단기를 사용할 경우 기계경비는 별도 계상한다.

10-1-10. 야자섬유매트 포장 적산

가. 표준품셈 적용

야자섬유매트 포장은 지반의 면고르기가 완료된 상태에서 야자섬유매트로 포장하는 것으로 표준품셈 공통부문 4장 조경공사의 조경구조물 항목 중 '야자섬유매트 포장'을 적용한다.

〈표 10-18〉 야자섬유매트 포장 표준품 (일당)

구분	단위	수량	시공량(m^2)	
			폭 1.5m 이하	폭 1.5초과~2.0m 이하
조경공	인	2	90	130
보통인부	인	1		

일당 품으로 되어 있는 표준품을 5-2-2. 표준품셈 환산방법으로 환산하면 〈표 10-19〉와 같다.

〈표 10-19〉 야자섬유매트 포장 표준품 (m^2당)

구분	단위	폭 1.5m 이하	폭 1.5초과~2.0m 이하
조경공	인	0.022	0.015
보통인부	인	0.011	0.008

나. 환산표준품 적용기준

- 환산표준품은 매트 포장면 정리, 야자섬유매트 및 고정핀 설치, 매트 연결 및 고정, 마무리 작업을 포함한다.

10-1-11. 기타 포장 적산

운동장이나 산책로 등에 마사토를 깔고 다지는 마사토포장은 9장 1절 조경용 토공사 적산의 '마사토 다짐'을 그대로 적용한다.

자갈류 포장과 특수 Soil 포장, 우레탄 합성수지 포장 등은 표준품이 없거나 유사한 공종의 표준품을 응용하여 적용하기 어려운 포장 공종이므로 시공과정과 재료 특성상 맞지 않는 공종의 표준품셈을 적용할 경우 시공단가가 현실과 맞지 않아 시공이 곤란하므로 제품 생산업체의 적산 기준서를 참고하여 타당성을 검토한 뒤 품을 계상하는 것이 바람직하다.

10-1-12. 포장경계블록 적산

포장경계블록으로는 콘크리트 경계석, 화강석 경계석 등이 있으며 조경공간에서는 곡선 시공이 많아 녹지경계블록을 사용하거나 녹지경계용 엣지(edge)를 사용하는 사례가 늘어나고 있다.

가. 포장경계블록(경계석)의 종류와 규격

1) 콘크리트 경계블록

콘크리트 경계블록은 차도와 보도를 구분하는 보차도용과 보도와 녹지를 구분하는 보도 형으로 나누어진다. 보차도용 경계블록은 크기에 따라 A형, B형, C형으로 구분되며, 보도경계블록은 크기에 따라 SA형, SB형, SC형으로 구분되나 주로 SC형을 사용한다.

〈표 10-21〉 콘크리트 경계블록의 종류와 규격

구분	호칭	규격 (mm)	
		(a×b×h×l)	r
보차도용	A	150×170×200×1,000	20
	B	180×205×250×1,000	30
	C	180×210×300×1,000	30
보도용	SA	120×120×120×1,000	10
	SB	120×120×150×1,000	10
	SC	150×150×150×1,000	10

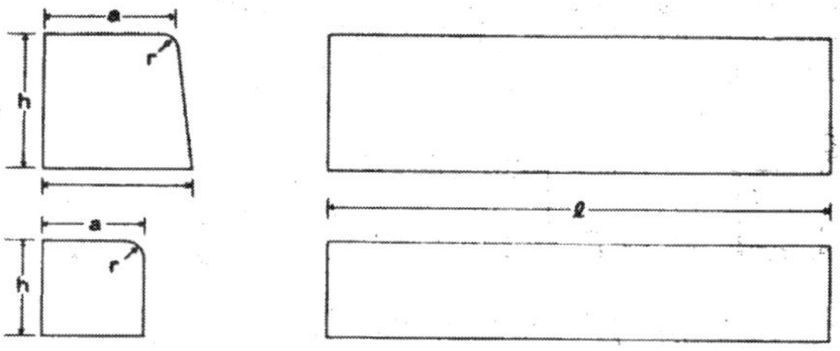

〈그림 10-1〉 콘크리트 경계블록 단면

〈사진 10-8〉 콘크리트 경계블록

2) 화강석 경계블록

화강석 경계석도 콘크리트 경계블록과 마찬가지로 보차도용과 보도 형으로 구분된다.

〈표 10-22〉 화강석 경계블록의 종류와 규격

구분	규격(mm)
	가로×세로×높이
보차도용	180×200×1,000
	200×200×1,000
	200×250×1,000
	200×300×1,000
	250×250×1,000
	250×300×1,000
보도용	100×100×1,000
	120×150×1,000
	150×150×1,000

〈사진 10-9〉 화강석 경계석

나. 표준품셈 적용

표준품셈 토목부문 1장 도로포장공사의 부대공 항목 중 '보차도 및 도로경계블록 설치'를 적용한다.

〈표 10-23〉 보차도 및 도로경계블록 설치 표준품 (일당)

구 분		규격 (m³)	단위	수량	경계블록규격(mm) (아래폭+높이)	시공량(m)	
						직선구간	곡선구간
A Type	특별인부		인	3	300 미만	170	150
					350 미만	145	125
	보통인부		인	1	400 미만	130	110
					500 미만	90	80
	굴삭기	0.4	대	1	500 이상	60	50
B Type	특별인부		인	2	300 미만	115	110
					350 미만	100	85
	보통인부		인	1	400 미만	90	75
					500 미만	65	60
	굴삭기	0.2	대	1	500 이상	40	35

일당 품으로 되어 있는 표준품을 5-2-2. 표준품 환산방법으로 환산하면 〈표 10-27〉와 같다.

〈표 10-24〉 보차도 및 도로경계블록 설치 환산표준품 (m당)

구 분		규격 (m³)	단위	직선구간					곡선구간				
				경계블록규격(mm) (아래폭+높이)					경계블록규격(mm) (아래폭+높이)				
				300 미만	350 미만	400 미만	500 미만	500 이상	300 미만	350 미만	400 미만	500 미만	500 이상
A Type	특별인부		인	0.018	0.021	0.023	0.033	0.05	0.02	0.024	0.027	0.038	0.06
	보통인부		인	0.006	0.007	0.008	0.011	0.017	0.007	0.008	0.009	0.013	0.02
	굴삭기	0.4	hr	0.047	0.055	0.062	0.089	0.133	0.053	0.064	0.073	0.10	0.16
B Type	특별인부		인	0.017	0.02	0.022	0.031	0.05	0.018	0.024	0.027	0.033	0.057
	보통인부		인	0.009	0.01	0.011	0.015	0.025	0.009	0.012	0.013	0.017	0.029
	굴삭기	0.2	hr	0.07	0.08	0.089	0.123	0.2	0.073	0.094	0.107	0.133	0.229

다. 환산표준품 적용기준

- 현장 여건별 적용기준은 다음과 같다.
  - A Type : 공원, 단지·택지조성공사의 보도 등 장비이동 및 적재가 용이한 구간
  - B Type : 차도인접, 주택가 보도 등 장비이동 및 적재 공간이 협소한 구간
- 환산표준품은 위치확인, 경계블록 절단 및 설치, 이음모르타르 바름 작업을 포함한다.
- 기초 콘크리트, 거푸집, 터파기 및 되메우기, 잔토처리는 현장여건에 따라 별도 계상한다.
- 장비의 종류 및 규격은 현장여건에 따라 변경할 수 있다.
- 공구손료 및 경장비(절단기 등)의 기계경비는 인력품의 2%로 계상한다.

10-2 철근콘크리트공사 적산

콘크리트는 오늘날 가장 중요한 건설재료 중의 하나이며 콘크리트 없이는 건설공사를 수행할 수 없을 정도로 그 용도도 매우 다양화 되어가고 있다.

조경공사에서도 콘크리트는 구조물의 골격을 이루는 재료일 뿐만 아니라 노출 콘크리트시공을 통해 콘크리트가 지닌 본질적인 속성 자체를 구조물의 미적 표현에 이용하기도 한다.

10-2-1. 콘크리트 적산

콘크리트의 분류는 기초 콘크리트 부분을 참조하고 본 절에서는 콘크리트 구조물의 수량산출과 표준품 및 배합비에 대해 설명한다.

가. 수량 산출

콘크리트 품질, 배합비 등의 종류별로 구분하여 산출하고 혼돈을 피하기 위해 기둥, 벽체, 바닥, 계단 등의 부위별로 구분하여 산출한 후 종류별로 합산한다.

계단 체적은 계단 경사면 면적 × 계단 단면의 평균두께로 산출한다.

인력비빔타설의 경우 표준 배합비에 따라 시멘트와 모래량, 자갈량을 따로 산출하여야 하며 할증량 계산은 인력비빔 타설의 경우에는 콘크리트량에서 할증해서는 안되며 모래 및 자갈량 등의 골재 정미수량을 산출한 후 할증을 가산하여야 한다.

(시멘트 : 2%, 잔골재 : 10%, 굵은골재 : 3%)

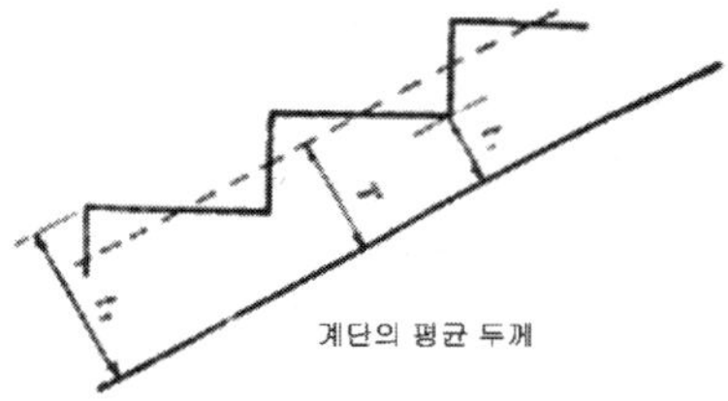

〈그림 10-2〉 계단 평균두께

레미콘 타설의 경우에 할증은 콘크리트 정미수량을 산출한 후 할증을 가산하여야 한다.

(무근구조물 : 2%, 철근 구조물 : 1%, 철골 구조물 : 1%)

나. 표준품셈 적용

표준품셈 공통부문 6장 철근콘크리트공사의 콘크리트 항목을 적용하되 콘크리트 타설 방법과 구조물 분류에 따라 해당품을 적용한다.

일반적으로 조경공사에 적용하는 콘크리트 타설품은 레디믹스트 콘크리트 타설항목 중 '인력운반타설'을 적용하며, 소량의 콘크리트 구조물은 현장비빔타설 항목 중 '인력비빔타설' 소형구조물을 적용한다.

〈사진 10-10〉 레미콘 타설

'기계비빔타설'은 오지공사, 도서지역 공사 등 레미콘 수급이 곤란한 특별한 경우에 적용한다.

• 콘크리트 구조물 분류

- 무근 구조물 : 중력식 옹벽 등의 무근 구조물, 버림 콘크리트 및 비교적 단순히 철근을 넣은 반중력식 옹벽 등의 구조물
- 철근 구조물 : 돌출식 옹벽, 부벽식 옹벽, 교량, 교각, 암거 등 철근량이 많은 구조물
- 소형 구조물 : 산재되어 있는 소량의 콘크리트 구조물(인력비빔 : 3m³ 내외, 기계비빔 10m³ 내외)

1) 레디믹스트 콘크리트 타설

〈표 10-25〉 레디믹스트 콘크리트 타설 표준품 (m^3당)

구 분		규격	단위	수량	시공량(m^3)	
					무근구조물	철근구조물
인력운반 타설	콘크리트공		인	3	23	20
	보통인부		인	3		
장비사용 타설	콘크리트공		인	3	63	55
	보통인부		인	1		
	굴삭기	0.6~0.8m^3	대	1		

일당 품으로 되어 있는 표준품을 5-2-2. 표준품 환산방법으로 환산하면 〈표 10-27〉과 같다.

〈표 10-26〉 레디믹스트 콘크리트 타설 환산표준품 (m^3당)

구 분	규격	단위	인력운반 타설		장비사용타설	
			무근구조물	철근구조물	무근구조물	철근구조물
콘크리트공		인	0.130	0.150	0.048	0.055
보통인부		인	0.130	0.150	0.016	0.018
굴삭기	0.6~0.8m^3	대	-	-	0.127	0.145

2) 현장비빔 타설

〈표 10-27〉 현장비빔 타설 표준품 (m^3당)

구 분	단위	기계비빔타설			인력비빔타설		
		무근구조물	철근구조물	소형구조물	무근구조물	철근구조물	소형구조물
콘크리트공	인	0.15	0.17	0.24	0.85	0.87	1.29
보통인부	인	0.46	0.68	0.94	0.82	0.99	1.36

* 표준품이 m^3당 품이므로 환산없이 그대로 적용한다.

다. 환산표준품 적용기준

- 표준품의 타설유형은 다음의 경우에 적용한다.
  - 인력운반 타설: 믹서트럭에서 콘크리트를 인력운반 장비(손수레 등)에 받아 운반하여 타설하는 것
  - 장비사용 타설: 믹서트럭에서 콘크리트를 굴삭기로 받아 근접된 위치에 타설하는 것
- 레디믹스트 콘크리트 타설 시 소량(개소당 12㎥ 이하)의 타설 위치가 여러군데 산재하는 경우 본 표준품을 50%까지 가산하여 적용한다.
- 현장비빔 타설시 소형구조물은 소량의 콘크리트 구조물(인력비빔 3㎥내외, 기계비빔 10㎥내외)이 산재되어 있는 경우에 적용한다.
- 표준품은 현장 내 콘크리트 운반, 타설, 다짐 및 양생준비를 포함한다.
- 미장공에 의한 표면 마무리가 필요한 경우 '표면 마무리'를 적용한다.
- 콘크리트 용수를 현장에서 구득하기 어려운 경우에는 운반비를 별도 계상한다.
- 양생은 양생방법 및 시간을 고려하여 별도 계상한다.
- 레디믹스트 콘크리트 타설 시 공구손료 및 경장비(콘크리트 진동기 등) 기계경비는 인력 품의 2%로 계상한다.
- 현장비빔에 필요한 장비(배합기 등)의 기계경비는 별도 계상한다.

라. 현장비빔 타설의 콘크리트 배합비

콘크리트의 재료별 배합수량은 배합설계에 의함을 원칙으로 하나 조경시설물의 기초는 대부분 소량이거나 구조적으로 중요하지 않은 콘크리트이므로 표준배합에 따라 배합한다.

우선 콘크리트량을 계산한 뒤 표준 배합비에 따라 시멘트와 모래, 자갈의 수량을 배합표 단위인 무게(kg)로 산출한 다음 단위중량을 이용하여 거래단위 즉, 시멘트는 포, 모래와 자갈은 m^3로 산출한다.

단위중량은 모래 : 1,600kg/m^3, 자갈 또는 부순돌 : 1,700kg/m^3를 적용하여 계산한다.

〈표 10-28〉 콘크리트 표준배합

콘크리트 종별	골재 최대치수(mm)	시멘트(kg)	모래(kg)	자갈 또는 부순돌(kg)
B1종	25(#57)	346	828	1,011
B2종	40(#467)	323	775	1,101
C종	50(#357)	312	748	1,195

– 단, 물가정보지에 50mm 골재 단가가 없는 경우 C종도 40mm를 적용한다.

10-2-2. 철근가공 및 조립 적산

콘크리트는 압축강도는 매우 강하나 휨, 전단, 비틀림에 약하여 균열이 일어나기 쉬우므로 이를 보강하기 위해 철근을 사용한다. 인장강도가 강한 철근과 압축강도가 강한 콘크리트를 결합하여 견고한 철근 콘크리트 구조체를 형성하며 콘크리트는 철근과 밀착하여 철근이 녹스는 것을 방지한다.

〈사진 10-11〉 분수 바닥 철근 배근

가. 철근의 종류

철근은 콘크리트의 인장강도와 휨강도를 보강하기 위한 강재로서 철근 표면에 돌기가 없는 매끈한 봉강인 원형철근과 콘크리트와 철근의 부착력을 높이기 위해 표면에 리브(rib)와 마디 등의 돌기를 붙인 이형철근이 있다.

원형철근은 콘크리트와의 부착력이 떨어지므로 이형철근을 주로 사용한다.

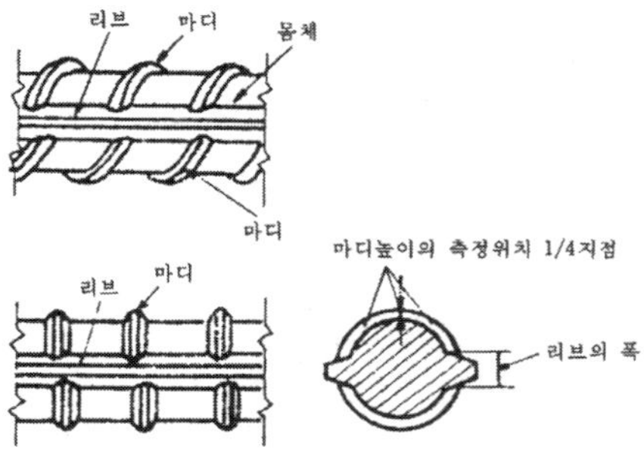

〈그림 10-3〉 이형철근의 돌기형태

이형철근의 돌기 '리브'는 축선방향의 돌기를 말하며 '마디'는 고리모양의 돌기를 말한다. 이와 같이 봉강에 돌기가 있으므로 이형철근의 지름은 측정 위치에 따라 다를 수 밖에 없다. 따라서 이형철근의 지름표기(호칭경)는 이형철근의 단위길이 당 무게와 동일한 원형철근의 지름으로 표기하며 이를 '공칭지름'이라고 한다.

〈표 10-29〉 보통철근(SD30A, 30B)의 생산규격

호칭경(呼稱徑)	내경(內徑 ㎜)	단위중량(kg/m)	생산길이(m)
D 10	9.53	0.56	6~12
D 13	12.7	0.995	〃
D 16	15.9	1.56	〃

〈표 10-29 계속〉 보통철근(SD30A, 30B)의 생산규격

호칭경(呼稱徑)	내경(內徑 ㎜)	단위중량(kg/m)	생산길이(m)
D 19	19.1	2.25	6-12
D 22	22.2	3.04	〃
D 25	25.4	3.98	〃
D 29	28.6	5.04	〃
D 32	31.8	6.23	〃

나. 표준품셈 적용

표준품셈 공통부문 6장 철근콘크리트공사의 철근 항목 중 철근 '가공방법과 작업유형'에 따라 적용한다.

가공방법은 현장가공과 공장가공으로 구분되며 조경공사의 철근가공은 대부분 현장가공 작업으로 이루어진다. 현장조립 시 작업유형의 구분은 토목공사와 건축공사로 구분하고 아래와 같이 7가지로 구분된다.

1) 현장 조립 시 작업유형의 구분

〈표 10-30〉 철근 현장 조립 시 작업유형

구 분			작업유형
토목공사	Type I	I -1	• 철근가공 및 조립 작업이 일반적인 토목시설 - 반중력식 옹벽, L형 옹벽, 교량 슬래브, 매트기초, 수문 등
		I -2	• 특정위치에서 철근의 가공 및 조립이 반복되는 경우 - 빔제작, 철근망 등.
	Type II	II -1	• 철근가공 및 조립 작업이 복잡한 토목시설 - 라멘교, 교대, 암거, 지하차도, 부벽식 옹벽 등 • Type- I 시설에서 직경 13mm이하 철근이 전 철근중량의 50% 이상인 경우
		II -2	• 콘크리트대비 소량의 철근이 사용되는 경우 - 측구/개거, 중력식 옹벽, 일체형 중앙분리대 등

〈표 10-30 계속〉 철근 현장 조립 시 작업유형

구 분		작업유형
토목공사	TypeⅢ	• 철근가공 및 조립 작업이 매우 복잡한 토목시설 • 특수 구조시설물에서 철근직경 35mm를 초과하여 인력에 의한 단독시공이 어려운경우(플랜트, 원자력 발전소 등)
건축공사	Type I	• 직경 13mm이하 철근이 전 철근중량의 50%미만인 경우
	Type II	• 직경 13mm이하 철근이 전 철근중량의 50%이상인 경우 또는 철골과 병행 시공되는 경우 • 직경 13mm이하 철근이 50% 미만이나 철근가공 및 조립 작업이 복잡한 구조시설물(하수종말처리장, 폐기물처리장 등)

조경공사의 작업유형은 별도로 구분되지 않았으므로 통상 토목공사 Type I -1 또는 I -2를 적용한다.

2) 현장가공

현장에서 철근을 절단 또는 절곡(밴딩)하는 등 철근의 변형을 요하는 작업의 표준품이다.

〈표 10-31〉 현장가공 표준품(일당)

구분	단위	수량	시공량(ton)		
			Type I	Type II	Type III
철근공	인	3	4.5	4.0	3.5
보통인부	인	1			

3) 현장조립

현장에서 철근을 기계적(나사 및 원터치식)으로 이음과 간격재를 설치하는 작업의 표준품이다.

〈표 10-32〉 현장조립 표준품(일당)

구분	단위	토목공사 Type I -1		토목공사 Type I -2	
		수량	시공량(ton)	수량	시공량(ton)
철근공	인	6	3.4	4	2.2
보통인부	인	2		1	

일당 품으로 되어 있는 표준품을 5-2-2. 표준품 환산방법으로 환산하면 〈표 10-33〉과 같다.

4) 현장가공 및 조립 환산표준품

〈표 10-33〉 현장가공 및 조립 환산표준품(ton당)

구분	단위	토목공사 Type Ⅰ-1			토목공사 Type Ⅰ-2		
		현장가공	현장조립	계	현장가공	현장조립	계
철근공	인	0.667	1.765	2.432	0.667	1.818	2.485
보통인부	인	0.222	0.588	0.810	0.222	0.455	0.677

라. 환산표준품 적용기준

- 철근가공에 사용되는 공구손료 및 경장비(철근 가공기 등)의 기계경비는 인력품의 9%를 계상한다.
- 가공장과 조립 위치의 철근 운반 및 양중에 소요되는 크레인의 기계경비는 별도 계상한다.
- 현장조립시 소량(개소별 0.5ton 미만)의 시공 위치가 여러 곳에 산재하는 경우 조립표준품의 50%까지 가산하여 적용한다.
- 철근 조립에 사용되는 공구손료 및 경장비의 기계경비는 인력품의 2%를 계상한다.
- 간격재, 결속선 등 소모재료 재료비는 별도 계상하며, 결속선의 표준 사용량은 (철근 ton 당) Type Ⅰ: 6.5kg, Type Ⅱ: 8.0kg 이다.

10-2-3. 거푸집 적산

콘크리트 구조물의 형상을 만들기 위한 가설물 공사로서 거푸집에 의해 구조물의 형상과 표면 상태 등 콘크리트의 시공 질이 결정된다.

가. 거푸집의 종류 및 수량산출

거푸집의 종류는 합판 거푸집, 강재(鋼材) 거푸집, 유로폼 등이 있으며 조경공사에서는 다양한 형태의 시설물이 많아 주로 단기 사용을 목적으로 합판 거푸집을 많이 사용한다.

- 합판 거푸집 : 콘크리트의 표면을 매끄럽게 하거나 곡선으로 형상화하기 위해 각재

와 합판로 만든 거푸집으로서 단기 사용을 목적으로 제작
- 강재 거푸집 : 철판으로 제작한 거푸집으로서 장기 사용을 목적으로 제작
- 유로폼 : 콘크리트의 표면을 균일화하고 장기 사용을 목적으로 공장에서 기성품으로 제작된 거푸집
- 문양(패널) 거푸집 : 콘크리트의 표면에 여러 형태의 문양을 나타내기 위해 합성수지 문양패널을 부착한 거푸집

〈사진 10-12〉 가벽 거푸집 설치

수량산출은 종류 및 사용횟수별로 구분하여 면적을 산출하되 중복과 누락을 방지하기 위해 시공순서에 따라 기초 → 기둥 → 보 → 바닥판 → 벽체 → 계단의 순서로 산출하며 옥외 계단은 챌면(수직면) 면적만 계산한다. (계단너비 × 챌면 높이 × 단수)

나. 합판거푸집 설치 및 해체

1) 합판거푸집의 사용횟수

거푸집 사용횟수의 결정은 설계도서에 명시된 바에 따르나 설계도면에 명시된 것이 없을 경우 아래 기준을 적용한다.

〈표 10-34〉 거푸집 사용횟수

사용횟수	복잡도	구조물 유형
1~2회	제물치장	제물치장 콘크리트
2회	매우복잡	T형보, 난간, 복잡한 구조의 교각, 교대, 수문관의 본체 등 매우 복잡한 구조
3회	복잡	교대, 교각, 파라펫트, 날개벽 등 복잡한 벽체 구조, 건축 라멘 구조의 보, 기둥
4회	보통	측구, 수로, 우물통 등 비교적 간단한 벽체 구조, 교량 및 건축 슬래브
6회	간단	수문 또는 관의 기초, 호안 및 보호공의 기초 등 간단한 구조

조경공사의 경우 시설물 기초는 6회, 콘크리트 조경구조물은 4회를 적용하고, 콘크리트 표면의 미적이용을 위해 노출콘크리트를 시공하는 경우 1~2회 적용한다.

2) 합판거푸집의 소요재료량

거푸집의 소요재료량은 표준품셈 공통부문 6장 철근콘크리트공사의 거푸집 항목 중 '합판거푸집 설치 및 해체'에 명시된 자재수량에 따라 산출한다.

〈표 10-35〉 합판거푸집 자재수량

구분	단위	수량	1회사용 자재비의 비율(%)				
		1회	2회	3회	4회	5회	6회
합판	m^2	1.03	55.0	44.3	38.0	35.0	32.7
각재	m^3	0.038					
소모자재 (박리재 등)	주자재비의 비율(%)	4.0	7.0	8.0	9.0	10.0	11.0

3) 표준품셈 적용

표준품셈 공통부문 6장 철근콘크리트의 거푸집 항목 중 '합판거푸집 설치 및 해체'를 적용하고 거푸집의 종류와 사용횟수에 따라 품을 계상한다.

표준품의 기준수량은 1회 사용 기준이므로 거푸집 사용횟수에 따라 적용비율을 적용하여 재료비, 노무비를 계산한다.

〈표 10-36〉 합판거푸집 설치 및 해체 표준품(일당)

구분	단위	수량	시공량(m^2)				
			제물치장	매우복잡	복잡	보통	간단
형틀목공	인	5	20	25	30	45	50
보통인부	인	2					

일당 품으로 되어 있는 표준품을 5-2-2. 표준품 환산방법으로 환산하면 〈표 10-37〉과 같다.

〈표 10-37〉 합판거푸집 설치 및 해체 환산표준품(m^2)

구분	단위	제물치장	매우복잡	복잡	보통	간단
형틀목공	인	0.25	0.20	0.167	0.111	0.10
보통인부	인	0.10	0.08	0.067	0.044	0.04

4) 환산표준품 적용기준

- 현장여건(고소작업, 거푸집 적재공간 협소 등)에 따라 상시적인 크레인을 활용한 시공이 필요한 경우 해당 장비를 작업조에 추가하여 계상하고, 품은 가산하지 않는다.
- 표준품은 수직고 7m까지 적용하며, 양중장비를 활용하지 않고 수직고가 7m를 초과하는 경우 매 3m마다 품을 9%까지 가산한다.

10-3 돌공사 적산

10-3-1. 돌쌓기

돌쌓기는 석축이나 담장, 치장벽을 세우기 위한 목적으로 견치돌, 깬돌, 깬잡석, 호박돌, 야면석 등으로 쌓는 것을 말하며 메쌓기와 찰쌓기 방법이 있다. 조경공사에서는 대부분 호박돌이나 야면석으로 담장 또는 치장벽을 쌓는 경우가 많다.

〈사진 10-13〉 돌쌓기 시공

가. 수량산출

호박돌이나 야면석 등은 무게(톤)로 거래되므로 쌓기에 소요되는 돌의 무게를 산출한다. 우선 돌 종류별로 쌓는 면의 넓이를 산출하고 뒷길이를 곱하여 체적을 구한 뒤 실 체적율을 곱하여 돌의 실제 체적을 구하고 단위중량을 곱하여 무게를 산출한다.

돌의 실 체적율은 돌의 형상에 따라 차이가 많으나 일반적으로 호박돌은 75~80%, 깬돌이나 야면석은 70~75%, 정형인 가공석은 90~95%를 적용하면 적당하다.

단위중량은 화강석의 단위 중량인 2,600~2,700kg/m^3를 적용하며 찰쌓기에 소요되는 모르타르는 별도 계상한다.

나. 표준품셈 적용

표준품셈 공통부문 7장 돌공사의 돌쌓기 항목을 적용하며, 쌓기 방법에 따라 메쌓기와 찰쌓기를 구분하여 적용한다. 조경공사에서 돌쌓기 치장벽은 대부분 찰쌓기방법으로 시공한다.

돌쌓기 품은 돌을 쌓는 면의 넓이를 산출하여 표준품을 적용한다.

〈표 10-38〉 돌쌓기 표준품 (m^2당)

구분		규격	단위	뒷길이		
				35cm이하	50cm이하	75cm이하
메쌓기	석공		인	0.10	0.09	0.08
	보통인부		인	0.05	0.04	0.03
	굴삭기 + 부착용 집게	0.6m^3	hr	0.39	0.37	0.35
찰쌓기	석공		인	0.09	0.08	0.07
	보통인부		인	0.05	0.04	0.03
	굴삭기 + 부착용 집게	0.6m^3	hr	0.31	0.30	0.28

* 표준품은 m^2 당 품이므로 환산없이 그대로 적용한다.

다. 표준품 적용기준

- 본 품은 콘크리트를 채움재로 사용하는 깬돌 및 깬잡석의 돌쌓기 기준이나, 호박돌 및 야면석의 돌쌓기에도 적용한다.
- 호박돌이나 야면석으로 치장벽을 시공할 경우에는 양면 쌓기로 면적을 계산하고 뒷길이는 35cm이하를 적용한다.
- 경사도가 1:1 보다 급한 경우이며, 높이 3m이하 기준이다.

- 규준틀 설치, 돌쌓기, 콘크리트 채움, 배수파이프 설치, 줄눈메꿈 작업을 포함한다.
- 굴삭기 규격은 작업여건(작업범위, 위치 등)에 따라 변경할 수 있다.
- 찰쌓기의 줄눈메꿈 모르터는 쌓기 면적 m^2 당 $0.009m^3$를 계상하며, 채움 콘크리트 소요량은 다음 표를 기준으로 한다.

〈표 10-39〉 찰쌓기의 채움 콘크리트 소요량 (m^2당)

구분	단위	수량 (뒷길이 cm)						
		25	30	35	45	55	60	75
채움 콘크리트	m^3	0.11	0.14	0.16	0.20	0.25	0.27	0.34

10-3-2. 돌붙이기

돌붙이기는 조약돌이나 호박돌 등을 콘크리트 벽면이나 담장에 붙여 치장하는 것을 말하며 메붙임과 찰붙임 방법이 있다. 조경공사에서는 조약돌, 호박돌, 야면석 등으로 담장 또는 외벽을 치장하는 경우가 많다.

가. 수량산출

돌의 무게 산출은 우선 돌 종류별로 붙이는 면적을 구한 뒤 뒷길이를 곱하여 체적을 구한 다음 실 체적율을 곱하여 돌의 실제 체적을 구하고 단위중량을 곱하여 무게를 산출하며, 돌붙이기에 소요되는 모르타르 및 콘크리트는 별도 계상한다.

돌 붙이기 품은 돌을 붙이는 면의 넓이를 산출하여 표준품을 적용한다.

〈사진 10-14〉 돌붙이기 사례

나. 표준품셈 적용

표준품셈 공통부문 7장 돌공사의 돌붙임 항목을 적용하며 붙임 방법에 따라 메붙임과 찰붙임을 구분하여 적용한다. 조경공사에서 돌붙임 치장벽은 대부분 찰붙임 방법으로 시공한다.

〈표 10-40〉 돌붙임 표준품(m^2 당)

구분		규격	단위	뒷길이		
				35cm이하	50cm이하	75cm이하
메붙임	석공		인	0.13	0.12	0.11
	보통인부		인	0.04	0.03	0.02
	굴삭기+부착용 집게	$0.6m^3$	hr	0.25	0.24	0.22
찰붙임	석공		인	0.11	0.10	0.09
	보통인부		인	0.04	0.03	0.02
	굴삭기+부착용 집게	$0.6m^3$	hr	0.22	0.21	0.20

- 표준품이 m^2 당 품이므로 환산없이 그대로 적용한다.

다. 표준품 적용기준

- 본 품은 콘크리트를 채움재로 사용하는 깬돌 및 깬잡석의 돌붙임 기준이나, 호박돌 및 야면석의 돌붙임에도 적용한다.
- 양면 치장벽을 시공할 경우에는 양면 붙임으로 면적을 계산하고 뒷길이는 35cm이하를 적용한다.
- 경사도가 1:1 보다 완만한 경우이며, 높이 5m이하 기준이다.
- 규준틀 설치, 돌붙임, 콘크리트 채움, 배수파이프 설치, 줄눈메꿈 작업을 포함한다.
- 찰붙임의 줄눈메꿈 모르터는 붙임면적 m^2당 $0.009m^3$를 계상한다.
- 굴삭기 규격은 작업여건(작업범위, 위치 등)에 따라 변경할 수 있다.

10-3-3. 석재판 붙임

석재는 다른 시공재료에 비해 가격이 비싸고 가공 및 시공이 어려우나 중후한 질감과 미려한 색감을 가지므로 최근 건설현장에서 많이 사용되는 고급재료이다.

조경공사에서도 중후하고 고급스러운 시각적 효과를 위해 구조물의 외벽치장 및 수경시설, 조형물 등에 많이 사용되고 있다.

가. 석재판 가공의 종류와 방법

석재판 가공은 기계다듬기와 손다듬기, 표면처리 등으로 구별된다.

기계 다듬기는 기계톱으로 절단한 후 프레이너(plainer), 서페이서(sufacer), 그라인더(grinder) 등으로 마감하는 것이며, 손다듬은 사용 목적에 따라 혹두기, 정다듬기, 도드락 다듬기, 잔다듬기 등이 있다. 표면처리는 갈기, 광내기, 버너마감 등이 있다.

1) 손다듬 가공의 종류

- 혹두기(rock face finish) : 요철을 쇠망치, 날메 등으로 따내고, 거친 면을 그대로 두어 부풀린 느낌을 주는 마무리를 하는 것으로서 석재의 견고성과 중량감, 자연미를 나타낼 수 있는 가공방법이다.
- 정 다듬기(bush hammerd stone finish) : 울퉁불퉁한 면을 정으로 쪼아 평탄하게 만들어 작은 요철이 있을 정도로 가공하는 것으로서 사방 100mm 안에 정자국 조밀정도에 따라 거친정 다듬기(15개), 중간정 다듬기(25개), 고운정 다듬기(75개)로 구분된다.
- 도드락 다듬기(bush hammerd stone finish) : 정다듬기 후 도드락 망치로 두드려 표면의 불룩함을 균등하게 다듬고 평탄하게 마무리하는 것으로서 사방 30mm 안에 도드락망치 자국 조밀상태에 따라 거친도드락 다듬기(25눈), 중간도드락 다듬기(64눈), 고운도드락 다듬기(100눈)로 구분된다.
- 잔다듬기(dabbed finish) : 정다듬기 후 날망치로 다듬면 위를 일정방향 평행선으로 찍어 다듬어 평탄하게 마무리하는 것으로 날망치의 날간격에 따라 거친 잔다듬(5~6mm), 중간 잔다듬(3~4 mm), 고운 잔다듬(1.5~2mm)으로 구분된다.

2) 표면처리 가공

- 갈기(rubbing) : 석재표면을 메탈(metal, 공업용 다이아몬드)과 레진(resin, 합성수지와 은사로 된 결합체)으로 물을 주면서 갈아내는 것으로서 연마공구의 숫돌정도에 따라 거친 갈기(#100~#300), 물 갈기(#400~#800), 본 갈기(#900~#1500)로 구분된다.
- 광내기(polishing): 갈기보다 더욱 높은 정도로 연마하여 광택이 나도록 처리하는 것을 말한다.
- 버너마감(버너구이, 화염처리) : 버너마감은 화강암의 표면을 1,800~2,500℃의 불꽃으로 태워 결정(結晶)을 튀겨서 표피를 가공하는 공법으로서 화강석에만 사용할 수 있는 가공 방법이다. 고열에 대한 석영, 장석 등 결정의 팽창계수가 다르다는 특징을 이용한 것으로서 표면의 기계켜기 자국을 없애주고 자연스러운 느낌을 주며 가공이 쉬워 가장 널리 쓰이는 가공 방법이다.

나. 석재판 가공품의 적용

석재판에 대한 재료비, 가공비 등은 업체에서 생산되는 기성제품을 제외하고 거래실례가격에 의하여 계상함을 원칙으로 한다.

과거 건축공사 표준품셈에는 석재다듬기 혹두기 항목과 글자새김 등의 표준품이 있었으나 현재 석재가공에 대한 표준품이 없으므로 석재판에 손다듬 및 표면처리를 할 경우 가공비에 대하여는 거래실례가격 또는 견적가격을 적용하여 단가를 결정한다.

다. 석재판 붙이기

석재판 붙이기는 시공방법에 따라 습식(濕式)공법, 앵커지지(건식)공법, 강재트러스트지지공법으로 구분된다.

습식공법은 구조물 표면에 시멘트 풀 또는 모르타르를 발라 석재를 붙이는 방법이며 앵커지지(건식)공법은 앵커볼트 등 연결재를 이용하여 구조물에 석재를 고정하는 공법이다. 강재트러스트 지지공법은 대규모 건축물을 시공하는 경우 철골구조물에 연결철물을 사용하여 직접 석재판을 붙이는 방법이다. 일반적으로 조경구조물은 소형이므로 습식공법으로 시공하는 경우가 대부분이다.

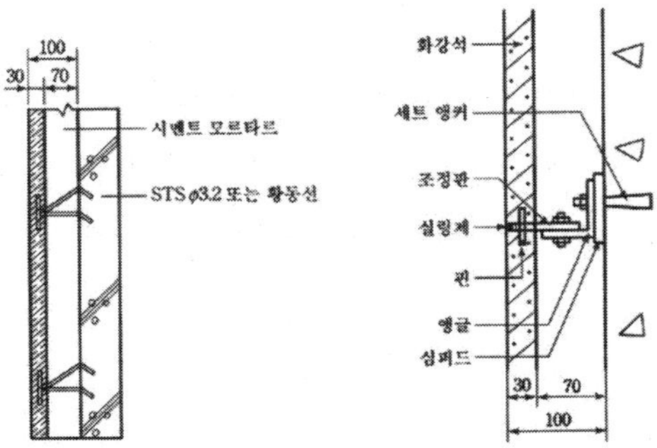

습식공법　　　　건식공법

〈그림 10-4〉 석재판 붙이기 단면

습식　　　　건식

〈사진 10-15〉 화강석판석 붙임

1) 수량 산출

석재판은 종류 및 규격별로 면적을 산출하고 무게로 환산한 다음 방형일 경우10%, 원형이나 부정형은 30%의 할증을 가산하여 산출한다.

습식공법의 경우에는 설계도서에 따라 모르타르량을 산출하고 배합비(1:3)에 따라 시멘트량과 모래량을 산출하며, 앵커지지(건식)공법은 설계도서에 따라 앵커볼트 등 소요철물량과 접착제량을 산출한다.

2) 표준품셈 적용

표준품셈 공통부문 7장 돌공사의 석재판 붙임 항목을 적용한다.

습식공법은 모르타르를 사용하여 바닥 및 계단부(계단챌판, 계단디딤판, 계단참)에 석재판을 붙이는 기준이므로 화강석 판석 벽체부분 시공은 화강석 계단부를 적용한다.

앵커지지(건식)공법은 구조물 벽체에 앵커로 고정하여 석재판을 설치하는 것으로 석재판규격에 따라 표준품을 적용한다.

〈표 10-41〉 석재판 붙임 표준품(m^2당)

구분	단위	습식	앵커지지(건식)	
		화강석	석재판규격 0.3m^2 이하	석재판규격 0.3m^2 초과 ~ 0.8m^2 이하
석공	인	0.35	0.39	0.35
보통인부	인	0.16	0.15	0.17

* 표준품이 m^2 당 품이므로 환산없이 그대로 적용한다.

3) 표준품 적용기준

- 습식공법은 모르타르 비빔, 모르타르 포설 및 고르기, 석재판 절단 및 붙임, 줄눈채움, 보양 작업을 포함하며, 공구손료 및 경장비(절단기 등)의 기계경비는 인력품의 1%로 계상한다.
- 앵커지지공법은 앵커 구멍뚫기, 지지철물 설치, 석재판 절단 및 설치, 줄눈코킹 작업을 포함하며, 공구손료 및 경장비(절단기, 윈치 등)의 기계경비는 인력품의 3%로 계상한다.

10-4 조경석공사 적산

조경석은 조경공간에 경관용으로 놓는 일정한 크기 이상의 돌로서 경관적 가치가 있어야 한다. 조경석은 자연석과 가공조경석(일명 무늬조경석)으로 구분되며, 자연석은 채취장소에 따라 강석(江石), 산석(山石) 등으로 분류된다.

현재 강석, 산석 등은 무단채취가 금지되어 있어 개발지구 또는 수몰지구 등에서 제한적으로 채집되기 때문에 소재조달이 어려워 가공조경석이 많이 사용되고 있다.

10-4-1. 조경석의 종류와 시공방법

가. 조경석의 종류

- 강석 : 강의 상류부에서 채취한 돌로써 물에 표면이 마모되어 둥근 형상을 가지며 돌의 무늬가 뚜렷하고 희거나 옅은 황토색을 띈다. 경관적 가치가 높아 과거 정원

과 공원 등에 널리 사용되었으나 최근에는 조달이 어려워 많이 사용되지 못하고 있다.

- 산석 : 주로 산의 계곡부에서 채취한 돌로써 풍우에 마모되어 둥근 형상을 가지며 이끼가 끼고 황토색이거나 약간 검은 색을 띈다.
- 가공조경석(무늬조경석) : 자연석 크기의 파쇄암을 모가 난 부분을 둥글게 가공하여 자연석 형태로 만든 것으로써 일반적으로 진회색 또는 옅은 검정바탕에 흰 무늬가 있다. 많이 생산되는 산지명에 따라 '강화석' 또는 '온양석' 등으로 불리며 자연석 대신 많이 사용되고 있다.

강석

산석

가공조경석

〈사진 10-16〉 조경석 종류

〈사진 10-17〉 조경석 파쇄 가공

〈사진 10-18〉 가공한 조경석

나. 조경석 시공방법

조경석 시공방법은 아래와 같이 조경석 각각의 경관적 가치를 이용하여 조경공간을 장식하는 '놓기' 방법과 녹지사면 안정과 경관향상을 위한 '쌓기' 방법이 있다.

- 경석놓기 : 1점, 3점, 5점 등 홀수로 조경석을 놓는 방법으로 주로 8목도 이상의 큰 조경석을 사용한다.
- 1열 놓기: 낮은 사면 또는 녹지 모서리의 경관을 위해 놓는 조경석을 놓는 방법으로 평균 크기 4목도 정도의 조경석을 사용한다.
- 쌓기 : 사면 안정 및 중요 사면의 경관 향상을 위해 쌓는 것으로서 평균크기 4목도 정도의 조경석을 사용한다.

경석놓기

1열놓기

조경석 쌓기

〈사진 10-19〉 조경석 시공방법

10-4-2. 조경석의 규격 및 중량 계산방식

가. 조경석의 규격

조경석의 크기는 일반적으로 목도 수에 따라 호칭되고 있으며 평균적인 규격을 기준으로 체적을 구하고 무게단위(톤)로 거래되므로 조경석의 무게를 산출하여야 한다.

- 조경석 평균 규격(높이 × 폭 × 길이)
  - 2목도석 : 30 × 40 × 50(cm)
  - 4목도석 : 40 × 50 × 60(cm)
  - 6목도석 : 50 × 60 × 70(cm)
  - 8목도석 : 50 × 60 × 75(cm)
  - 10목도석 : 50 × 70 × 80(cm)
  - 12목도석 : 60 × 70 × 85(cm)

나. 조경석의 중량계산 방식

조경석은 제조품이 아니므로 그 크기 산정과 중량 계산방식에 따라 무게에 많은 차이가 있으며 적산 시 조경석의 규격 및 중량 계산 기준을 여러 가지로 적용하고 있는 사례가 많다.

조경석을 둥근 구체(球體)로 보고 구체계산공식인 $V= 4/3\times \pi \times r^3$ 으로 계산하는 경우가 있으나 이는 강석과 산석에는 어느 정도 적용 가능하나 가공조경석은 부정형이므로 잘 맞지 않을 수 있다.

따라서 조경석 적산 시 설계도서의 기준에 따라 적용하되 기준이 없을 경우에는 다음 방식을 따르는 것이 합리적이다.

1) 조경석의 중량계산 방식

- 중량 = 체적 × 평균 실 체적율 × 단위중량
  - 체적 : 높이 × 폭 × 길이
- 평균 실 체적율 : 조경석의 실체적율은 돌의 형상에 따라 매우 다르나 일반적으로 입방 체적에 비해 70% 정도의 평균적인 실체적율을 가진다.
- 평균 단위중량 : 화강암 기준($2.65ton/m^3$)을 적용한다.

2) 조경석 1개당 중량

- 2 목도석 : 0.3 × 0.5 × 0.4 × 0.7 × 2.65 = 0.111(ton)
- 4 목도석 : 0.4 × 0.6 × 0.5 × 0.7 × 2.65 = 0.223(ton)
- 6 목도석 : 0.5 × 0.6 × 0.7 × 0.7 × 2.65 = 0.389(ton)
- 8 목도석 : 0.5 × 0.6 × 0.75 × 0.7 × 2.65 = 0.417(ton)
- 10 목도석 : 0.5 × 0.7 × 0.8 × 0.7 × 2.65 = 0.519(ton)
- 12 목도석 : 0.6 × 0.7 × 0.85 × 0.7 × 2.65 = 0.662(ton)

10-4-3. 조경석 수량산출 및 표준품

가. 수량산출

1) 경석놓기

설계 도면에 명시된 조경석의 규격별 놓기 개수를 산출하고 중량으로 환산하되 도면에 조경석의 규격이 명시되어 있지 않는 경우에는 평균 8목도를 기준으로 한다.

2) 1열 놓기

4목도를 기준으로 도면상의 길이를 산출하여 중량으로 환산한다.

- 1m당 평균중량(4목 기준) : 0.223ton/개 × (1m/0.6m) = 0.372 ton/m

3) 쌓기

4목도를 기준으로 도면상의 쌓기 면적과 뒷길이(4목도 0.6m 기준)를 산출하여 체적을 계산한 뒤 실체적율을 곱하여 중량으로 환산한다.

- 쌓기 체적 : 기울기에 따른 입면상의 실 면적 산출 × 뒷길이(0.6m)
- 조경석 쌓기의 1m^2 당 평균 중량

1 × 1 × 0.6(뒷길이) × 0.70 × 2.65(단위중량) = 1.113(ton)

나. 표준품셈 적용

표준품셈 공통부문 4장 조경공사의 조경구조물 항목 중 '정원석 쌓기 및 놓기'를 적용한다.

〈표 10-42〉 정원석 쌓기 및 놓기 표준품(ton당)

구분	규격	단위	쌓기		놓기	
			20 ton 미만	20 ton 이상	20 ton 미만	20 ton 이상
조경공		인	1.212	1.040	0.968	0.836
굴삭기	0.7m^3	hr	0.657	0.684	0.657	0.684

* 표준품이 ton당 품이므로 환산없이 그대로 적용한다.

다. 표준품 적용기준

- 표준품의 정원석 중량구분은 시공구간별 중량이 아니라 조경석 전체 중량을 말한다.
- 평지에 자연석을 배치하여 경관을 조성하는 경우이므로 지형 등 작업 난이도에 따라 표준품을 20%까지 가산할 수 있다.
- 다짐 및 정지 작업을 포함한다.
- 공구손료는 인력품의 3%로 계상한다.
- 사이목 식재는 별도 계상한다.

10-4-4. 조경석 디딤돌 및 계단돌 놓기

조경석 디딤돌 놓기는 공원, 정원, 보행자 공간, 기타 녹지 등에 보행과 산책을 위해 평평한 조경석 또는 가공판석 등을 적절한 간격으로 배치하는 것을 말하며, 계단돌 놓기는 비탈면에 보행에 적합하도록 적당한 크기의 조경석을 계단형식으로 배치하는 것을 말한다.

디딤돌 및 계단돌 놓기의 조경석 수량과 중량은 설계도면에 명시된 조경석의 크기와 개수에 따라 산출하며 공사에 소요되는 품은 설계도서에서 특별히 규정하지 않는 한 정원석 놓기 품을 적용한다.

10-5 조적공사 적산

조적공사는 여러 가지 벽돌을 사용하여 벽체를 세우는 벽돌쌓기를 말하며 조경공사에서는 플랜터와 담장, 가벽 등은 벽돌쌓기로 많이 시공하고 있다.

벽돌 플랜터

벽돌 가벽

벽돌 옹벽

〈사진 10-20〉 벽돌 시공사례

10-5-1. 벽돌의 종류와 규격

가. 벽돌의 종류

건설공사에 많이 사용되는 벽돌은 점토 성형하여 소성한 붉은 벽돌인 점토벽돌과 시멘트와 모래를 배합하여 가압, 성형 후 양생한 시멘트 벽돌로 구분되며, 점토벽돌은 일반 점토벽돌과 특수벽돌인 고압벽돌, 내화벽돌, 고령토 벽돌, 황토벽돌 등이 있다.

일반 점토벽돌은 소성방법과 표면처리 등에 따라 다음과 같이 구분된다.

- 일반 점토벽돌의 구분
  - 미장벽돌 : 견출벽돌이라고도 하며 4~7%의 철분을 함유한 점토를 산화소성방법에 의해 생산한 제품으로 붉은 색 벽돌
  - 환원벽돌 : 변색벽돌이라고도 하며 4~7%의 철분을 함유한 점토를 환원소성 방법에 의해 생산한 제품으로 흑색 또는 진갈색 벽돌
  - 유약벽돌 : 유약을 바르고 소성한 벽돌로서 다양한 색상과 매끄러운 표면을 갖는다.

미장벽돌　　환원벽돌　　유약벽돌

〈사진 10-21〉 일반벽돌의 종류

나. 벽돌의 규격

벽돌의 규격은 줄눈간격을 고려하여 표준화한 표준형 규격이 일반화 되었으나 과거부터 사용된 기존형과 중형벽돌 그리고 다양한 규격의 이형벽돌이 주문 생산되고 있다.

- 표준형 규격 : 190 × 90 × 57㎜
- 기존형 규격 : 210 × 100 × 60㎜
- 중형벽돌 규격 : 230 × 107 × 75㎜

10-5-2. 벽돌 쌓기 방법

벽돌을 쌓는 방법은 구조체의 규모와 형태, 치장유무, 벽의 두께, 등에 따라 여러 가지로 구분할 수 있다.

가. 외장 및 구조에 따른 구분

• 일반 벽돌쌓기

구조체 벽 또는 가림벽을 쌓는 것으로서 벽체 표면을 별도로 미장하는 쌓기 방법이며 주로 시멘트벽돌 시공 시 적용한다.

• 치장쌓기

일반 벽돌쌓기와 같이 벽체를 쌓는 것이나 별도의 미장 없이 벽돌 자체를 외장으로 하는 쌓기 방법으로서 일반적으로 붉은벽돌 시공 시 적용하며 벽체마감을 위해 줄눈을 정리하는 치장 줄눈공사를 포함한다.

• 아치쌓기

아래 그림과 같이 아치 형태의 구조체 쌓기에 적용한다.

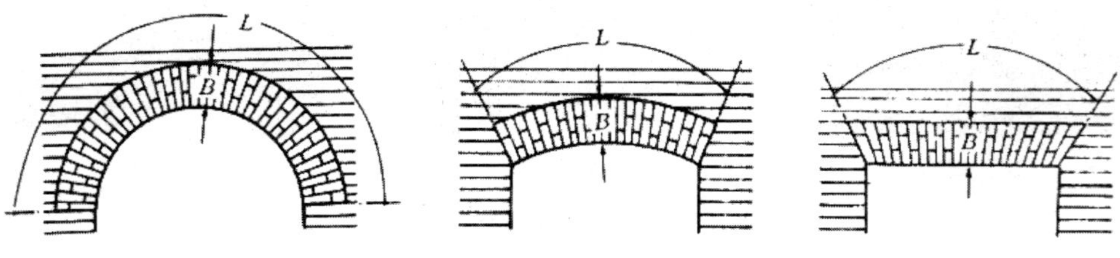

〈그림 10-5〉 아치쌓기의 종류

나. 벽의 두께에 따른 구분

아래 그림과 같이 벽체의 두께에 따라 반 장 쌓기(0.5B), 한 장 쌓기(1.0B), 한 장 반 쌓기(1.5B), 두 장 쌓기(2.0B) 등으로 구분한다.

〈표 10-43〉 벽 두께에 따른 쌓기 방법

쌓기종류	0.5B (반장)	1.0B (한장)	1.5B (한장 반)	2.0B (두장)
벽체두께	9cm	19cm	19+1+9=29cm	19+1+19=39cm
형태			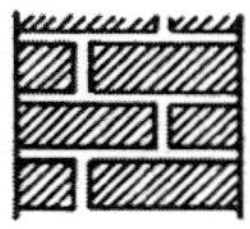	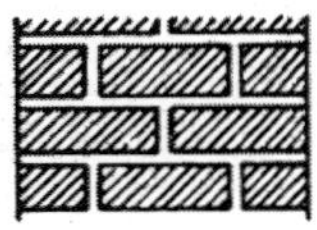

10-5-3. 수량산출 및 표준품셈 적용

가. 수량산출

벽돌로 시공되는 플랜터, 가벽 등의 조경구조물은 여러 가지 방법으로 일위대가를 만들 수 있다. 즉, 1개소 당 또는 벽체 길이(m) 당 혹은 벽체의 입면 면적(m^2) 당으로 일위대가를 만들 수 있으므로 구조물의 형태와 전체수량 등을 감안하여 가장 적당한 일위대가 형식을 결정하여 수량을 산출하는 것이 합리적이다.

벽돌수량은 벽돌 종류와 치장 유무 등은 설계도면에 따라 산출하되 일위대가의 단위 기준에 맞게 벽돌 종류와 두께별로 단위 당 벽돌 매수를 산출하고 할증량을 가산하여 단위 당 소요량을 산출한다.

일위대가 단위 당 벽돌매수의 산출은 벽 두께에 따라 단위 당 입면면적을 산출하고 아래 벽돌쌓기 기준량을 곱하여 산출하며 곡선 시공의 경우는 중심선의 길이에 따라 수량을 산출한다.

1) 벽돌쌓기의 벽돌 및 모르타르 기준량

아래 표의 벽돌쌓기 기준량은 벽체 입면적 $1m^2$당 소요량을 산출식에 따라 계산해 놓은 것이다. 모르타르 재료량은 줄눈너비 10mm를 기준으로 할증이 포함된 것이며, 배합비는 쌓기는 1:3, 치장줄눈은 1:1 이다.

〈표 10-44〉 벽돌쌓기 기준량 (m^2당)

구분		단위	벽돌 쌓기 방법			
			0.5B	1.0B	1.5B	2.0B
표준형 (190×90×57)		매	75매	149매	224매	298매
모르타르	쌓기용	m^3	0.019	0.049	0.078	0.97
	치장줄눈용	m^3	0.003	0.003	0.003	0.003

• 벽돌쌓기 기준량 산출식(예) : 0.5B 표준형 (190×90×57) 1 m^2의 경우

$$Q = \frac{1 \times 1}{(0.19 + 0.01) \times (0.057 + 0.01)} \fallingdotseq 75\text{매}$$

2) 아치쌓기 모르타르 기준량

아치쌓기 모르타르 재료량은 줄눈너비 10mm를 기준으로 할증이 포함된 것이며, 배합비는 쌓기는 1:2, 치장줄눈은 1:1 이다.

〈표 10-45〉 아치쌓기 모르타르 기준량 (1000매 당)

구분		단위	벽돌 쌓기 방법	
			1.0B	1.5B
모르타르	쌓기용	m^3	0.31	0.34
	치장줄눈용	m^3	0.019	0.013

나. 쌓기방법별 표준품셈 적용

1) 벽돌쌓기와 치장쌓기 및 줄눈설치

표준품셈 건축부문 2장 조적공사의 벽돌항목 중 '벽돌쌓기, 치장쌓기 및 줄눈설치'를 적용한다. 벽돌쌓기 표준품은 시멘트 벽돌(19×9×5.7㎝) 쌓기 기준이며, 치장쌓기와 줄눈설치 표준품은 치장 벽돌(19×9×5.7㎝)의 공간쌓기(한면 치장) 기준이다.

〈표 10-46〉 벽돌쌓기 표준품(m^2 당)

구분		단위	벽체높이 3.6m 이하			벽체높이 3.6m 초과		
			0.5B	1.0B	1.5B	0.5B	1.0B	1.5B
벽돌쌓기	조적공	인	0.11	0.19	0.27	0.14	0.26	0.35
	보통인부	인	0.03	0.06	0.08	0.05	0.08	0.11
치장쌓기 및 줄눈설치	조적공	인	0.16	0.27	0.37	0.20	0.35	0.48
	보통인부	인	0.06	0.10	0.13	0.07	0.13	017
	줄눈공	인	0.05	0.05	0.05	0.07	0.07	0.07

* 표준품이 m^2 당 품이므로 환산없이 그대로 적용한다.

2) 아치쌓기 및 줄눈설치

표준품은 표준형 벽돌(19×9×5.7㎝)의 아치쌓기 기준이며, 표준품셈 건축부문 2장 조적공사의 벽돌항목 중 '아치쌓기 와 아치쌓기 치장줄눈 설치'를 적용한다.

〈표 10-47〉 아치쌓기 및 줄눈설치 표준품 (1,000매 당)

구분	단위	1.0B	1.5B
조적공	인	4.5	3.6
보통인부	인	2.2	2.0
줄눈공	인	0.4	0.3

■ 아치쌓기 표준품 환산

아치쌓기는 벽돌매수 1,000매당 표준품이므로 매당 일위대가 작성 시에는 품을 1/1,000로 적용하고, m^2 당 일위대가 작성시에는 직종별 수량을 1,000으로 나누고 $1m^2$ 당 벽돌매수(1.0B:149매, 1.5B:224매)를 곱하여 $1m^2$당 품으로 환산한다.

〈표 10-48〉 아치쌓기 및 줄눈설치 (m^2당) 표준품 환산방법

구분	단위	1.0B 계산식	1.5B 계산식
조적공	인	4.5÷1000×149≒0.671	3.6÷1000×224≒0.806
보통인부	인	2.2÷1000×149≒0.328	2.0÷1000×224≒0.448
줄눈공	인	0.4÷1000×149≒0.060	0.3÷1000×224≒0.067

다. 표준품 적용기준

- 먹매김, 규준틀설치, 정착철물 설치, 모르타르 배합 및 비빔, 벽돌 절단 및 쌓기, 줄눈 누르기 및 치장줄눈 작업, 마무리 작업을포함한다.
- 공구손료 및 경장비(비빔기 등)의 기계경비는 인력품의 2%로 계상한다.
- 일반 벽돌쌓기에서공간 쌓기를 하는 경우 인력품의 10%를 가산한다.
- 아치용 쌓기에 필요한 가설형틀 및 동바리는 별도 계상한다.
- 치장쌓기 표준품은 단면치장이므로 양면치장 시에는 치장 줄눈공 표준품을 2배 계상한다.

10-6 미장공사 적산

미장공사는 구조물의 외벽을 아름답게 나타내도록 모르타르, 석회, 인조석 등을 바르는 작업으로 바탕처리, 미장바름, 마무리 작업으로 구분된다.

조경공사에서는 일반적으로 구조체의 외벽마감을 대부분 화강석 판석이나 타일, 벽돌, 목재 등으로 마감하거나 노출 콘크리트 등으로 처리하므로 별도의 미장공사를 시행하는 경우가 매우 적으며 주로 모르타르 바름 등의 일부공종만 시공된다.

10-6-1. 모르타르 배합

가. 수량산출

모르타르 비빔의 배합비는 설계도면에 명시된 바에 따르며 명시된바가 없을 경우 아래 용도별 배합비에 따라 결정한다.

모르타르 수량은 모르타르 배합종류별로 면적을 산출하고 바름 두께를 곱하여 산출하며 배합재료량에 따라 시멘트량과 모래량을 산출한다.

〈표 10-49〉 모르타르 용도별 배합비(용적 배합)

배합비	용도
1 : 1	치장줄눈 / 방수 / 기타 중요한 곳
1 : 2	미장용 마감 바르기 / 기타 중요한 곳
1 : 3	미장용 마감 바르기 / 쌓기 줄눈
1 : 4	미장용 초벌 바르기
1 : 5	기타 중요하지 않은 곳

나. 표준품셈 적용

표준품셈 건축부문 9장 미장공사의 모르타르 바름 및 타설 항목 중 '모르타르 배합'을 적용한다.

〈표 10-50〉 모르타르 배합 표준품(m^3 당)

구분	단위	모래 체가름 포함	모래 체가름 제외
보통인부	인	0.66	0.43

* 표준품이 m^3당 품이므로 환산없이 그대로 적용한다.

다. 표준품 적용기준

- 표준품은 소운반 품을 포함하며 비빔품은 별도 가산한다.
- 모르타르 배합을 위한 재료량은 아래 표에 따라 시멘트량과 모래량을 산출하며 할증이 포함되어 있다.

〈표 10-51〉 모르타르 배합 재료량(m^3 당)

배합비	시멘트(kg)	모래(m^3)
1 : 1	1,093	0.78
1 : 2	680	0.98
1 : 3	510	1.10
1 : 4	385	1.10
1 : 5	320	1.15

10-6-2. 모르타르 바름

가. 표준품셈 적용

표준품은 벽체에 바름 두께 24mm이하로 모르타르를 바르고 쇠흙손으로 마감하는 기준이다.

〈표 10-52〉 모르타르 바름 표준품 (m^2 당)

구분	단위	벽체높이 3.6m 이하			벽체높이 3.6m 초과		
		바름횟수			바름횟수		
		1회	2회	3회	1회	2회	3회
미장공	인	0.05	0.07	0.10	0.07	0.09	0.13
보통인부	인	0.02	0.03	0.05	0.03	0.04	0.06

* 표준품이 m^2당 품이므로 환산없이 그대로 적용한다.

나. 표준품 적용기준

- 바름 횟수의 기준은 다음과 같다.
  - 1회: 바탕면에 페이스트를 바르고 정벌 바름하여 마무리하는 기준
  - 2회: 초벌바름 후 정벌 바름하여 마무리하는 기준
  - 3회: 초벌바름 후 재벌하고 정벌 바름하여 마무리하는 기준
- 표준품은 바탕 청소(물뿌리기), 페이스트 바르기, 모르타르 비빔 및 바름, 쇠갈퀴 긁기, 고름질, 쇠흙손마감을 포함한다.

- 바름 바탕의 폭 30㎝이하이거나 원주 바름면일 때에는 표준품을 20% 가산한다
- 공구손료 및 경장비(비빔기 등)의 기계경비는 인력품의 2%로 계상한다.

10-7 칠공사 적산

조경공사에서 현장에서 시행하는 칠공사의 종류는 철제시설물의 철부페인트 칠과 목재시설물의 목부 페인트 칠 그리고 방부도료인 오일스테인 칠 등이 있다.

조경공사 칠 작업은 시설물 자체의 도장면이 연속적이지 못하고 소규모 면적의 집합으로 되어 있어 재료의 손실이 많고 작업 중 이동거리가 길어지는 등 재료와 품이 많이 소요되는 경향이 있다. 따라서 적산 시 소단위 공사로 보고 할증품을 최대한 가산하는 것이 바람직하다.

10-7-1. 바탕만들기

바탕만들기 작업은 조경구조물에 칠하기 전 바탕면의 먼지, 오염, 용접 등 부착된 불순물을 제거하는 바탕 처리와 합판목재 등 시공 후 이음자리, 못구멍 등에 도장 전 퍼티 및 연마하는 것이다.

콘크리트면, 모르타르면, 철재면, 목재면 등의 바탕 만들기가 있으며. 부가작업으로 하도도장 후 퍼티 및 연마와 비닐보양을 시행한다.

가. 표준품셈 적용

1) 바탕만들기

표준품셈 건축부문 11장 '칠공사'의 공통공사 항목 중 '바탕만들기'를 적용하며 하도 바름 전 바탕만들기 기준이다.

〈표 10-53〉 바탕만들기 표준품(m^2 당)

	단위	콘크리트면 모르타르면	철재면	목재면	
				불순물제거	퍼티 및 연마
도장공	인	0.010	0.006	0.006	0.009
보통인부	인	0.001	0.001	0.001	0.001

* 표준품은 m^2 당 품이므로 환산없이 그대로 적용한다.

2) 하도도장 후 퍼티 및 연마, 비닐보양

하도도장 후 퍼티 및 연마 표준품은 하도 바름 이후의 퍼티 및 연마하는 기준이며, 비닐보양 표준품은 도장 주변 시설물의 오염을 방지하기 위해 비닐 등으로 보양하는 기준이다.

〈표 10-54〉 도장 후 퍼티 및 연마, 비닐보양 표준품

구분	단위	도장 후 퍼티 및 연마 (m^2당)	비닐보양 (보양길이 100m당)	
			창호, 난간 등	배관류
도장공	인	0.005	-	-
보통인부	인	0.001	0.625	0.912

* 표준품은 m^2 당 품이므로 환산없이 그대로 적용한다.

나. 표준품 적용기준

- 콘크트면, 모르타르면 표준품은 바탕 처리, 퍼티 및 연마 작업이 포함된 것이다.
- 철재면에 인산염처리, 블라스트법을 하는 경우 별도 계상한다.
- 비닐보양길이는 비닐보양 테이프의 접착길이를 적용한다.
- 현장여건에 따라 비계 또는 장비가 필요한 경우에는 별도 계상한다.
- 공구손료 및 잡재료비(브러시 등)는 인력품의 3%로 계상한다.

10-7-2. 도료 종류별 적산

가. 도료 종류 및 수량산출

조경공사에서 시공하는 도료 종류는 수성페인트, 유성페인트, 녹막이 페인트, 오일스테인, 석재도료 정도이다.

녹막이 페인트는 철재면에 녹이 쓰는 것을 방지하는 방청페인트를 말하며, 오일스테인은 침투성 오일계 도료로서 방부 기능을 가진 천연 재료의 목재용 도료로서 주로 목재데크 등 외부목재 시설물에 칠한다.

석재도료 칠은 콘쿠리트 구조물의 표면을 석재표면과 유사한 효과를 나타내는 도료로서 조경공사에서는 콘크리트 가벽이나 콘크리트 열주 등의 표면처리 방법으로 사용된다.

목재데크 오일스테인 칠

콘크리트열주 석재도료 칠

〈사진 10-22〉 오일스텐 및 석재도료 칠 사례

도료의 종류와 색상, 도장 횟수 등은 설계도서에 의하며 설계 도서에서 특별히 규정하지 않은 경우 아래 기준에 따른다.

- 칠공사 적용기준
  - 콘크리트면 : 바탕만들기, 수성 페인트 2회
  - 철재면 : 바탕만들기, 녹막이페인트 1회, 유성 페인트 2회
  - 목재면 : 바탕만들기, 유성 페인트 3회 또는 오일스테인 2회

도장 면적의 산출은 도장하는 표면적만 산출하며 길이로 수량을 산출하는 부재의 경우

단위길이 당 표면적에 길이를 곱하여 도장면적을 산출한다. 도료 재료량은 종류에 따라 시방서 및 제조사에서 제시하고 있는 수량을 적용한다.

나. 표준품셈 적용

표준품셈 건축부문 11장 '칠공사'의 페인트 항목을 적용한다.

1) 수성페인트 칠

수성페인 칠 방법은 붓칠, 롤러칠, 뿜칠 방법이 있으며 설계도서의 지정 방법에 따라 표준품을 적용하며, 표준품은 수성페인트를 1회 칠하는 기준이다.

〈표 10-55〉 수성페인트칠 표준품 (m^2당)

구 분	단위	붓칠	롤러칠	뿜칠
도장공	인	0.022	0.012	0.027
보통인부	인	0.004	0.002	0.013

* 표준품이 m^2당 품이므로 환산없이 그대로 적용한다.

2) 유성페인트 칠

유성페인 칠 방법은 붓칠, 롤러칠 방법이 있으며 설계도서의 지정 방법 및 바탕면에 따라에 표준품을 적용하며, 표준품은 유성페인트를 1회 칠하는 기준이다.

조경 철재시설물은 구조상 대부분 붓칠을 하여야 하므로 붓칠 표준품을 적용한다.

〈표 10-56〉 유성페인트칠 표준품 (m^2당)

구 분		단위	붓칠	롤러칠
철재면	도장공	인	0.020	0.011
	보통인부	인	0.004	0.002
콘크리트면, 모르타르면	도장공	인	0.024	0.013
	보통인부	인	0.004	0.003

* 표준품이 m^2당 품이므로 환산없이 그대로 적용한다.

3) 녹막이 페인트 칠, 오일스테인 칠

녹막이 페인트 칠 표준품은 철재면에 방청성페인트를 붓으로 1회 칠하는 기준이며, 오일스테인 칠 표준품은 목재면에 오일스테인을 붓으로 1회 칠하는 기준이다.

〈표 10-57〉 녹막이 페인트칠, 오일스테인 칠 표준품 (m^2당)

구 분	단위	녹막이 페인트칠	오일스테인 칠
도장공	인	0.015	0.019
보통인부	인	0.003	0.003

* 표준품이 m^2당 품이므로 환산없이 그대로 적용한다.

4) 석재도료 칠

표준품은 석재가 포함된 도료를 1회 뿜칠하는 기준이다.

〈표 10-58〉 석재도료 칠 표준품 (m^2 당)

구 분		단위	수량	
			줄눈무늬 있음	줄눈무늬 없음
도장공		인	0.0081	0.0062
보통인부		인	0.0013	0.001
고소작업차	3 ton	hr	0.0428	0.0327

* 표준품이 m^2당 품이므로 환산없이 그대로 적용한다.

나. 표준품셈 적용

1) 수성페인트, 유성페인트, 녹막이 페인트, 오일스테인 칠

- 공구손료 및 잡재료비는 인력품의 2%로 계상한다.
- 롤러칠 및 뿜칠 표준품은 보조 붓칠 작업을 포함한다.
- 수성페인트 뿜칠 시 분진방지용 시설비용은 별도 계상한다.
- 수성페인트 뿜칠 시 공구손료 및 경장비(엔진식 도장기 등)의 기계경비와 잡재료비는 인력품의 12%로 계상한다.

- 재료량(페인트 등)은 도료 종류에 따라 시방서 및 제조사에서 제시하고 있는 수량을 적용한다.

2) 석재도료 칠

- 표준품은 도료 배합, 스프레이칠1회, 보조 붓칠, 줄눈테이프 부착 및 제거 작업을 포함한다.
- 공구손료 및 경장비(에어콤프레샤, 스프레이건 등)의 기계경비는 인력품의 3%를 계상한다.
- 재료량(페인트 등)은 도료 종류에 따라 시방서 및 제조사에서 제시하고 있는 수량을 적용한다.

CHAPTER 11

조경시설물공사 적산

조경시설물공사란 휴게시설, 놀이시설, 운동시설, 안내시설, 관리시설, 편익시설 등을 설치하는 공사로서 조경시설물공사에 포함되는 세부공종으로는 목재공사, 금속공사(철물공사) 등이 있다.

과거에는 의자, 파고라, 사각정자, 운동시설, 놀이시설 등의 시설물을 품셈에 따라 일일이 적산하여 공사비를 계상하였으나 현재는 대부분의 조경시설물이 공장에서 기성품으로 제작되어 현장에는 조립·설치만 하므로 견적에 의한 일식단가를 적용하는 경우가 대부분이다. 그러나 기성제품이 아닌 조경시설물 또는 목재데크, 상징 게이트, 안내판 등 현장에서 제작·시공하는 조경시설물은 품셈에 의한 공사비 적산을 할 수밖에 없다.

따라서 본 장에서는 현장에서 직접 시공하는 조경시설물공사에 포함되는 공종인 '목재공사', '금속공사' 등에 대해 설명한다.

11-1 목재공사 적산

조경용 목재시설물은 벤취, 파고라, 사각정자, 원두막, 목재 놀이시설 등 다양한 목재시설물이 있으나 현장에서 직접 제작 설치하는 목재 시설물은 현장제작 파고라, 원두막, 목재데크 등에 한정된다.

이러한 목재시설물에 소요되는 목재는 일반적으로 제재목을 절단하여 가공한 다양한 규격의 각재 및 판재 그리고 로구로 가공한 원통 형태 종류가 있으며, 그 외에 원목(통나무) 그대로 사용되는 경우도 있고 원목을 박피하여 사용하기도 하는 등 그 종류가 다양하다.

쉘터

목재데크

〈사진 11-1〉 현장제작 목재시설물 사례

11-1-1. 목재의 치수와 규격분류

가. 목재의 치수표시

목재의 치수표시는 아래와 같이 제재 치수, 제재 정치수, 마무리 치수로 구분된다. 목재의 용도에 따라 치수표시 방법이 다르며 공사용 목재의 치수는 제재 치수로 표시한다.

- 제재 치수 : 톱날의 중심간 거리를 목재의 치수로 호칭한 것으로서 구조용 목재, 일반 목재 등에 적용한다.
- 제재 정치수 : 제재하여 나온 목재 자체의 정미치수를 호칭한 것으로서 가구용 목재, 수장용 목재 등에 적용한다.
- 마무리 치수 : 제재목에 대패질 등 기타 마무리 손질을 한 목재의 치수를 호칭한 것으로서 창호용 목재, 정밀가구재 등에 적용한다.

나. 목재의 규격분류

목재분류는 형상에 따라 제재하지 않은 원목인 '통나무', 제재 전에 4면을 따낸 4각의 원목인 '조각재(粗角材)', 폭이 두께의 3배 미만의 제재목인 '각재(角材)', 두께가 6cm 미만이고 폭이 두께의 3배 이상되는 제재목인 '판재(板材)' 등으로 분류되며 세부적인 분류는 아래 표와 같다.

〈표 11-1〉 목재의 규격분류 기준

구분	형상		규격 기준
원목	통나무	대경재(大徑材)	말구지름 : 30cm 이상
		중경재(中徑材)	〃 : 15~30cm 미만
		소경재(小徑材)	〃 : 15cm 미만
	조각재	대조각재	최소단면 : 30cm 이상
		중조각재	〃 : 15~30cm 미만
		소조각재	〃 : 15cm 미만
제재목	각재류	각재 두께 6cm 이상	정각재 : 횡단면이 정방형
			평각재 : 〃 장방형
		소각재 두께 6cm 미만	정소각재 : 〃 정방형
			평소각재 : 〃 장방형
	판재류	후판재(厚板材)	두께 3cm 이상 판재류
		판재	두께 3cm 미만, 폭 12cm 이상 판재류
		소폭판재(小幅板材)	두께 3cm 미만, 폭 12cm 미만 판재류

한편 대부분의 건설재료는 m 단위가 일반적이나 목재의 규격은 아직도 척관 단위의 관습이 남아있어 각재와 판재 등 제재목의 생산에 통용되는 치수는 1.8m(6자), 2.7m(9자), 3.6m(12자)의 단위로 생산되는 경우가 있으며 제재목의 단면 치수도 통상 1치(3.03cm) 단위로 생산되고 있다.

- 목재의 단위 기준

  -1m^3 = 1m × 1m × 1m = 1,000,000cm^3 = 299.475재(才)

  -재 = 1치 × 1치 × 12자 = 0.00324m^3(1자 : 30.303cm)

11-1-2. 목재의 재적산출

가. 목재 수량산출 기준

과거 목재의 수량 산출은 설계도면상 부위별 목재와 유사한 치수의 생산규격을 그대로 적용하여 산출하는 방식이었으나 생산규격이 세분화되고 목재 생산의 자동화 시설로 인해 현재는 설계도면상의 목재 체적(㎥)을 산출하고 할증을 더하는 방식으로 산출한다.

재종(목재 종류), 등급(일반건조목, 중기건조목 등), 형상별(통나무, 제재목)로 구분하여 산출하며, 가공, 조립하는 순서대로 산출하는 것이 중복이나 누락을 줄이는 데 효과적이다.

나. 목재종류별 수량산출

1) 제재목의 수량 산출

목재의 정미 소요량은 설계 도면상의 마감 단면치수에 따라 아래와 같이 산출하며 실제 소요량은 정미수량에 할증을 가산하여 계상한다.

$$V = T \times W \times L$$

V : 제재목의 제적, T : 두께, W : 폭, L : 길이

2) 원통형 목재의 수량 산출

로구로 가공을 하여 원통형으로 사용되는 목재는 각재를 원통형으로 가공하는 것으로 보고 각재의 체적을 산출하며 단면의 지름을 정각재의 단면치수로 보고 체적을 산출한다.

3) 통나무(원목)의 수량 산출

통나무(원목)의 규격 표시는 말구직경 또는 최소직경으로 하며 다음 공식에 따라 체적을 산출한다.

- 길이가 6m 미만일 경우 : V = D2 × L
- 길이가 6m 이상일 경우 : $V = (D + \frac{L-4}{2})2 \times L$

D : 통나무의 말구직경　　　L : 통나무의 길이

11-1-3. 목재가공 및 설치

가. 표준품셈 적용

목재가공 및 설치 표준품은 표준품셈에 없으므로 공공기관인 LH 공사의 적산자료[5)]를 참고하고 구조가 복잡하지 않은 통상 파고라, 사각정자등에 적용한다.

〈표 11-2〉 목재가공 및 설치 품 (m^3 당)

구 분	단위	구조 구분					
		상등구조	중등구조		보통구조		
			상	보통	상	중	하
건축목공	인	16.975	13.767	10.612	8.780	7.274	6.285
보통인부	인	1.848	1.479	1.156	0.958	0.786	0.682

나. 품 적용기준

- 시설구조 구분
  - 상등구조 : 작은각재, 좁은판재, 넓은 판재가 50%이상으로 가공 정도가 많은 구조
  - 중등구조 : 통나무, 대조각재, 중조각재, 대각재, 두꺼운 판재, 사면판재가 50%이상으로 가공정도가 중간인 구조
  - 보통구조 : 통나무, 대조각재, 중조각재, 큰각재, 두꺼운 판재, 사면판재가 80%이상으로 가공정도가 적은 구조
- 설치 복잡도 구분
  - 상: 설치 복잡, 중: 설치보통, 하: 설치 간단
- 일반적으로 조경 목재시설물 중 파고라, 사각 정자 종류의 가공품은 설계 복잡도에 따라 중등구조, 또는 보통구조를 적용하고, 의자류는 보통구조를 적용한다.
- 설치품은 기초 설치 및 목재조립 상 작업의 난이도에 따라 적용한다.

5) 2020년 [LH공사] 공사원가 산정지침

11-1-4. 지붕틀, 지붕널 설치

가. 표준품셈 적용

표준품셈에 지붕틀과 지붕널은 건축부문 제4장 목공사의 구조목공사 항목 중 '마루틀 설치, 마루바탕 설치, 마루널 설치'를 적용한다.

파고라, 평상 등의 마루틀, 마루바탕, 마루널 부분 적산 시 적용하며 마루틀 표준품은 콘크리트 바탕 위 장선목을 사용한 이중바닥틀 설치 기준이다.

마루바탕 표준품은 마루틀 장선 위에 합판 깔기 기준이며, 마루널 표준품은 합판 위에 못을 사용한 마루널 설치 기준이다.

〈표 11-3〉 마루틀, 마루바탕, 마루널 설치표준품 (일당)

구 분	단위	수량	시공량(m^2)		
			마루틀 설치	마루바탕 설치	마루널 설치
건축목공	인	4	75	155	70
보통인부	인	1			

일당 품으로 되어 있는 표준품을 5-2-2. 표준품셈 환산방법으로 환산하면 〈표 11-3〉과 같다.

〈표 11-4〉 마루틀, 마루바탕, 마루널 설치 환산표준품 (m^2당)

구 분	단위	마루틀 설치	마루바탕 설치	마루널 설치
건축목공	인	0.053	0.026	0.057
보통인부	인	0.013	0.006	0.014

나. 환산표준품 적용기준

- 마루틀 표준품은 PE필름 깔기, 받침목(높이조절용) 설치, 장선목 절단 및 설치 작업을 포함한다.
- 마루널은 두께 22㎜, 폭 60㎜를 기준한 것이다.
- 공구손료 및 경장비(절단기, 타정기 등)의 기계경비는 인력품의 4%로 계상한다.

11-1-5. 목재데크틀 및 목재데크 설치

가. 표준품셈 적용

1) 목재데크틀 설치

표준품셈 건축부문 제4장 목공사의 부대목공사 항목 중 '목재데크틀 설치, 목재데크 설치'를 적용한다.

목재데크틀 설치 표준품은 철물(각관 및 형강)을 사용하여 데크틀(H-Beam 등 철골류 제외)을 설치하는 기준으로 수직재 및 수평재(기초철물, 멍에, 장선 등)를 제작하고 설치하는 작업을 말한다.

〈표 11-5〉 목재데크틀 설치 표준품 (일당)

구 분		단위	수량	시공량(ton)
평구조	철공	인	3	0.40
	용접공	인	1	
	보통인부	인	1	
계단구조	철공	인	4	0.32
	용접공	인	1	
	보통인부	인	2	

일당 품으로 되어 있는 표준품을 5-2-2. 표준품셈 환산방법으로 환산하면 〈표 11-6〉과 같다.

〈표 11-6〉 목재데크틀 설치 환산표준품 (ton당)

구 분	단위	평 구조	계단 구조
철공	인	7.5	12.5
용접공	인	2.5	3.125
보통인부	인	2.5	6.25

2) 목재데크 설치

목재데크 설치 표준품은 목재데크틀에 목재데크(평구조, 계단구조)를 볼트로 고정하여 설치하는 기준이다. 표준품에서 평 구조는 데크 바탕면을 수평형태로 형성하는 구조이며, 계단 구조는 데크 바탕면을 계단형태로 형성하는 구조이다.

〈표 11-7〉 목재데크 설치 표준품 (일당)

구 분	단위	수량	시공량(m^2당)
건축목공	인	3	18
보통인부	인	1	

일당 품으로 되어 있는 표준품을 5-2-2. 표준품셈 환산방법으로 환산하면 〈표 11-7〉과 같다.

〈표 11-8〉 목재데크 설치 환산표준품 (m^2당)

구 분	단위	수량
건축목공	인	0.167
보통인부	인	0.056

나. 환산표준품 적용기준

- 기초콘크리트 설치는 별도 계상한다.
- 난간 설치, 오일스테인칠은 별도 계상한다.
- 데크틀 설치작업의 공구손료 및 경장비(절단기, 용접기 등) 기계경비는 인력품의 4%로 계상하며, 데크 설치작업의 공구손료 및 경장비(절단기, 전동드릴, 발전기 등) 기계경비는 인력품의 2%로 계상한다.
- 목재데크 작업의 잡재료 및 소모재료(데크 연결용 클립, 고정피스 등)는 주재료비의 6%로 계상한다.

11-1-6. 목재 건조 및 방부

〈사진 11-2〉 CCA 방부목

목재는 일반적으로 완성된 증기건조목을 사용하는 것을 원칙으로 하며 별도의 증기건조는 설계 도면에서 특별히 지정한 경우에만 적용한다.

증기건조목으로 적용할 제재목이 없는 경우에는 일반 목재에 증기건조 처리비를 거래실례가격으로 계상하되 재적산출은 가공 전 재적을 기준으로 한다.

목재의 방부처리는 설계 도서에서 지정한 방법에 따라 계상하되 특별히 지정한 방부처리 방법이 없을 경우 일반적으로 목재시설물의 가압방부처리 기준에 따라 적용하며 방부처리비는 목재 단위수량 당 거래실례 가격으로 계상한다.

〈표 11-8〉 목재의 방부·방충처리 기준 (국립산림과학원고시 제2024-1호)

사용환경구분	사용환경 조건	사용가능 방부제	용 도
H 1	• 건재해충 피해환경 • 실내 사용 목재	BB, AAC, IPBC	가구, 건축 내장재
H 2	• 결로예상 환경 • 저온환경 • 습한곳 사용 목재	CCA, AAQ, CCFZ, ACC, CCB, CUAZ, NCU, NZN,	
H 3	• 야외 사용 목재 • 흰개미 피해 환경 • 자주 습한 환경	CCA, AAQ, CCFZ, ACC, CCB, CUAZ, NCU, NZN,	조경시설용 목재, 건축구조물 외부 목재
H 4	• 흙 또는 물과 접하는 환경 • 흰개미 피해가능	CCA, AAQ, CCFZ, ACC, CCB, CUAZ, A	조경시설물의 기초용 목재
H 5	• 바닷물과 접하는 환경	CCA, A	부두 항목, 교량 받침목, 전주 등

11-2 금속공사 적산

금속재는 가공이 용이한 소재로서 고대부터 조각품이나 생활용품, 공예품, 무기 등에 다양하게 사용되었으며, 현대에 이르러 금속류 신소재의 지속적인 개발로 구조물에서부터 장식재에 이르기까지 건설공사의 중요한 소재가 되었다.

과거 철물은 내구성과 저렴한 시공비로 인해 조경시설물, 놀이시설물의 가장 중요한 소재로서 사용되었으나, 최근 들어 목재와 친환경소재의 사용증대로 인해 철물의 수요가 줄어들고 있는 추세이다.

또한 철제운동기구 등 철제 기성제품의 생산이 증가하여 적산 시 거래실례단가로 1식 계상하여 금속류 시설물에 대한 적산기회가 줄어들고 있다.

그러나 독창적인 시설물을 설계하기 위해 금속을 사용 경우가 있으며 비금속 재료를 사용하는 경우에도 부분품의 연결과 접합은 금속 연결재를 사용하는 경우가 대부분이므로 금속공사의 적산지식도 필요하다.

철제 안내판

철제 게이트

〈사진 11-3〉 조경 철재 시설물 사례

11-2-1. 금속재의 종류 및 수량산출

조경공사에 사용되는 금속재의 종류는 아래에서 보는 바와 같이 매우 다양하므로 금속재의 종류 및 규격별로 구분하여 수량을 산출한다.

- 조경시설물에 사용되는 주요 금속재
  - 구조용 강재 : 철근, 봉강, 평강, 형강 등
  - 강관류 : 구조용 강관, 구조용 각형 강관, 배관용 강관 등
  - 강판류 : 열연강판, 냉연강판, 무늬강판, 아연도 강판 등
  - 금속선, 금속망 : 철선, 철망, 체인링크 철망, 와이어 로프, 용접철망 등
  - 금속성 연결재 : 못, 볼트, 너트, 와셔, 앵커볼트, 베어링, 나사, 리벳 등
  - 스테인리스 강재 : 스테인리스 강관, 스테인리스 강판 등
  - 기타 금속재 : 동판, 주철 등

금속재의 수량은 도면의 실제 정미수량을 산출하고 할증량을 가산한 다음 환산인수를 적용하여 무게단위로 산출하되 금속류의 중량 환산은 제품사양서 및 KS규정에 의한 제원표에 의한다.

금속류는 재활용 재료이므로 소요 강재량과 도면 정미량의 차이에서 발생하는 Scrap은 그 발생량의 70%를 시중 도매가격으로 환산하여 그 대금을 미리 공제한다.

금속재료의 종류별로 구체적인 재료량 산출 방법은 다음과 같다.

- 금속재료별 수량산출
  - 철근, 형강, 강관, 철선, 강선 : 종별 및 규격으로 구분하여 도면상 실제 길이를 산출하고 할증량을 가산한다.
  - 강판재 : 강판재는 재료구입 시 설계상의 수량만 구입할 수 없으므로 강판종류 및 두께에 따라 구분하고 실제 면적에 가장 가까운 사각형, 삼각형, 사다리꼴 등으로 고쳐서 소요 면적을 산출하고 할증은 하지 않는다.
  - 볼트, 리벳류 : 지름, 길이, 모양별로 구분하여 설계 도면상의 규격에 의하여 산출하고 할증량을 가산한다.

11-2-2. 강관 가공

가. 표준품셈 적용

강관 가공품은 표준품셈 기계설비 부문 제13장 플랜트 설비공사의 플랜트 용접공사 항목 중 '강관절단, 강관용접, 관만곡'을 적용하며 강관가공 시 Sch No(Schedule Number)

는 관의 내압 성능에 따른 구분으로서 조경시설물용 강관은 내압성능이 중요하지 않으므로 20~40을 적용한다.

1) 강관절단

강관절단 표준품은 산소+LPG를 사용하여 탄소강관을 인력으로 절단하는 품이다.

강관을 절단하는 개소의 산출은 설치하는 강관 1본(6m 기준)당 1개소씩 적용하되, 설계된 강관의 길이가 공장제작 길이인 6m로 되어 있는 경우는 절단품은 적용하지 않는다.

〈표 11-9〉 강관절단 표준품 (개소당)

SCH	Schedule Number 20 ~ 40			
구분 / 구경(mm)	품 수량		재료량	
	용접공	특별인부	산소(ℓ)	LPG(kg)
25	0.002	0.001	2.4	0.002
32	0.002	0.001	2.7	0.003
40	0.003	0.001	3.2	0.003
50	0.003	0.001	3.8	0.004
65	0.004	0.002	4.8	0.005
80	0.005	0.002	6.2	0.006
95	0.007	0.003	7.5	0.007
100	0.009	0.004	12.0	0.012
125	0.010	0.005	22.0	0.021
150	0.014	0.006	34.0	0.033
200	0.017	0.007	56.0	0.055

* 표준품은 개소 당 품이므로 환산없이 그대로 적용한다.

2) 강관 용접

강관 용접 표준품은 전기아크용접 품을 적용하되, SCH No.20의 소구경 품이 없으므로 SCH No.40의 플랜트 용접공 품을 적용한다. 용접 개소(joint 개소)의 산출은 단위부재의 길이가 6m 이하의 경우 각 단위 부재 당 1개소 씩 가산하며, 6m를 초과하는 경우 초과 6m 이내 마다 1개소씩 가산한다.

〈표 11-10〉 전기 아크용접(관 용접) 표준품 (용접개소 당)

SCH	Schedule Number. 40	
직종 / 구경 (mm)	플랜트 용접공(인)	용접봉(kg)
15	0.066	0.006
20	0.075	0.012
25	0.083	0.018
40	0.094	0.036
50	0.116	0.049
65	0.138	0.150
80	0.150	0.190
90	0.162	0.230
100	0.175	0.28
125	0.187	0.40
150	0.225	0.54
200	0.287	0.90

* 표준품은 개소 당 품이므로 환산없이 그대로 적용한다.

3) 관만곡(파이프 벤딩)

관만곡은 파이프를 휘어서 곡선의 형태로 만드는 작업을 말하며 표준품은 탄소강관을 기준으로 한다.

관만곡 작업 개소의 수량 산출은 설계도면 상의 굴곡 부위에 따라 90도 이하 및 91도 이상을 구분하여 산출하며, 181도 이상 되는 부위는 나누어 작업하는 것으로 보고 작업 개소를 산출한다.

〈표 11-11〉 관만곡(Pipe Bending) 표준품 (개소당)

SCH	Schedule Number 20~80			
구분 / 구경(mm)	90° 이하의 곡관		91° ~180° U 곡관	
	플랜트 배관공	특별인부	플랜트 배관공	특별인부
25	0.035	0.015	0.040	0.020
32	0.040	0.015	0.050	0.020
40	0.045	0.020	0.060	0.025
50	0.050	0.020	0.075	0.030
65	0.060	0.025	0.090	0.035
80	0.070	0.030	0.100	0.045
90	0.085	0.035	0.110	0.050
100	0.100	0.045	0.140	0.060
125	0.130	0.055	0.170	0.075
150	0.160	0.070	0.20	0.085
200	0.20	0.09	0.28	0.12

* 표준품은 개소 당 품이므로 환산없이 그대로 적용한다.

나. 표준품 적용기준

1) 강관절단

- 표준품은 절단위치 확인, 절단 및 절단면 가공(Beveling)작업이 포함된 것이다.
- Pipe절단은 평면절단을 기준으로 한 품이며 사단일 경우에는 품을 30% 가산한다.
- 공구손료 및 경장비(절단장비 등)의 기계경비는 인력품의 3%를 계상한다.
- 작업 시 소요되는 산소와 LPG 재료량은 표준품 〈표 11-9〉를 참고하여 적용한다.

2) 강관 용접

- 표준품은 접합면의 Beveling 및 손질이 되어 있는 상태에서 용접하는 품이다.
- 극히 협소한 장소에서 Back Mirror 용접시 품의 30%까지 가산할 수 있다.
- 공구손료 및 경장비(용접기 등)의 기계경비는 인력품의 3%로 계상한다.
- 용접 시 소요되는 용접봉 재료량은 표준품 〈표 11-10〉을 참고하여 적용한다.
- 스테인리스 등 합금강인 경우는 다음표의 할증률에 따라 용접품을 가산한다.

〈표 11-12〉 강관 재질에 따른 용접품 할증률 (%)

구분 \ 구경(mm)	50 이하	80	100	125	150	200
스테인리스 강	47.5	52.0	57.0	60.0	63.5	72.0
동, 황동	20.0	23.0	25.0	27.5	30.0	50.0

3) 관만곡(파이프 벤딩)

- 표준품은 필요 시 파이프 절단 품이 포함되어 있다.
- 현장 작업인 경우에는 품의 20%를 가산하며 기구손료 및 장비사용료는 별도 가산한다.
- 스테인리스 강관, 또는 동관 등의 작업 시에는 다음 구경별 할증률에 따라 품을 가산한다.

〈표 11-13〉 재질에 따른 관 만곡 품의 할증률 (%)

구분 \ 구경(mm)	50	80	100	150	200
스테인리스, 알루미늄	15	19	22	26	30
구리, 황동	6	9	12	15	20

11-2-2. 강판가공

가. 표준품셈 적용

강판 가공품은 표준품셈 기계설비 부문 제13장 플랜트 설비공사의 플랜트 용접공사 항목 중 '강판절단, 강판전기아크용접' 을 적용한다.

1) 강판 절단

강판 절단 표준품은 산소+LPG를 사용하여 강판을 인력으로 절단하는 품이다.

강판절단의 길이 계산은 설계도면상의 전개 길이로하며, 스테인리스 강판의 경우에는 특수성을 고려하여 상한치를 적용한다.

〈표 11-14〉 강판절단(수동절단) 표준품 (m당)

철판두께 (mm)	화구경 (mm)	산소압력 (kg/㎠)	용접공 (인)	특별인부 (인)	재료량	
					산소 (ℓ)	LPG(kg)
3	0.5~1.0	1.0~2.2	0.0055~0.0037	0.0027~0.0019	16.5~25.1	0.016~0.025
6	0.8~1.5	1.1~1.4	0.0066~0.0042	0.0033~0.0021	39.6~103.0	0.039~0.101
9	0.8~1.5	1.2~2.1	0.0075~0.0046	0.0036~0.0023	56.9~144.0	0.056~0.141

* 표준품이 m 당 품이므로 환산없이 그대로 적용한다.

2) 강판 용접

강판 용접 표준품은 전기아크용접(V형) 품을 적용하며 용접 자세는 횡향을 기준으로 한다.

용접품 산출에 필요한 용접길이는 설계도면상 용접이 필요한 부위의 정미 길이로 한다.

〈표 11-15〉 강판 전기아크용접(V형) 표준품 (m당)

구분	자세 (횡향)			
	수량(인)		소요전력 (kw/h)	용접봉 사용량 (kg)
두께(mm) \ 직종	용접공	특별인부		
3	0.036	0.011	0.70	0.20
4	0.041	0.012	1.20	0.30
5	0.046	0.014	1.70	0.40
6	0.052	0.016	2.50	0.60
7	0.068	0.017	3.20	0.80
8	0.084	0.020	4.00	1.00
9	0.094	0.023	6.00	1.20

* 표준품은 m 당 품이므로 환산없이 그대로 적용한다.

나. 표준품 적용기준

1) 강판절단

- 표준품은 절단위치 확인, 절단 및 절단면 가공(Beveling)작업이 포함된 것이다.
- 공구손료 및 경장비(절단장비 등)의 기계경비는 인력품의 3%를 계상한다.
- 작업 시 소요되는 산소와 LPG 재료량은 표준품 〈표 11-15〉를 참고하여 적용한다.

2) 강판 용접

- 표준품은 Net Arc Time 기준이므로 표준품에 아래 작업효율을 감안하여 계상하되 통상 조경공사는 수동용접, 공장가공으로 적용한다.
  - 수동용접: 40%(공장가공), 30%(현장가공)
  - 자동용접: 45%(공장가공), 35%(현장가공)
  - 계산사례: 두께 3㎜의 강판(횡향자세, 수동용접, 공장가공)의 용접공 품
    0.036÷0.4=0.09인/m
- 표준품에는 Beveling이 포함되어 있으며 공구손료는 별도 계상한다.
- 용접 시 소요되는 전력과 용접봉사용량은 표준품 〈표 11-16〉를 참고하여 적용한다.

11-2-3. 잡철물 제작 및 설치

잡철물 제작 및 설치는 금속류의 조경시설물 제작 설치 시 세부 공정별로 작업수량과 품을 산출이 어려운 시설물의 경우에 적용하며 강재의 총 중량을 산출하여 구조물의 형태별로 품을 적용한다.

가. 표준품셈 적용

표준품셈 건축부문 제8장 금속공사의 기타공사 항목 중 '잡철물 제작 및 설치'를 적용한다. 표준품은 철판, 앵글, 파이프 등 철재류를 활용한 잡철물의 현장 제작 및 설치에 대한 기준이다.

〈표 11-16〉 잡철물 제작 및 설치 표준품 (ton당)

구 분	단위	제품 설치		규격철물 설치		현장제작 설치	
		일반철재	경량철재	일반철재	경량철재	일반철재	경량철재
철공	인	2.85	3.71	7.05	9.17	12.38	16.09
용접공	인	1.04	1.35	2.75	3.34	3.38	4.39
특별인부	인	0.78	1.01	1.92	2.50	4.50	5.85
보통인부	인	0.52	0.68	1.28	1.66	2.25	2.93

* 표준품이 ton 당 품이므로 환산없이 그대로 적용한다.

나. 표준품 적용기준

- 다음 구분에 따라 표준품을 적용한다.
  - 제품 설치: 제작된 제품을 반입하여 설치하는 작업.
  - 규격철물 설치: 일정규격으로 1차 제작된 철물을 반입하여 조립하고 설치하는 작업.
  - 현장제작 설치: 구조틀, 배관지지대 등 각관, 형강 등 원자재를 반입하여 현장조건에 맞게 제작하고 설치하는 작업.
- 스테인리스의 경우는 스테인리스 강관 및 강판가공을 적용하여 제작품을 계상하고 설치만 잡철물 설치품을 적용한다.
- 관로뚜껑, Sole Plate 등 용접, 부속자재 연결 작업 없이 기성제품을 단순 설치 만 하는 경우 제품설치 품의 10%를 감한다.
- 트러스, 원형, 곡선 등의 부재와 같이 구조나 형태가 복잡한 경우, 또는 절단, 절곡, 용접 개소가 과다하게 발생하는 경우 본 품의 30%를 가산한다.
- 주문제작에 의해 공장가공을 요하는 대형부재(강재거푸집, 라이닝폼 등) 및 특수철물(조형물 등)의 제작·설치는 별도 계상한다.
- 잡철물 설치를 위한 장비(크레인 등) 및 비계매기는 필요한 경우 별도 계상한다.
- 공구손료 및 경장비(절단기, 용접기 등)의 기계경비 및 잡재료비(용접봉, 볼트 등)는 인력품의 요율로 다음과 같이 적용한다.
  - 공구손료 및 경장비의 기계경비 : 일반철재 5% 경량철재 4%
  - 잡재료비 : 일반철재 3% 경량철재 2%

부록

1. 조경적산 관련 참고자료
2. 조경적산 실습문제 및 해설
3. 외국 적산자료

CHAPTER 01 조경적산 관련 참고자료

1-1 설계의 단위 및 소수의 표준

1-1. 설계의 단위 및 소수의 표준

〈표 부록 1-1〉 종목별 설계의 단위 및 소수의 표준

종목	규격		단위수량		비고
	단위	소수자리	단위	소수자리	
공사연장	m	2	m	-	
공사폭원	-	-	m	1	
직공인부	-	-	인	2	
공사면적	-	-	m^2	1	
용지면적	-	-	m^3	-	
토적(높이, 너비)	-	-	m	2	
토적(단면적)	-	-	m^2	1	
토적(체적)	-	-	m^3	2	
떼	cm	-	m^2	1	
모래, 자갈	〃	-	m^3	2	
조약돌	〃	-	m^3	2	
견치돌, 깬돌	〃	-	m^2	1	
야면석(野面石)	〃	-	m^3	1	
야면석(野面石)	〃	-	m^2	1	
돌쌓기 및 돌붙임	〃	-	m^3	1	
돌쌓기 및 돌붙임	〃	-	m^2	1	
사석(捨石)	〃	-	m^3	1	
다듬돌(切石, 板石)	〃	-	개	2	
벽돌	mm	-	개	-	
블록	mm	-	개	-	
시멘트	-	-	kg	-	
모르타르	-	-	m^3	2	
콘크리트	-	-	m^3	2	
아스팔트	-	-	kg	-	
목재(판재)	cm	1	m^3	3	
합판	mm	-	장	1	

〈표 부록 1-1 계속〉 종목별 설계의 단위 및 소수의 표준

종목	규격		단위수량		비고
	단위	소수자리	단위	소수자리	
철강재	mm	-	kg	3	총량표시는 ton
용접봉	mm	-	kg	1	
구리판, 함석류	-	-	m^2	2	
철근	mm	-	kg	-	
볼트, 너트	mm	-	개	-	
꺽쇠	mm	-	개	-	
철선류	mm	1	kg	2	
돌망태	m	1	m	1	
못	cm	1	kg	2	
석유, 휘발유, 모빌유	-	-	l	2	
구리스	-	-	kg	2	
넝마	-	-	kg	2	
도료(塗料)	-	-	l	2	
도장(塗裝)	-	-	m^2	1	
관류(管類)	길이m / 지름mm	2	개, m	-	
건물(면적)	-	-	m^2	2	

1-2 재료의 단위중량

〈표 부록 1-2〉 주요 흙의 종류에 따른 변화율

흙의 종류	L	C
경암(硬岩)	1.70~2.00	1.30~1.50
보통암(普通岩)	1.55~1.70	1.20~1.40
연암(軟岩)	1.30~1.50	1.00~1.30
풍화암(風化岩)	1.30~1.35	1.00~1.15
호박돌(玉石)	1.40~1.60	0.95~1.05
역(자갈礫)	1.10~1.20	1.05~1.10
역질토(礫質土)	1.15~1.20	0.90~1.00
고결(固結)된 역질토(礫質土)	1.25~1.45	1.10~1.30
모래(砂)	1.10~1.20	0.85~0.95
암괴(岩塊)나 호박돌이 섞인 모래	1.15~1.20	0.90~1.00
모래질흙	1.20~1.30	0.85~0.90
암괴(岩塊)나 호박돌이 섞인 모래질흙	1.40~1.45	0.90~0.95
점질토	1.25~1.35	0.85~0.95
역(礫)이 섞인 점질토(粘質土)	1.35~1.40	0.90~1.00
암괴(岩塊)나 호박돌이 섞인 점질토	1.40~1.45	0.90~0.95
점토(粘土)	1.20~1.45	0.85~0.95
역(礫)이 섞인 점질토	1.30~1.40	0.90~0.95
암괴(岩塊)나 호박돌이 섞인 점토	1.40~1.45	0.90~0.95

1-3 토사 및 암의 체적 변화율

〈표 부록 1-3〉 주요재료의 단위 중량

종류	형상	단위	중량(kg)	비고
암석	화 강 암	m³	2,600 ~ 2,700	자연상태
자갈	건조	〃	1,600 ~ 1,800	〃
	습기		1,700 ~ 1,800	〃
	포화		1,800 ~ 1,900	〃
모래	건조	〃	1,500 ~ 1,800	〃
	습기		1,700 ~ 1,800	〃
	포화		1,800 ~ 2,000	〃
점토	건조	〃	1,200 ~ 1,700	〃
	습기		1,700 ~ 1,800	〃
	포화		1,800 ~ 1,900	〃
점질토	보통의 것	〃	1,500 ~ 1,700	〃
	역이 섞인 것	〃	1,600 ~ 1,800	〃
	역이 섞이고 습한 것		1,900 ~ 2,100	〃
모래질흙		〃	1,700~1,900	〃
자갈섞인 토사		〃	1,700~2,000	〃
자갈섞인 모래		〃	1,900~2,100	〃
호박돌			1,800 ~ 2,000	〃
사석			2,000	
조약돌			1,700	
주철			7,250	
강, 주강, 단철			7,850	
스테인리스	STS 304		7,930	
	STS 430		7,700	
목재	생송재(生松材)		800	
소나무	건재(乾材)		580	
소나무(적송)	건재(乾材)		590	
시멘트			1,500	자연상태
철근 콘크리트		〃	2,400	
콘크리트		〃	2,300	
모르타르		〃	2,100	

1-4 재료의 할증

〈표 부록 1-4〉 주요 재료별 할증율

<table>
<tr><th rowspan="2">구분</th><th rowspan="2">종류</th><th colspan="2">할증률(%)</th></tr>
<tr><th>정치식</th><th>기타</th></tr>
<tr><td rowspan="6">콘크리트 및 포장용 재료</td><td>시멘트</td><td>2</td><td>3</td></tr>
<tr><td>잔골재 · 채움재</td><td>10</td><td>12</td></tr>
<tr><td>굵은골재</td><td>3</td><td>5</td></tr>
<tr><td>아스팔트</td><td>2</td><td>3</td></tr>
<tr><td>석분</td><td>2</td><td>3</td></tr>
<tr><td>혼화재</td><td>2</td><td>-</td></tr>
<tr><td rowspan="3">노반 및 노반재료
(보조기층, 기층 등)</td><td>모래</td><td colspan="2">6</td></tr>
<tr><td>부순돌 · 자갈 · 막자갈</td><td colspan="2">4</td></tr>
<tr><td>점질토</td><td colspan="2">6</td></tr>
<tr><td>관 및 구조물 기초 부설재료</td><td>모래</td><td colspan="2">4</td></tr>
<tr><td rowspan="15">강재류</td><td>이형철근</td><td colspan="2">5</td></tr>
<tr><td>이형철근</td><td colspan="2">3</td></tr>
<tr><td>일반볼트</td><td colspan="2">5</td></tr>
<tr><td>강판(板)</td><td colspan="2">10</td></tr>
<tr><td>강관</td><td colspan="2">5</td></tr>
<tr><td>대형형강(形鋼)</td><td colspan="2">7</td></tr>
<tr><td>소형형강</td><td colspan="2">5</td></tr>
<tr><td>봉강(棒鋼)</td><td colspan="2">5</td></tr>
<tr><td>평강대강</td><td colspan="2">5</td></tr>
<tr><td>리벳(제품)</td><td colspan="2">5</td></tr>
<tr><td>스테인리스 강판</td><td colspan="2">10</td></tr>
<tr><td>스테인리스 강관</td><td colspan="2">5</td></tr>
<tr><td>동판</td><td colspan="2">10</td></tr>
<tr><td>동관</td><td colspan="2">5</td></tr>
<tr><td>이음부속류</td><td colspan="2">5</td></tr>
</table>

〈표 부록 1-4 - 계속〉 주요 재료별 할증율

구분	종류	할증률(%)
목재	각재	5
	판재	10
합판	일반용 합판	3
	수장용 합판	5
PVC관 / PE관		5
원심력 철근 콘크리트관		3
조립식 구조물(U형 플륨관 등)		3
도료		2
벽 돌	붉은 벽돌	3
	시멘트 벽돌	5
	내화 벽돌	3
블록	일반블록	4
	경계 블록	3
	콘크리트 블록	4
	호안 블록	5
원석(마름돌용)		30
석재판 붙임용재	정형돌	10
	부정형돌	30
조경용 수목		10
잔디 및 초화류		10
래디믹스트 콘크리트 타설 (현장 플랜트 포함)	무근 구조물	2
	철근 구조물	1
	철골 구조물	1
현장 혼합 콘크리트 타설 (인력 및 믹서)	무근 구조물	3
	철근 구조물	2
	철골 구조물	5
콘크리트 포장혼합물의 포설		4
아스팔트 콘크리트 포설 (현장 플랜트 포함)		2
유리		1
기와		5
모자이크 타일		3
테라조판		6

1-5 운반도로와 평균주행속도

〈표 부록 1-5〉 도로상태(차로 왕복)에 따른 평균속도 기준

도로 상태	평균속도(km/hr)	
	적재	공차
토취장 또는 토사장 등 열악한 조건의 도로	7	8
교차가 힘든 산간지도로 및 제방 등의 도로	10	15
교차가 가능한 산간지도로 및 제방도로, 미포장도로	15	20
2차로 이상의 공사용도로	30	35
2차로 교통량 및 교통대기가 많은 시가지 포장도로(7,000대/일 이상)	20	25
4차로 이상의 교통량 및 교통대기가 많은 시가지 포장도로 (40,000대/일 이상)		
2차로 시가지 포장도로(7,000~2,000대/일)	25	30
4차로 이상의 시가지 포장도로(40,000대/일 미만)	30	35
2차로 교외 포장도로(2,000대/일 이상)		
4차로 이상의 교외 포장도로(40,000대/일 이상)		
2차로 교외 포장도로(2,000대/일 미만)	35	35
4차로 이상의 교외 포장도로(40,000대/일 미만)		
2차로 고속도로 또는 교통량(편도) 1일 40,000대 이상의 4차로 고속도로	50	55
4차로 고속도로(편도 교통량 1일 40,000대 미만)	60	60

[주] 차로는 왕복기준이며, 주행속도는 차로수·교통량 등 현장 조건에 따라 주행속도를 측정하여 사용할 수 있다.

1-6 스테인리스 강관 용접 부자재

〈표 부록 1-6〉 TIG용접 소모재료

규격 (mm)	용접봉 (kg)	Argon (ℓ)
Φ15	0.007	64
20	0.013	95
25	0.020	129
40	0.040	191
50	0.055	265
65	0.168	343
80	0.213	430
90	0.257	565
1900	0.313	699
125	0.443	1,908
150	0.601	1,285
200	1.007	2,170

CHAPTER 02

조경적산 실습문제 및 해설

부록의 연습문제는 학생들이 직접 적산문제를 풀어봄으로써 적산방법을 명확히 이해하고 실무에 대비하기 위한 것이다. 답안에 제시된 단가는 2024년 5월 단가를 기준으로 작성하였다.

2-1 조경공사 총공사비 산출

[문제] 아래 내역과 같은 조경공사의 보기와 조건을 참조하여 제 잡비 적용비율을 계산하고 총 공사비를 산출하시오.

- 보기: 직접공사비(순공사비) : 1000,000천원

  ① 직접노무비 : 400,000천원, ② 재료비 : 500,000천원, ③ 직접경비 : 100,000천원
- 조건 : 공사기간 12개월, 지급자재 없음

[답안]

1) 적용비율계산

항목	적용대상	적용비율
④ 간접노무비	직접노무비	(15.0%+14.0%+15.0%)÷3 = 14.7%
⑤ 산재보험료	노무비 (직접 + 간접)	3.5%
⑥ 산업안전보건관리비	재료비+직접 노무비	1.20% + 3,250,000원 (기초액)
⑦ 퇴직공제부금	직접노무비	2.3%
⑧ 고용보험료	노무비 (직접 + 간접)	1.01%
⑨ 국민건강 보험료	직접노무비	3.545%
⑩ 국민연금 보험료	직접노무비	4.5%
⑪ 노인장기요양 보험료	국민건강보험료	12.95%
⑫ 환경보전비	직접공사비	0.3%
⑬ 건설기계대여금 지급보증서 발급금액	직접공사비	0.18%

항목	적용대상	적용비율
⑭ 건설하도급대금 지급보증서 발급수수료	직접공사비	0.081%
⑮ 기타경비	노무비(직접 + 간접) + 재료비	6.6%
⑯ 일반관리비	직접공사비	6.0% 이하
⑰ 이윤	공사원가+일반관리비-직접재료비	15% 이하
⑱ 부가가치세	총공사원가	10%

2) 총 공사비 내역서

구분	적용 대상금액	적용율	금액
직접공사비(순공사비)	-	-	1,000,000,000
④ 간접노무비	400,000,000	0.147	58,800,000
⑤ 산재보험료	458,800,000	0.035	16,058,000
⑥ 산업안전보건관리비	900,000,000	0.012+3,250,000	14,050,000
⑦ 퇴직공제부금	400,000,000	0.023	9,200,000
⑧ 고용보험료	458,800,000	0.0101	4,633,880
⑨ 국민건강 보험료	400,000,000	0.03545	14,180,000
⑩ 국민연금 보험료	400,000,000	0.045	18,000,000
⑪ 노인장기요양 보험료	14,180,000	0.1295	1,836,310
⑫ 환경보전비	1,000,000,000	0.003	3,000,000
⑬ 건설기계대여금 지급보증서 발급금액	1,000,000,000	0.0018	1,800,000
⑬ 건설하도급대금 지급보증서 발급수수료	1,000,000,000	0.00081	810,000
⑭ 기타경비	958,800,000	0.066	63,280,800
소계(1) 공사원가			1,205,648,990
⑮ 일반관리비	1,205,648,990	0.06	72,338,939
⑯ 이윤	777,987,929	0.15	116,698,189
소계(2) 총 공사원가			1,394,686,118
⑰ 부가가치세	1,394,686,118	0.1	139,468,611
⑱ 총공사비			1,534,154,000

[해설]

- 간접노무비, 일반관리비, 이윤 등의 기준은 최대 기준이므로 해당범위 안에서 적용하되 발주기관의 기준에 따라 적용한다.

2-2 수목식재 공사비 적산

[문제] 다음표의 내역과 같은 식재공사의 순공사비(직접공사비)를 산출하고자 한다. 보기와 조건을 참조하여 수종별 일위대가를 작성하고 순공사비를 계산하시오.

수종	규격	단위	수량	단가	비고
잣나무	3.0 × 1.5	주	100	66,000	
느티나무	4.0 × 12	주	50	280,000	
은행나무	4.0 × 10	주	50	266,000	
회양목(둥근형)	0.5 × 0.8	주	100	36,000	단식
자산홍	0.4 × 0.4	주	1,000	3,100	군식
잔디(평떼)	0.3 × 0.3 × 0.03	매	3,000	450	
지주목	삼발이(D40×1500)	개소		11,000	낙엽송 방부목

- 보기 : 수목할증 10%, 조경공 노임: 219,533원, 보통인부: 노임 165,545원
  굴삭기(무한궤도 0.4) 시간당비용:
  - 노무비 55,610/hr, 재료비 15,744원/hr, 경비 16,378원/hr
- 조건 : 수고 3.5m 미만의 수목은 지주목을 설치하지 않음.(인력품의 11%를 감)
  기계시공품이 있는 경우 기계시공품으로 산출할 것.
  일위대가 작성 시 수종별로 H, W, R, B 등을 구분하여 규격 표시.
  잔디면적: 수목 총 수량에 평균 주당 0.05㎡를 곱한 면적 공제

[답안]

1) 수목 일위대가 작성

제1호 표 잣나무(H3.0×W1.5)식재 (지주목 무) (주당)

공종(수종)	규격	단위	수량	노무비		재료비		경비	
				단가	금액	단가	금액	단가	금액
잣나무	H3.0×W1.5	주	1.1	0.0	0.0	66,000.0	72600.0	0.0	0.0
조경공		인	0.089	219,533.0	19,538.4	0.0	0.0	0.0	0.0
보통인부		인	0.029	165,545.0	4,800.8	0.0	0.0	0.0	0.0
굴삭기	$0.4m^3$	hr	0.267	55,610.0	14,847.8	15,744.0	4,203.6	16,378.0	4,372.9
계					39,187		76,803		4,372

제2호 표 느티나무(H4.0×R12)식재 (지주목 유) (주당)

공종(수종)	규격	단위	수량	노무비		재료비		경비	
				단가	금액	단가	금액	단가	금액
느티나무	H4.0×R12	주	1.1	0.0	0.0	280,000.0	308,000.0	0.0	0.0
조경공		인	0.25	219,533.0	54,883.2	0.0	0.0	0.0	0.0
보통인부		인	0.83	165,545.0	137,402.3	0.0	0.0	0.0	0.0
굴삭기	0.4	hr	0.667	55,610.0	37,091.8	15,744.0	1,0501.2	16,378.0	10,924.1
계					229,377		318,501		10,924

제3호 표 은행나무(H4.0×B10)식재 (지주목 유) (주당)

공종(수종)	규격	단위	수량	노무비		재료비		경비	
				단가	금액	단가	금액	단가	금액
은행나무	H4.0×B10	주	1.1	0.0	0.0	266,000.0	292,600.0	0.0	0.0
조경공		인	0.25	219,533.0	54,883.2	0.0	0.0	0.0	0.0
보통인부		인	0.83	165,545.0	137,402.3	0.0	0.0	0.0	0.0
굴삭기	0.4	hr	0.667	55610.0	37,091.8	15744.0	1,0501.2	16,378.0	10,924.1
계					229,377		303,101		10,924

제4호 표 회양목(H0.5×W0.8)식재 (단식) (주당)

공종(수종)	규격	단위	수량	노무비		재료비		경비	
				단가	금액	단가	금액	단가	금액
회양목	H0.5×W0.8	주	1.1	0.0	0.0	36,000.0	39,600.0	0.0	0.0
조경공		인	0.04	219,533.0	8,781.3	0.0	0.0	0.0	0.0
보통인부		인	0.013	165,545.0	2,152.0	0.0	0.0	0.0	0.0
계					10,933		39,600		0

제5호 표 자산홍(H0.4×W0.4)식재 (군식) (주당)

공종(수종)	규격	단위	수량	노무비		재료비		경비	
				단가	금액	단가	금액	단가	금액
자산홍	H0.4×W0.4	주	1.1	0.0	0.0	3,100.0	3,410.0	0.0	0.0
조경공		인	0.01	219,533.0	2,195.3	0.0	0.0	0.0	0.0
보통인부		인	0.003	165,545.0	496.6	0.0	0.0	0.0	0.0
계					2,691		3,410		0

제6호 표 잔디(평떼 0.3×0.3×0.03) 식재 (m²당)

공종(수종)	규격	단위	수량	노무비		재료비		경비	
				단가	금액	단가	금액	단가	금액
잔디	평떼 0.3×0.3 ×0.03	매	12.1	0.0	0.0	450.0	5,445.0	0.0	0.0
조경공		인	0.0067	219,533.0	1,470.8	0.0	0.0	0.0	0.0
보통인부		인	0.0267	165,545.0	4,420.0	0.0	0.0	0.0	0.0
계					5,890		5,445		0

2) 순공사비 내역서

공종 (수종)	규격	단위	수량	금액계	노무비		재료비		경비	
					단가	금액	단가	금액	단가	금액
잣나무	H3.0× W1.5	주	100.0	12,036,200	39,187	3,918,700	76,803	7,680,300	4,372	437,200
느티나무	H4.0× R12	주	50.0	27,940,100	229,377	11,468,850	318,501	15,925,050	10,924	546,200
은행나무	H4.0× B10	주	50.0	27,170,100	229,377	11,468,850	303,101	15,155,050	10,924	546,200
회양목	H0.5× W0.8	주	100.0	5,053,300	10,933	1,093,300	39,600	3,960,000	0	0
자산홍	H0.4× W0.4	주	1,000.0	6,101,000	2,691	2,691,000	3,410	3,410,000	0	0
잔디	평떼 0.3×0.3 ×0.03	m²	2935.0	33,268,225	5,890	17,287,150	5,445	15,981,075	0	0
지주목	삼발이	개소	100.0	1,100,000	0	0	11,000	1,100,000	0	0
계				112,668,925		47,927,850		63,211,475		1,529,600

[해설]

- 잣나무는 지주목을 설치하지 않으므로 일위대가 작성 시에 품의 11%를 감한다.
- 회양목(H0.5×W0.8)은 수관폭이 수고보다 크므로 수고 0.8m 표준품을 적용한다.
- 일위대가 및 내역서 작성 시 금액의 정해진 소수위 미만은 반올림 없이 버림.

2-3 식재기반조성 공사비 적산

[문제] 10,000㎡의 녹지에 식재기반을 조성하기 위해 두께 20cm의 부토를 시행하고 그 위에 다음 그림과 같은 마운딩을 50군데 하고자 한다. 보기와 조건을 참조하여 아래 순서에 따라 수량 산출과 일위대가를 작성하고 순공사비 내역서를 작성하시오.

- 보기 : 노임단가 : 조경공 : 219,533원, 보통인부 : 165,545원
  - 굴삭기(무한궤도 0.6)의 시간당 비용 : 노무비 55,610원/hr, 재료비 16,221원/hr, 경비 21,957원/hr
- 조건 : 토량은 자연상태를 기준으로 소수점 1자리까지 구하고 이하 반올림, 마운딩 성토는 기계시공으로 계산

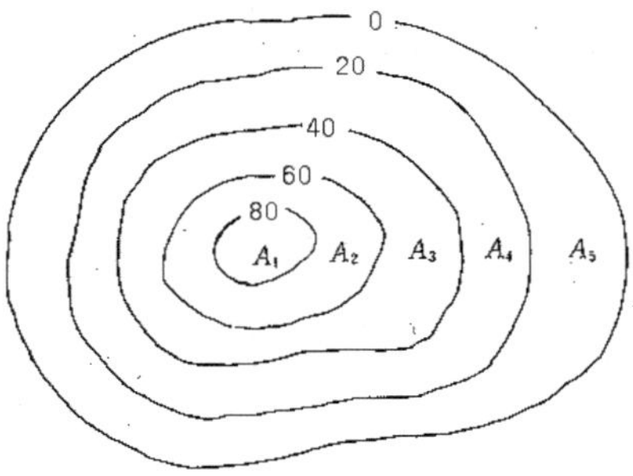

A_1 면적 : 5m^2
A_2 면적 : 10m^2
A_3 면적 : 20m^2
A_4 면적 : 40m^2
A_5 면적 : 80m^2
등고선 간격 0.2m^2

1) 수량 산출
   - 부토량, 마운딩토량, 전체토량, 부토펴기 및 고르기 면적, 마운딩 고르기 면적
2) 기본 일위대가 작성, 순공사비 내역서 작성.

[답안]

1) 수량 산출

- 부토량 : 0.2 × 10,000= 2,000(m^3)

- 마운딩 1개소 토량 : $\frac{0.2}{2} \times \{(5+10)+(10+20)+(20+40)+40+80)\} = 22.5(m^3)$
- 마운딩 전체토량 : $22.5 \times 50 = 1,125(m^3)$
- 식재기반조성용 전체토량 : $2,000 + 1,125 = 3,125(m^3)$
- 부토 펴기 및 고르기 면적 : $10,000 - (80 \times 50) = 6,000(m^2)$
- 마운딩 고르기 면적 : $80 \times 50 = 4,000(m^2)$

2) 기본 일위대가 작성

제1호 표 부토 펴기 및 고르기 (m^2당)

공종	규격	단위	수량	노무비		재료비		경비	
				단가	금액	단가	금액	단가	금액
보통인부		인	0.0216	165,545	3,575.7	0.0	0.0	0.0	0.0
계					3,575.7		0.0		0.0

제2호 표 마운딩 성토 (기계시공) (m^3당)

공종	규격 (m^3)	단위	수량	노무비		재료비		경비	
				단가	금액	단가	금액	단가	금액
굴삭기 (무한궤도)	0.6	hr	0.006	55,610.0	333.6	16,221.0	97.3	21,957.0	131.7
계					333.6		97.3		131.7

제3호 표 마운딩 고르기 (m^2당)

공종	규격	단위	수량	노무비		재료비		경비	
				단가	금액	단가	금액	단가	금액
조경공		인	0.001	219,533.0	219.5	0.0	0.0	0.0	0.0
보통인부		인	0.008	165,545.0	1,324.3	0.0	0.0	0.0	0.0
굴삭기	0.6	hr	0.009	55,610.0	500.4	16,221.0	145.9	21,957.0	197.6
계					2,044.2		145.9		197.6

2-2) 식재기반조성공사 순공사비 내역서 작성

<table>
<tr><th rowspan="2">공종</th><th rowspan="2">규격</th><th rowspan="2">단위</th><th rowspan="2">수량</th><th rowspan="2">금액계</th><th colspan="2">노무비</th><th colspan="2">재료비</th><th colspan="2">경비</th></tr>
<tr><th>단가</th><th>금액</th><th>단가</th><th>금액</th><th>단가</th><th>금액</th></tr>
<tr><td>부토펴기 및 고르기</td><td>인력</td><td>m^2</td><td>6,000</td><td>21,454,200</td><td>3,575.7</td><td>21,454,200</td><td>0.0</td><td>0</td><td>0.0</td><td>0</td></tr>
<tr><td>마운딩 성토</td><td>기계</td><td>m^3</td><td>1,125</td><td>632,925</td><td>333.6</td><td>375,300</td><td>97.3</td><td>109,462</td><td>131.7</td><td>148,162</td></tr>
<tr><td>마운딩 고르기</td><td>인력 + 기계</td><td>m^2</td><td>4,000</td><td>9,550,800</td><td>2,044.2</td><td>8,176,800</td><td>145.9</td><td>583,600</td><td>197.6</td><td>790,400</td></tr>
<tr><td>계</td><td></td><td></td><td></td><td>31,637,924</td><td></td><td>30,006,300</td><td></td><td>693,062</td><td></td><td>938,562</td></tr>
</table>

[해설]

- 마운딩 구간은 부토펴기 및 고르기를 하지 않는 것으로 본다.
- 기본 일위대가 계의 소수위는 0.1까지 한다.
- 순공사비 내역서에서 금액계의 하행과 횡행 합계 차이(1원)는 노무비, 재료비, 경비의 소수점 합계 차이로 발생함.

2-4 수목유지관리 공사비 적산

[문제] 다음 표의 내역과 같은 수목공사의 관수 및 시비공사비를 산출하고자 한다. 보기와 기준을 참조하여 시 아래 순서에 따라 수량 산출과 일위대가를 작성하고 순공사비 내역서를 작성하시오.

수종	규격	단위	수량	비고
잣나무	3.0×1.5	주	50	
느티나무	4.0×12	주	50	
은행나무	4.0×10	주	50	
자산홍	0.4×0.4	주	3,000	군식
잔디(평떼)	0.3×0.3×0.03	m^2	5,000	

- 보기 : 재료단가 : 유기질 비료 : 9,500원/포(20kg), 잔디복합비료 : 34,000원/포(20kg)
  - 노임단가 : 조경공 : 219,533원, 보통인부 : 165,545원
  - 트럭(2.5t)의 시간당 비용 : 노무비 47,155/hr, 재료비 5,216원/,hr, 경비 6,169원/hr
  - 살수차(1,800 l)의 시간당 비용 :
  노무비 47,155/hr, 재료비 13,896원/hr, 경비 7,041원/hr
- 관수기준:
  - 교목 : 인력관수 1회, 흉고직경 10~20 미만 적용
  - 관목(군식) 및 잔디: 살수차 관수(소형장비 사용) 1회
- 시비기준 : 교목 : 방사형 시비, 근원직경 11~21 미만 적용
  - 관목군식의 1주당 소요면적: 0.1m^2/주(규격 0.4×0.4)
  - 시비량 :
  교목(유기질 비료): 수고 2.6m~3.5m: 6kg/주, 수고 3.6m~5.0m: 12kg/주
  관목(유기질 비료): 단식: 1.0kg/주, 군식: 0.25kg/주, 잔디(복합비료): 50g/m^2

1) 수량 산출: 시비면적 및 시비량,
2) 기본 일위대가 작성,
3) 순공사비 내역서 작성.

[답안]

1) 시비면적 및 시비량 및 산출

- 관목시비면적: 3,000 × 0.1 = 300(㎡)
- 유기질 비료량(포)
  교목: 잣나무:50×6= 300(kg), 느티나무: 50×12= 600(kg), 은행나무: 50×12= 600(kg)
  관목: 자산홍: 3,000×0.25= 750(kg),
  계 : 2,250(kg) 2,250 ÷ 20 = 112.5(포)
- 복합비료 시비량(포)
  잔디: 5,000 × 0.05 = 250(kg) 250÷ 20 = 12.5(포)

2) 기본 일위대가 작성

제1호 표 인력관수(흉고직경 10~20 미만) **(주당)**

공종	규격	단위	수량	노무비		재료비		경비	
				단가	금액	단가	금액	단가	금액
보통인부		인	0.04	165,545.0	6,621.8	0.0	0.0	0.0	0.0
계					6,621.8		0.0		0.0

제2호 표 살수차관수(소형장비 사용) **(100m²당)**

공종	규격	단위	수량	노무비		재료비		경비	
				단가	금액	단가	금액	단가	금액
보통인부		인	0.143	165,545.0	23,672.9	0.0	0.0	0.0	0.0
살수차	1,800 *l*		1.143	47,155.0	53,898.1	13,896.0	15,883.1	7,041.0	8047.8
계					77,571.0		15,883.1		8047.8

제3호 표 교목시비(방사형, 근원직경 11~21 미만) **(주당)**

공종	규격	단위	수량	노무비		재료비		경비	
				단가	금액	단가	금액	단가	금액
조경공		인	0.024	219,533.0	5,268.7	0.0	0.0	0.0	0.0
보통인부		인	0.012	165,545.0	1,986.5	0.0	0.0	0.0	0.0
계					7,255.2		0		0

제4호 표 관목(군식)시비 (100m²당)

공종	규격	단위	수량	노무비		재료비		경비	
				단가	금액	단가	금액	단가	금액
조경공		인	0.667	219,533.0	146,428.5	0.0	0.0	0.0	0.0
보통인부		인	0.333	165,545.0	55,126.4	0.0	0.0	0.0	0.0
계					201,554.9		0		0

제5호 표 잔디시비 (100m²당)

공종	규격	단위	수량	노무비		재료비		경비	
				단가	금액	단가	금액	단가	금액
조경공		인	0.0089	219,533.0	1,953.8	0.0	0.0	0.0	0.0
보통인부		인	0.0044	165,545.0	728.3	0.0	0.0	0.0	0.0
트럭	2.5ton		0.0356	47,155.0	1,678.7	5,216.0	185.6	6,169.0	225.1
계					4,360.8		185.6		225.1

3) 수목유지관리공사 순공사비 내역서

공종(수종)	규격	단위	수량	금액계	노무비		재료비		경비	
					단가	금액	단가	금액	단가	금액
유기질 비료	20kg	포	112.5	1,068,750	0.0	0	9,500.0	1,068,750	0.0	0
복합비료 (잔디용)	〃	포	12.5	425,000	0.0	0	34,000.0	425,000	0.0	0
인력 관수		주	150	993,270	6,621.8	993,270	0.0	0	0.0	0
살수차 관수	소형장비	100㎡	53	5,379,600	77,571.0	4,111,263	15,883.1	841,804	8,047.8	426,533
교목 시비	방사형	주	150	1,088,280	7,255.2	1,088,280	0.0	0	0.0	0
관목 시비	군식	100㎡	3	604,664	201,554.9	604,664	0.0	0	0.0	0
잔디 시비		100㎡	50	238,575	4,360.8	218,040	185.6	9,280	225.1	11,255
계				9,798,139		7,015,517		2,344,834		437,788

[해설]

- 살수차 관수 표준품, 관목(군식) 및 잔디시비 표준품은 100㎡ 기준이므로 순공사비 내역의 수량은 관수 및 시비면적의 1/100로 계상한다.

2-5 시설물 기초공사비 적산

[문제] 다음 단면도와 같은 벽식 구조물의 기초를 100m 설치하고자 한다. 보기와 조건을 참조하여 아래 순서에 따라 수량 산출과 일위대가를 작성하고 순공사비 내역서를 작성하시오.

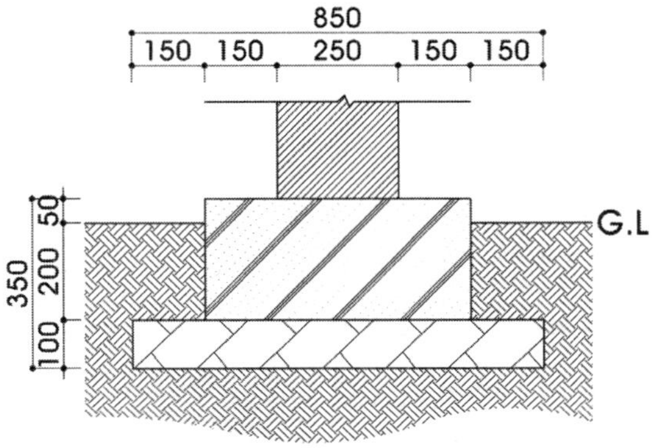

- 보기 : 노임 단가: 콘크리트공 : 261,283원, 보통인부 : 165,545원
  - 재료 단가: 레미콘(120-18-25): 97,310원, 잡석: 26,000원/㎥
  - 합판거푸집(6회) 단가: 노무비 : 34,120원/㎡, 재료비 : 12,400원/㎡
  - 기계경비 시간당 비용
    굴삭기(무한궤도, 0.2㎥): 노무비 55,610원/hr, 재료비 7,886원/hr, 경비 13,041원/hr
    진동롤러(핸드가이드): 노무비 33,517원/hr, 재료비 3,240원/hr, 경비 1,846원/hr
    플레이트 콤팩터(1.5t): 노무비 33,517원/hr, 재료비 1,701원/hr, 경비 582원/hr

- 조건 : 토질: 보통토사, 토량은 자연상태 기준
  - 원지반 다짐: 플레이트 콤팩터 3회 (작업상태 보통)
  - 콘크리트 타설: 레미콘 타설, 인력운반, 무근구조물 적용
  - 수량계산 소수위: 소수점 2자리까지 미만 반올림
  - 할증 : 레미콘 : 2%, 잡석 : 4%
  - 잡석은 다져진 상태와 흐트러진 상태 토량 동일.

1) 기초터파기 수량산출과 일위대가 작성
   - 기본 일위대가: 굴착, 되메우기, 잔토처리, - 표준일위대가 : 기초 터파기

2) 기초공사 수량산출과 일위대가 작성
 - 기본일위대가: 원지반 다짐, 레미콘 타설(인력운반 무근구조물), 잡석다짐,
 - 표준일위대가: 벽식 구조물
3) 순공사비 내역서 작성

[답안]

1-1) 기초터파기 토량산출

- 기초 1m 당 터파기량 : (0.85 + 0.4) × 0.3 × 1 = 0.375 (m^3)
- 기초 1m 당 되메우기량 : 0.375－(0.1 × 0.85 × 1 + 0.2 × 0.55 × 1) = 0.18(m^3)
- 기초 1m 당 잔토처리량 : 0.1 × 0.85 × 1 + 0.2 × 0.55 × 1 = 0.195(m^3)

1-2) 기초터파기 기본 일위대가 작성

제1호 표 인력굴착 (보통토사) (m^3당)

공종	규격)	단위	수량	노무비		재료비		경비	
				단가	금액	단가	금액	단가	금액
보통인부		인	0.2	165,545.0	33,109.0	0.0	0.0	0.0	0.0
계					33,109.0	0.0	0.0	0.0	0.0

제2호 표 되메우기 (보통토사) (m^3당)

공종	규격	단위	수량	노무비		재료비		경비	
				단가	금액	단가	금액	단가	금액
보통인부		인	0.094	165,545.0	15,561.2	0.0	0.0	0.0	0.0
계					15,561.2	0.0	0.0	0.0	0.0

제3호 표 잔토처리 (보통토사) (m^3당)

공종	규격	단위	수량	노무비		재료비		경비	
				단가	금액	단가	금액	단가	금액
보통인부		인	0.2	165,545.0	33,109.0	0.0	0.0	0.0	0.0
계					33,109.0	0.0	0.0	0.0	0.0

1-3) 벽식 구조물 기초터파기 표준 일위대가 작성

제4호 표 벽식구조물 기초터파기 (보통토사) (m당)

공종	규격	단위	수량	노무비		재료비		경비	
				단가	금액	단가	금액	단가	금액
인력굴착	보통토사	m^3	0.375	33,109.0	12,415.8	0.0	0.0	0.0	0.0
되메우기	〃	m^3	0.18	15,561.2	2,801.0	0.0	0.0	0.0	0.0
잔토처리	〃	m^3	0.195	33,109.0	6,456.2	0.0	0.0	0.0	0.0
계					21,673	0.0	0.0	0.0	0.0

2-1) 기초공사 수량산출

- 기초 1m 당 레미콘량(m^3); 0.25 × 0.55 × 1 = 0.1375 ≒ 0.14 (m^3)
- 기초 1m 당 레미콘량(m^3, 할증포함); 0.1375 × 1.02 = 0.14025 ≒ 0.14(m^3)
- 기초 1m 당 거푸집 면적(m^2); 0.25 × 1 × 2(양면)=0.5 (m^2)
- 기초 1m 당 잡석량(m^3,) 0.1 × 0.85 × 1 = 0.085 (m^3) ≒ 0.09 (m^3)
- 기초 1m 당 잡석량(m^3, 할증포함) 0.85 × 1.04=0.0884 ≒ 0.09 (m^3)
- 기초 1m 당 원지반다짐 면적 0.85 × 1 =0.085 (m^2)
- 플레이트 콤팩터 $1m^2$ 당 작업시간

  A = 1,000 × V × W × E × 1/N = 1,000×1.0×0.45×0.6×1/3 = 90(m^2)

  작업시간(hr) = 1÷ 90 = 0.011111 ≒ 0.01(hr)

2-2) 기초공사 기본 일위대가 작성

제5호 표 원지반 다짐(플레이트 콤팩터 3회) (m^2당)

공종	규격	단위	수량	노무비		재료비		경비	
				단가	금액	단가	금액	단가	금액
플레이트 콤팩터	1.5t	hr	0.01	33,517.0	335.1	1701.0	17.0	582.0	5.8
계					335.1		17.0		5.8

제6호 표 레미콘 타설(인력운반, 무근구조물) (m^3당)

공종	규격	단위	수량	노무비		재료비		경비	
				단가	금액	단가	금액	단가	금액
콘크리트공		인	0.13	261,283.0	33,966.7	0.0	0.0	0.0	0.0
보통인부		인	0.13	165,545.0	21,520.8	0.0	0.0	0.0	0.0
계					55,487.5		0		0

제7호 표 기초지정(잡석 다짐) (m^3당)

공종	규격	단위	수량	노무비		재료비		경비	
				단가	금액	단가	금액	단가	금액
보통인부		인	0.018	165,545.0	2,979.8	0.0	0.0	0.0	0.0
굴삭기	$0.2m^3$	hr	0.07	55610.0	3,892.7	7,886.0	552.0	13,041.0	912.8
진동롤러 (핸드가이드)	0.7ton	hr	0.086	33,517.0	2,882.4	3,240.0	278.6	1,846.0	158.7
계					9,754.9		830.6		1,071.5

2-3) 벽식 구조물 기초 표준 일위대가 작성

제6호 표 벽식구조물 기초 (m당)

공종	규격	단위	수량	노무비		재료비		경비	
				단가	금액	단가	금액	단가	금액
레미콘		m^3	0.14	0.0	0.0	97,310.0	13,623.4	0.0	0.0
잡석		m^3	0.09	0.0	0.0	26,000.0	2,340.0	0.0	0.0
합판거푸집	합판 6회	m^2	0.5	34120.0	17,060.0	12,400.0	6200.0	0.0	0.0
원지반다짐	콤팩터 3회	m^2	0.85	335.1	284.8	17.0	14.4	5.8	4.9
기초지정	잡석다짐	m^3	0.009	9,754.9	87.7	830.6	7.4	1,071.5	9.6
레미콘 타설	인력, 무근	m^3	0.14	55,487.5	7,768.2	0.0	0.0	0.0	0.0
계					25,200		22,185		14

3) 벽식 구조물 기초 순공사비 내역서

공종(수종)	규격	단위	수량	금액계	노무비		재료비		경비	
					단가	금액	단가	금액	단가	금액
벽식구조물 기초터파기	보통 토사	m	100	2,167,300	21,673	2,167,300	0	0	0	0
벽식구조물 기초		m	100	4,739,900	25,200	2,520,000	22,185	2,218,500	14	1,400
계				6,907,200		4,687,300		2,218,500		1,400

[해설]

- 구조물 기초 터파기량 계산 시 기초 양쪽에 여유폭 20cm를 감안하여 계산한다.
- 되메우기량은 터파기량에 GL 아래부분의 콘크리트량과 잡석량을 공제하여 산출한다.
- 잔토처리량은 GL 아래부분의 콘크리트량 및 잡석량과 같다.
- 레미콘 및 잡석 수량을 정미수량과 할증 수량을 따로 계산하는 것은 일위대가에서 재료량은 할증포함 값이며, 작업품은 정미수량 값이기 때문이다.

2-6 운반공사비 적산

가. 인력 운반

[문제] 자갈 $5m^3$를 지게를 이용하여 200m 떨어진 지점에 운반 하고자 한다. 보기와 조건을 참조하여 운반비를 계산하시오.

- 보기 : 단위중량 : - 자갈 : 1,700kg/m^3, - 보통인부 노임 : 165,545원
- 조건 : 운반로 : - 양호(V = 3,000m/hr) - 경사로 수평길이 100m, 높이 5m
  보통인부 1인 운반무게 : 25kg 기준
  수량산출: 소수점 2자리까지 이하 반올림

[답안]

1) 자갈 1㎥ 당 운반비

- 경사도 : $\frac{5}{100}$ = 5(%)
- 경사로 길이 L × a =100 × 1.33 = 133(m) a : 경사도별 환산계수 = 1.33
- 전체길이 : 100 + 133 =233(m)
- 1일 사이클 횟수 : $N=\frac{V\times T}{120L+V\times t}=\frac{3,000\times 450}{120(233)+(3,000\times 1.5)}$ = 41.58964≒ 41.59(회/일)
- 1일 운반량 : Q = n×q = 41.59(회/일) × 25(kg)/1,700(kg) = 0.6116 ≒ 0.61(m^3)
- 자갈 ㎥당 운반비 : 165,545원 ÷ 0.61 ≒ 271,385.2(원/m^3)

2) 전체운반비

271,385.2 × 5 =1,356,926(원)

[해설]

- 전체 200m 중 100m만 경사로이므로 100m에 대한 경사도 환산계수를 적용하여 길이를 환산한다.

- 지게 1일 사이클 횟수를 먼저 산출하고 1회 운반량을 곱하여 1일 운반량을 산출한다.
- 지게의 1회 운반량이 25kg이므로 단위중량으로 나누어 체적(m^3)으로 산출한다.
- 보통인부 1일 노임을 1일 운반량으로 나누어 자갈 m^3당 운반비를 산출한다.

나. 중량물 운반

[문제] 1개의 중량이 100kg인 화강석 장대석 50개를 150m 떨어진 지점에 운반하여 배치하고자 할 때 보기와 조건을 참조하여 운반비를 계산하시오.

- 보기 : 인력운반공 노임 : 174,273원
- 조건 : 운반로 – 양호(V=2.0km/hr) - 경사로 수평길이 : 50m, 높이 : 5m
  인력운반공 1인 운반무게 : 25kg 기준

[답안]

1) 화강석 1개 운반 시 인력운반공 수

- 100kg ÷ 25kg/인 = 4인

2) 화강석 1개 운반비

- 경사도 : $\frac{5}{50}$ = 10(%)
- 경사로 길이 : L × a = 50 × 2.00 = 100(m) a : 경사도별 환산계수 = 2.00
- 전체길이 : 100(평지) + 100(경사지 환산) =200(m)
- 개당 운반비 :

$\frac{M}{T}\times A(\frac{60\times 2\times L}{V}+t)$ = 4/450 × 174,273 × {(60×2×0.2)/2+2}= 21,687.3066

≒ 216877.3원

3) 전체운반비

21,687.3 × 50 = 1,084,365(원)

[해설]

- 전체 150m 중 50m만 경사로이므로 경사도 환산계수를 적용하여 전체길이를 환산한다.
- 장대석 개당 인력운반공 수를 먼저 구한 뒤 공식에 따라 개당 운반비를 산출한다.

2-7 기계경비 적산

[문제] 바켓용량 0.7m³의 굴삭기(무한궤도)를 이용하여 사질토 1,000㎥(자연상태)를 채취하여 선회각도 135o로 15t 덤프트럭에 적재한 후 12km 떨어진 현장에 성토하려 한다. 보기와 조건을 참조하여 다음 순서에 따라 운반량을 산출하고 일위대가와 순공사비 내역서를 작성하시오.

- 보기 : 사질토 단위중량 : 1,900kg/㎥, L=1.25
  기계경비 시간당 비용
  - 굴삭기(0.7㎥) : 노무비 55,610/hr, 재료비 18,448원/hr, 경비 23,128원/hr
  - 덤프트럭(15t) : 노무비 55,610원/hr, 재료비 28,603원/hr, 경비 19,631원/hr
- 조건 : 현장작업조건 : 양호
  운반속도 : 적재 및 공차 시 15㎞/hr(2차선 이상의 공사용 가설도로)
  수량산출 : 소수점 2자리까지 이하 반올림
  금액산출 : 소수점 1자리까지 이하 버림

1) 중기 시간당 작업량 계산
2) 토사 채취 및 운반 단가 산출
3) 순공사비 내역서 작성

[답안]

1) 중기 시간당 작업량 계산

- 굴삭기의 시간 당 채취 작업량 (자연상태 기준)
  - 굴삭기용량 : q = 0.7, 버켓계수 : K = 1.1, 토량환산계수 $f = \frac{1}{1.25} = 0.8$
  - 작업효율 : E = 0.85 사이클 타임 : Cm = 20초
  - 시간당 작업량 :

$$Q = \frac{3{,}600 \times q \times K \times f \times E}{Cm} = \frac{3{,}600 \times 0.7 \times 1.1 \times 0.8 \times 0.85}{20\text{초}} = 94.248$$

$$\fallingdotseq 94.25(\text{㎥/hr})$$

• 덤프트럭의 시간당 작업량 (자연상태 기준)

- 덤프트럭용량 $q(Qt) = \frac{T}{r^t} \times L = \frac{15}{1.9} \times 1.25 = 9.868 \fallingdotseq 9.87(㎥)$

- 적재기계의 사이클 횟수 $n = \frac{Qt}{q \times K} = \frac{9.868}{0.7 \times 1.1} = 12.8155 \fallingdotseq 12.82$

- 적재시간 $t_1 = \frac{Cms \times n}{60 \times Es} = \frac{20 \times 12.8155}{60 \times 0.85} = 5.0256 \fallingdotseq 5.03(분)$

- 운반왕복시간 $t2 = \frac{L}{V_1} + \frac{L}{V_1} \times 60 = \frac{12}{15} + \frac{12}{15} \times 60 = 96(분)$

- 적하시간, 대기시간 t_3 = 0.5(분) t_4 = 0.15(분)

- 덮개 설치 및 해체 시간 t_5 = 0.5(분) – 자동덮개

- 세륜기 통과시간 t_6 = 1.5(분)

- 덤프트럭 1회 사이클 시간 Cm = $t_1 + t_2 + t_3 + t_4 + t_5 + t_6$ = 103.68(분)

- 시간당 작업량 $Q = \frac{60 \times q \times f \times E}{Cm} = \frac{60 \times 9.87 \times 0.8 \times 0.9}{103.68} = 4.1125\,(㎥/hr)$

$\fallingdotseq$ 4.11(㎥/hr)

2) 채취 및 운반 단가 산출

• 토사 채취 (m^3당) 단가

- 노무비 : 55,610 ÷ 94.25 = 590.026 ≒ 590.0(원)
- 재료비 : 18,448 ÷ 94.25 = 195.734 ≒ 195.7(원)
- 경　비 : 23,128 ÷ 94.25 = 245.389 ≒ 245.4(원)

• 토사 운반 (m^3당) 단가

- 노무비 : 55,610 ÷ 4.11= 13,530.41 ≒ 13,530.4(원)
- 재료비 : 28,603 ÷ 4.11= 6,959.36 ≒ 6,959.3(원)
- 경　비 : 19,631 ÷ 4.11= 4776.39 ≒ 4,776.3(원)

3) 토사 채취 및 운반 순공사비 내역서

공종	규격	단위	수량	금액계	노무비		재료비		경비	
					단가	금액	단가	금액	단가	금액
토사 채취	굴삭기 0.7	m^3	1,000	1,030,000	590	590,000	195	195,000	245	245,000
토사 운반	덤프트럭 15ton	m^3	1,000	25,265,000	13,530	13,530,000	6,959	6,959,000	4,776	4,776,000
계				26,295,000		14,120,000		7,154,000		5,021,000

[해설]

- 굴삭기 작업량 계산 시 토량환산계수는 굴삭기 용량 0.7이 흐트러진 상태의 용량이므로 자연상태로 환산한다.
- 토량환산계수를 자연상태(0.8)로 할 경우 시간당 작업량은 자연상태의 토량으로 산출된다.
- 덤프트럭의 용량이 무게단위인 ton으로 되어 있으므로 단위중량으로 나누어 부피단위인 m^3로 환산하고 운반상태는 항상 흐트러진 상태이므로 L을 곱하여 흐트러진 상태의 덤프트럭용량을 먼저 계산한다. 흐트러진 상태로 계산하여야 하는 또 다른 이유는 싸이클 횟수를 계산할 때 굴삭기의 버켓용량인 q 값이 흐트러진 상태이기 때문이다.
- 굴삭기 및 덤프트럭의 시간당 기계경비를 시간당 작업량으로 나누면 토사 m^3당 굴착 및 운반단가를 산출할 수 있다.
- 내역서의 소수위는 1원 단위 미만 버림.

2-8 철근콘크리트 공사비 적산

[문제] 아래 단면도와 같은 콘크리트 구조물(H = 1.0m)를 레미콘 타설로 100m 설치하고자 한다. 보기와 조건을 참조하여 다음 순서에 따라 수량을 산출하고 일위대가와 순공사비 내역서를 작성하시오(단위 : mm)

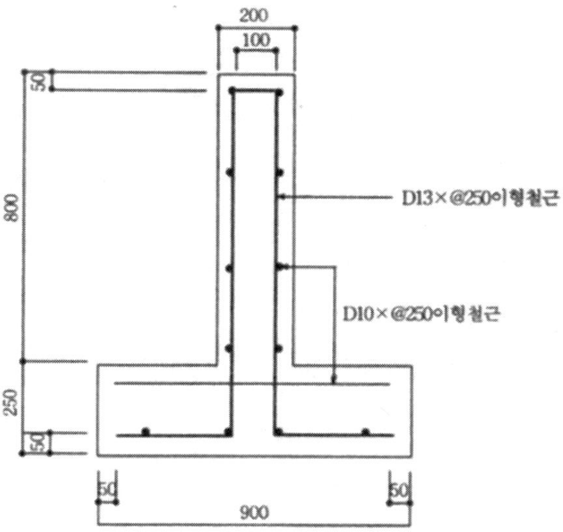

- 보기 : 단위중량 : D13 이형철근 : 0.995kg/m, D10 이형철근 : 0.56kg/m
  재료단가
  - 레미콘(150-21-25) : 102,130원/m^3 - D13 이형철근 : 875,000원/ton,
  - D10 이형철근 : 880,000원/ton

  노임단가:
  - 콘크리트공 : 261,283원, 철근공 : 260,137원, 보통인부: 165,545원
    합판거푸집(6회) 단가: 노무비 : 34,120원/m^2, 재료비 : 12,400원/m^2
- 조건 : 레미콘 타설: 인력운반 타설, 철근 구조물 적용
  철근 가공 및 조립: 토목공사 Type I -1 적용
  수량산출: 소수점 2자리까지(단, ton 단위는 3자리) 이하 반올림,
  할증: 레미콘 : 1%, 철근 : 3%

1) 재료수량 산출
2) 기본일위대가 및 표준일위대가 작성
3) 순공사비 산출

[답안]

1) 재료수량 산출

• 구조물 1m당 레미콘량

- 정미수량: 0.8 × 0.2 × 1 + 0.9 × 0.25 × 1 = 0.385 ≒ 0.39(m^3)

- 할증포함: 0.385 × 1.01 = 0.38885 ≒ 0.39(m^3)

• 구조물 1m당 철근량

- D13 이형철근 정미수량: (0.35 + 0.95 + 0.1 + 0.95 + 0.35) × 4 = 10.8(m)

10.8 × 0.995 = 10.746 (kg/m)

할증포함: 10.746 × 1.03 = 11.06838 ≒ 11.068(kg/m) 0.011(ton)

- D10 이형철근 정미수량: 0.8 × 4 + 12 = 15.2(m), 15.2 × 0.56 = 8.512(kg/m)

할증포함: 8.512 × 1.03 = 8.76736 ≒ 8.767(kg/m) ≒ 0.009(ton)

- 정미수량 합계 : 10.746 + 8.7673 = 19.5133(kg/m) ≒ 0.02(ton)

• 구조물 1m당 거푸집량 : (0.8+0.25) × 2(양면) = 2.1(m^2/m)

2) 기본일위대가 및 표준일위대가 작성

제1호 표 레미콘 타설(인력운반, 철근구조물) (m^3당)

공종	규격	단위	수량	노무비		재료비		경비	
				단가	금액	단가	금액	단가	금액
콘크리트공		인	0.15	261,283.0	39,192.4	0.0	0.0	0.0	0.0
보통인부		인	0.15	165,545.0	24,831.7	0.0	0.0	0.0	0.0
계					64,024.1		0.0		0.0

제2호 표 철근 가공 및 조립 (현장가공 및 조립) (ton당)

공종	규격	단위	수량	노무비		재료비		경비	
				단가	금액	단가	금액	단가	금액
철근공		인	2.432	261,283.0	635,440.2	0.0	0.0	0.0	0.0
보통인부		인	0.810	165,545.0	134,091.4	0.0	0.0	0.0	0.0
계					769,531.6		0		0

제6호 표 콘크리트 구조물(H = 0.8m) (m당)

공종	규격	단위	수량	노무비		재료비		경비	
				단가	금액	단가	금액	단가	금액
레미콘	150-21-25	m^3	0.39	0.0	0.0	102,130.0	39,830.7	0.0	0.0
이형철근	D13	ton	0.011	0.0	0.0	875,000.0	9,625.0	0.0	0.0
이형철근	D10	ton	0.009	0.0	0.0	880,000.0	7,920.0	0.0	0.0
거푸집	6회	m^2	2.1	34,120.0	71,652.0	12,400.0	26,040.0	0.0	0.0
레미콘 타설	인력운반 철근구조물	m^3	0.39	64,024.1	24,969.3	0.0	0.0	0.0	0.0
철근가공 조립	현장	ton	0.02	769,531.6	15,390.6	0.0	0.0	0.0	0.0
					112,011		83,415		0.0

3) 순공사비 내역서 작성

공종 (수종)	규격	단위	수량	금액계	노무비		재료비		경비	
					단가	금액	단가	금액	단가	금액
콘크리트 구조물	H:1.0	m	100	19,542,600	112,011	11,201,100	83,415	8,341,500	0	0
계				19,542,600		11,201,100		8,341,500		0

[해설]

- 레미콘 및 철근 수량을 정미수량과 할증 수량을 따로 계산하는 것은 일위대가에서 재료량은 할증포함 값이며, 작업품은 정미수량 값이기 때문이다.
- 도면의 @ 250은 철근 간격이 250mm를 의미하므로 m당 4개씩 조립한다.
- 철근 길이를 구한 뒤 단위중량을 곱하여 중량을 산출한다.
- 거푸집은 콘크리트의 수직면만 계상하며 양면 계산한다.
- 레미콘 타설과 철근가공 및 조립 기본일위대가의 단가가 플랜터 표준일위대가의 공종별 단가가 된다.

2-9 포장 공사비 적산

[문제] 공원내 보행로를 단면도와 같이 콘크리트 소형고압블럭으로 폭 3m 길이 100m 포장하고자 한다. 보기와 조건을 참조하여 다음 순서에 따라 수량을 산출하고 일위대가와 순공사비 내역서를 작성하시오(단위 : mm)

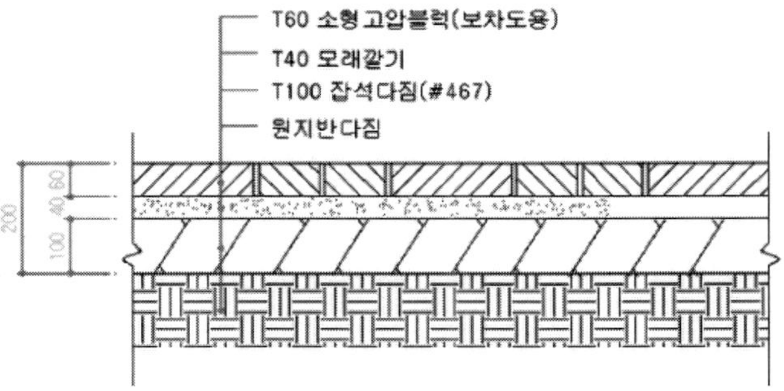

- 보기 : 재료단가 : 모래(쇄사) : 36,000원/m^2, 콘크리트 소형고압블록(I형, 적색) : 11,400원/m^2, 잡석: 26,000원/m^2
  노임단가: 특별인부 : 214,222원, 보통인부 : 165,545원, 포장공: 258,360원, 포설공: 205,982원

기계경비 시간당 비용

구분	규격	노무비 (원/hr)	재료비 (원/hr)	경비 (원/hr)
굴삭기(타이어)	0.6m^3	55,610.0	18,750.0	25,680.0
플레이트 콤팩터	1.5 ton	33,517.0	1,701.0	582.0
진동롤러(핸드가이드식)	0.7ton	33,517.0	3,240.0	1,846.0
살수차	5,500 l	47,155.0	13,896.0	7,041.0

- 조건 : 할증 - 블럭 : 4%, 모래(깔기용) : 6%, 자갈(깔기용) : 4%
  도면상의 모래, 잡석은 다짐상태로 봄,
  원지반 다짐: 플레이트 콤팩터 3회 (작업상태 보통)
  소형고압블록 포장 표준품 : 보도용 블록 포장(소형) A type 적용
  토량변화율: 모래 C = 0.9, L = 1.10, 자갈 C = 1.05, L = 1.10
  수량산출 : 소수점 2자리까지 미만 반올림.

1) 재료수량, 기계작업량 산출
   - 잡석량, 모래량, 플레이트 콤팩터 $1m^2$ 당 작업시간(3회 다짐)
2) 일위대가 작성
   - 기본일위대가: 원지반 다짐 3회, 보조기층, - 표준일위대가: 소형고압블록포장
3) 순공사비 산출

[답안]

1) 재료수량 산출

- 포장 m^2 당 모래량
  - 정미수량(흐트러진 상태) : 1 × 0.04 × 1.1/0.9 = 0.04888 ≒ 0.05(m^3)
  - 할증 포함 수량 : 0.04888 × 1.06 = 0.0518128 ≒ 0.05(m^3)
- 포장 m^2 당 잡석량
  - 정미수량(흐트러진 상태) : 1 × 0.1 × 1.1/1.05 = 0.104776 ≒ 0.1(m^3)
  - 할증 포함 수량 : 0.104776 × 1.04 = 0.10896 ≒ 0.11(m^3)
- 포장 m^2당 플레이트 콤팩터 $1m^2$ 당 작업시간
  - A = 1,000 × V × W × E × 1/N = 1,000×1.0×0.45×0.6×1/3 = 90(m^2)
  - 작업시간(hr) = 1÷ 90 = 0.011111 ≒ 0.01(hr)

2-1) 기본 일위대가 작성

제1호 표 원지반 다짐 (3회) (m^2당)

공종	규격	단위	수량	노무비		재료비		경비	
				단가	금액	단가	금액	단가	금액
플레이트콤팩터	1.5t	hr	0.01	33,517.0	335.1	1701.0	17.0	582.0	5.8
계					335.1		17.0		5.8

제2호 표 보조기층(인력, 소규모장비) (m^3당)

공종	규격	단위	수량	노무비		재료비		경비	
				단가	금액	단가	금액	단가	금액
포설공		인	0.013	258,360.0	3,358.6	0.0	0.0	0.0	0.0
보통인부		인	0.013	165545.0	2,152.0	0.0	0.0	0.0	0.0
굴삭기(타이어)	$0.6m^3$	hr	0.053	55,610.0	2,947.3	18,750.0	993.7	25,680.0	1,361.0
진동롤러 (핸드가이드식)	0.7ton	hr	0.053	33,517.0	1,776.4	3,240.0	171.7	1,846.0	97.8
살수차	5,500 *l*	hr	0.027	47155.0	1,273.1	13,896.0	375.1	7,041.0	190.1
계					11,507.4		1,540.5		1,648.9

2-2) 표준 일위대가 작성

제3호 표 소형고압블럭 포장(T: 60) (m^2당)

공종	규격	단위	수량	노무비		재료비		경비	
				단가	금액	단가	금액	단가	금액
소형고압블럭	T: 60	m^2	1.04	0.0	0.0	11,400.0	11,856.0	0.0	0.0
모래			0.05	0.0	0.0	36,000.0	1,800.0	0.0	0.0
잡석		m^3	0.11	0.0	0.0	26,000.0	2,860.0	0.0	0.0
포장공		인	0.01	258,360.0	2,583.6	0.0	0.0	0.0	0.0
특별인부		인	0.007	214,222.0	1,499.5	0.0	0.0	0.0	0.0
보통인부		인	0.007	165,545.0	1,158.8	0.0	0.0	0.0	0.0
굴삭기(타이어)	$0.6m^3$	대	0.027	55,610.0	1,501.4	18,750.0	506.2	25,680.0	693.3
플레이트콤팩터	1.5t	대	0.027	33,517.0	904.9	1701.0	45.9	582.0	15.7
보조기층	인력 소규모장비	m^3	0.14	11,507.4	1,611.0	1540.5	215.6	1,648.9	230.8
원지반 다짐	콤팩터 3회	m^2	1.0	335.1	335.1	17.0	17.0	5.8	5.8
계					9,594		17,300		945

2-3) 순공사비 산출

공종(수종)	규격	단위	수량	금액계	노무비		재료비		경비	
					단가	금액	단가	금액	단가	금액
소형고압 블럭 포장	T: 60	m^2	300	8,351,700	9,594	2,878,200	17,300	5,190,000	945	283,500
계				8,351,700		2,878,200		5,190,000		283,500

[해설]

- 모래 및 잡석을 흐트러진 상태로 구하는 것은 도면상의 상태는 다져진 상태이며 골재단가가 흐트러진 상태이기 때문이다.
- 소형고압블록포장. 환산표준품은 10m^2 기준이므로 일위대가 적용 시 1/10 적용한다.

2-10 조경석 공사비 적산

[문제] 공원 내 녹지에 휴게공간에 가공 조경석으로 조경석 3점 놓기를 7군데 하고자 한다. 보기와 조건을 참조하여 수량을 산출하고 일위대가와 순공사비 내역서를 작성하시오.

- 보기 : 재료단가 : 가공 조경석(0.6×0.8×0.9) : 131,000원/ton,
  노임단가 : 조경공 : 219,533원,
  굴삭기(무한궤도 0.7m^3) 시간당 비용; 노무비 55,610원, 재료비 18,448원,
  경비 23,128원
- 조건 : 조경석 종류 및 규격 – 가공 조경석(0.6×0.8×0.9), 할증 없음.

[답안]

1) 수량산출

- 조경석 1개당 무게(8목도 기준 ton); 0.6 × 0.8 × 0.9 × 0.75 × 2.65 = 0.8586(ton)
- 조경석 전체 무게(ton): 0.8586(ton) × 21 = 18.0306 ≒18.031(ton)

2) 조경석 놓기 일위대가

제1호 표 조경석 놓기 (ton당)

공종	규격	단위	수량	노무비		재료비		경비	
				단가	금액	단가	금액	단가	금액
조경공		인	0.968	219533.0	212,507.9	0.0	0.0	0.0	0.0
굴삭기(무한궤도)	0.7m^3	hr	0.657	55,610.0	36,535.7	18,448.0	12,120.3	23,128.0	15,195.0
계					249,043		12,120		15,195

3) 조경석 놓기 순공사비 내역서

공종(수종)	규격	단위	수량	금액계	노무비		재료비		경비	
					단가	금액	단가	금액	단가	금액
가공 조경석	8목도	ton	18.031	2,362,061	0	0	131,000	2,362,061	0	0
조경석 놓기		ton	18.031	4,983,010	249,043	4,490,494	12,120	218,535	15,195	273,981
계				7,345,071		4,490,494		2,580,596		273,981

[해설]

- 조경석 전체 무게가 18.031ton이므로 20ton 미만 표준품을 적용한다.

2-11 조적 공사비 적산

[문제] 점토벽돌(표준형)을 사용하여 한장 반(1.5B) 쌓기로 길이 50m, 높이 2.0m의 양면치장 담장을 시공하고자 한다. 보기와 조건을 참조하여 다음 순서에 따라 수량을 산출하고 일위대가와 순공사비 내역서를 작성하시오.

- 보기 : 단위중량 : 시멘트 : 40kg/포
  재료단가 : 시멘트 : 7,200원/포, 모래 : 42,000원/㎥, 점보벽돌 : 480원/매
  노임단가 : 조적공 : 260,473원, 줄눈공 : 195,370원, 보통인부 : 165,545원
- 조건 : 모르타르 배합비 및 재료량

구분	배합비	모르타르 배합 재료량(m^3 당)	
		시멘트(kg)	모래(m^3)
치장쌓기	1 : 3	510	1.10
치장줄눈	1 : 1	1,093	0.78

재료 할증 : 벽돌 3%

1) 재료수량 산출
   - 벽돌량, 모르타르량, 시멘트량, 모래량
2) 일위대가 작성
   - 기본일위대가: 모르타르 배합, 치장쌓기 및 줄눈설치,
   - 표준일위대가: 점토벽돌 담장(1.5B 쌓기, H=2.0m)
3) 순공사비 내역서 작성

[답안]

1) 수량산출

- 담장 m당 점토벽돌량
  담장면적: $1\times2=2(m^2)$, $2m^2\times$ 224(매/m^2) = 448매, 448 × 1.03(할증) = 461.4(매)
- 담장(1.5B) m당 모르타르량(m^3):
  - 치장쌓기 0.078×2 = 0.156(m^3), 치장줄눈(양면) $0.003\times2\times2$ = 0.012(m^3)
    계 0.167(m^3)

• 담장(1.5B) m당 시멘트량, 모래량

- 시멘트량 : 510×0.156 + 1,093×0.012 = 92.676(m^3)

  91.146 ÷ 40 = 2,3169 ≒ 2.32 (포)

- 모래량 : 1.10×0.156 + 0.78×0.012 = 0.18096 ≒ 0.18(m^3)

2-1) 기본일위대가 작성

제1호 표 모르타르 배합(체가름 포함) (m^{3}당)

공종	규격	단위	수량	노무비		재료비		경비	
				단가	금액	단가	금액	단가	금액
보통인부		인	0.66	165,545.0	109,259.7	0.0	0.0	0.0	0.0
계					109,259.7		0.0		0.0

제2호 표 치장쌓기 및 줄눈설치 (m^{2}당)

공종	규격	단위	수량	노무비		재료비		경비	
				단가	금액	단가	금액	단가	금액
조적공		인	0.37	260,473.0	96,375.0	0.0	0.0	0.0	0.0
보통인부		인	0.13	165,545.0	21,520.8	0.0	0.0	0.0	0.0
줄눈공		인	0.1	195,370.0	19,537.0	0.0	0.0	0.0	0.0
계					137,432.8	0.0	0.0	0.0	0.0

2-2) 표준 일위대가 작성

제3호 표 점토벽돌 담장(1.5B, H: 2.0m) (m당)

공종	규격	단위	수량	노무비		재료비		경비	
				단가	금액	단가	금액	단가	금액
적벽돌	표준형	매	461.4			480.0	221,472.0	0.0	0.0
시멘트	40kg	포	2.32			7200.0	16,704.0		
모래		m^3	0.18			42000.0	7,560.0	0.0	0.0
치장벽돌쌓기 및 줄눈설치	1.5 B	m^2	2	137,432.8	274,865.6				
모르터 배합	체가름포함	m^3	0.167	109,259.7	18,246.3				
계					293,111		245,736		0

2-3) 적벽돌 담장 순공사비 내역서

공종	규격	단위	수량	금액계	노무비		재료비		경비	
					단가	금액	단가	금액	단가	금액
적벽돌 담장	1.5B, H: 2.0m	m	50	29,942,350	293,111	14,655,550	245,736	12,286,800	0	0
계				29,942,350		14,655,550		12,286,800		0

[해설]

- 적벽돌 담장 m당 일위대가를 작성하고 전체길이를 곱하여 순공사비를 산출한다.
- 모르타르량에 할증이 포함되어 있으므로 시멘트량와 모래량은 할증하지 않는다.
- 치장줄눈 모르타르량 및 치장줄눈공 표준품은 양면치장이므로 2배 계상한다.

CHAPTER 03

외국 적산자료

가. 영국의 수량산출기준서

영국의 수량산출기준서는 건축수량산출기준서와 토목수량산출기준서의 2가지가 있으며 건축수량산출기준은 1922년에 영국 왕립 적산사 협회(Royal Institution of Chartered Surveyors, RICS)에 의해 제정되었으며 공공공사 및 민간공사에 공통적으로 사용하고 있다.

수량산출기준의 체계는 서문(Preface), 일반원칙(General Rules), 23개의 항목(Section), 추가 원칙(Additional Rules) 등으로 구성되어 있다.

1) 건물공사를 위한 건축수량산출기준서 항목
(Standard Method of Measurement of Building Working)

건물공사에 포함되는 수량산출기준의 항목은 서문과 일반조건을 명시하고 주택해체, 개축, 수선을 위시하여 토공에서부터 기계전기설비에 이르기 까지 23개 항목으로 이루어져 있으며 각 항목별로 세부공종 분류와 측정 규칙과 수량한정 규칙, 포함규칙 등을 상세하게 기술하고 있다. 조경공사는 별도의 수량산출기준서가 없으며 조경공사와 관련된 항목은 건축수량산출서 내에 여러 가지 항목 내에 분산 수록되어 있다.

(1) 수량산출기준서 대항목

수량산출 기준서에 수록된 대항목은 〈부록 표 3-1〉에서 보는 바와 같다.

〈부록 표 3-1〉 Summary of contents

구분	내용
Preface	
General rules	
A	Preliminaries/General conditions
B	Complete buildings
C	Demolition/Alteration/Renovation
D	Groundwork
E	In situ concrete/Large precast concrete
F	Masonry
G	Structural/Carcassing metal/timber
H	Cladding/Covering
J	Waterproofing
K	Linings/Sheathing/Dry partitioning
L	Windows/Doors/Stairs
M	Surface finishes
N	Furniture/Equipment
P	Building fabric sundries
Q	Paving/Planting/Fencing/Site furniture
R	Disposal systems
S	Piped supply systems
T	Mechanical heating/cooling/refrigeration systems
U	Ventilation/Air conditioning systems
V	Electrical supply/power/lighting systems
W	Communications/Security/Control systems
X	Transport systems
Y	Mechanical and electrical services measurement
Additional rules	work to existing buildings
Appendices	

(2) 조경공사 관련 세부항목

수량산출 기준서에 수록된 항목 중 조경공사에 관련된 공종은 핵심은 Q 항목인 Paving / Planting / Fencing / Site furniture이며 그 외에 D : Groundwork, F : Masonry, G : Structural/Carcassing metal / timber, R : Disposal systems, S : Piped supply systems 등이 조경공사와 관련이 많은 항목이다.

Q 항목의 세부공종은 〈부록 표 3-2〉와 같다.

〈부록 표 3-2〉 Q Paving / Planting / Fencing / Site furniture

구분	내용
Q10	Stone/Concrete/Brick kerbs/edgings/channels
Q20	Hardcore/Granular/Cement bound bases/ sub-bases to roads/pavings
Q21	In situ concrete roads/pavings/bases
Q22	Coated macadam/Asphalt roads/pavings
Q23	Gravel/Hoggin roads/pavings
Q24	Interlocking brick/block roads/pavings
Q25	Slab/Brick/Sett/Cobble pavings
Q26	Special surfacing/pavings for sport
Q30	Seeding/Turfing
Q31	Planting
Q40	Fencing
Q50	Site/Street furniture/equipment

(3) 식재공사의 수량산출기준서 양식

수량산출 기준서에 수록된 Q 항목 중 Q30 : Seeding / Turfing, Q31 : Planting의 기준서 양식을 보면 세부공종 분류와 단위, 그리고 측정 규칙과 수량한정 규칙, 포함내용 규칙 등을 상세하게 기술하고 있어 수량산출의 정확성을 기하고 단가축적이 용이하게 되어 있다.

1) Q30 Seeding / Turfing

Q30 Seeding/Turfing

INFORMATION PROVIDED					MEASUREMENT RULES	DEFINITION RULES	COVERAGE RULES	SUPPLEMENTARY INFORMATION
P1 The following information is shown either on location drawings under A Preliminaries/General conditions or on further drawings which accompany the bills of quantities: (a) the scope and location of the work								
CLASSIFICATION TABLE								
1 Cultivating	1 Depth stated		m²	1 Weeding, details stated 2 Cutting, details stated 3 Preparatory work, details stated		D1 Types of surface applications include herbicides, selective weedkillers, peat, manure, compost, mulch, fertilizer, soil ameliorants, sand and the like	C1 Cultivating is deemed to include the removal of stones C2 Surface applications are deemed to include working in if required C3 Seeding is deemed to include raking or harrowing in and rolling C4 Cutting is deemed to include edge trimming	S1 Timing of operations S2 Method of cultivating and degree of tilth S3 Kind, quality, composition and mix of materials S4 Method of application S5 Method of securing turves
2 Surface applications	1 Type and rate stated							
3 Seeding	1 Rate stated							
4 Turfing								
5 Turfing edges of seeded areas	1 Width stated							
6 Protection	1 Temporary fencing			1 Duration and ultimate ownership, details stated	M1 Protective temporary fencing is only measured here where specifically required and then in accordance with Section Q40			

2) Q31 Planting

Q31 Planting

INFORMATION PROVIDED					MEASUREMENT RULES	DEFINITION RULES	COVERAGE RULES	SUPPLEMENTARY INFORMATION
P1 The following information is shown either on location drawings under A Preliminaries/General conditions or on further drawings which accompany the bills of quantities: (a) the scope and location of the work								
CLASSIFICATION TABLE								
1 Cultivating	1 Depth stated		m²	1 Weeding, details stated 2 Fallowing, details stated		D1 Types of surface applications include herbicides, selective weedkillers, peat, manure, compost, mulch, fertilizer, soil ameliorants, sand and the like D2 BS size designations include standard, advanced nursery stock or semi-mature trees D3 Young nursery stock includes seedlings, transplants and whips D4 Removing surplus excavated material means removing from site unless otherwise described	C1 Cultivating is deemed to include the removal of stone: C2 Surface applications are deemed to include working in if required C3 Items include for excavating or forming pits, holes or trenches, refilling, watering in, removing surplus excavated material and labelling C4 Refilling is deemed to include all necessary multiple handling C5 Planting in cultivated or grassed areas prepared by others is deemed to include all necessary reinstatement	S1 Timing of operations S2 Method of cultivating and degree of tilth S3 Kind, quality and composition of materials S4 Size and type of pits, holes and trenches, excavated or formed S5 Type of supports and ties S6 Special materials for refilling S7 Labelling
2 Surface applications	1 Type and rate stated							
3 Trees	1 Botanical name	1 BS size designation and root system stated 2 Girth, height and clear stem and root system stated	nr	1 Planting in cultivated or grassed areas prepared by others, details stated 2 Initial cut back, details stated 3 Supports and ties 4 Refilling with special materials, details stated 5 Watering, details stated				
4 Young nursery stock trees 5 Shrubs		1 Height and root system stated	nr					
6 Hedge plants		1 Height stated 2 Height, spacing, number of rows, and layout stated	nr m					
7 Herbaceous plants		1 Size stated 2 Size and number per m² stated	nr m²					
8 Bulbs, corms and tubers		1 Size stated	nr kg					
9 Mulching after planting	1 Around individual plants	1 Thickness and area stated	nr	1 Tree spats, details stated				S8 Type of mulch, time and method of application
	2 Beds	2 Thickness stated	m²					
10 Protection	1 Tree guards	1 Dimensioned description	nr					S9 Type of tree guard and method of fixing S10 Type of spray and rate of application S11 Type of wrapping and chemical application
	2 Anti-desiccant sprays	2 Height and girth of tree or spread of plant stated						
	3 Wrapping	3 Height of wrapping and girth of tree stated						
	4 Temporary fencing			1 Duration and ultimate ownership, details stated	M1 Temporary fencing is only measured here where specifically required and then in accordance with Section Q40			

나. 미국의 조경공사 적산 사례

미국의 적산체계는 발주자 적산과 수주자 적산으로 구분된다. 발주자 적산은 예산관리에 초점을 맞추고 있어 주로 과거 실적자료에 의해 적산이 이루어지고 있다. 민간 수주자의 적산은 설계도면 및 시방서 등에 의한 상세적산(Detailed Estimate)이며 이를 시공자 적산(Contractor's Estimate)이라고도 부른다.

상세적산을 위해서는 설계도서로부터 물량을 산출하고 단위물량에 투입되는 노무, 자재, 장비단가를 곱하여 단위물량에 투입되는 복합단가를 산정하게 되므로 노무단가, 자재비, 장비구입비 또는 임대비에 대해 정확한 정보를 파악해야 한다.

상세적산이라 하더라도 우리나라와 같이 표준품셈에 의한 원가계산방식이 아니라 실적자료에 의한 공사비 산출방식을 적용한다.

본 내용은 시공자 적산의 사례로서 R S Means사에서 2002년 발행한 Landscape Estimating Methods (Fourth Edition)에 수록된 조경공사 적산사례 중 식재공사를 요약한 것이다.

1) 수목 식재공사(Planting)

- 수목의 수량산출은 배식 평면도나 시방서에 제시된 수량표를 사용하지만 수량표가 없는 경우에는 수목의 숫자를 세어야 한다. 사례로 제시된 설계도면에는 수목수량표가 제시되어 있으므로 이것을 이용하여 수목가격 비교표를 작성한다.
- 수목의 가격은 지역 및 계절별로 많은 차이가 있으므로 이것을 고려하여 해당지역의 수목단가를 조사하며, 예시적으로 〈부록 표 3-3〉 수목수량 및 단가표에서는 3개의 수목공급업자의 가격을 비교하고 있다.
- 수목 재료비와 식재비는 별도로 계산되며 식재노무비를 구하기 위해 규격별로 수종을 구분하여 계상하고 있다. 식재를 위한 노무비 기준은 〈부록 표 3-4〉 식재 노무비 기준에 제시되어 있으며 각 노무비는 작업인부비용과 일 작업량을 고려한 식재 노무비 단가와 멀칭단가는 〈부록 표 2-14〉 식재 노무단가표와 같다.
- 추가적으로 수목을 보호하기 위하여 멀칭을 할 때는 금속에지나 잡초방지네트 등 공법을 추가로 적용하며 필요한 멀칭량을 계산하기 위해 수목구덩이와 식재베드의 크기를 측정하여 식재베드 지역의 면적량을 계산한다. 공사비는 체적이나 일정 깊이의 면적당 단위로 산정하게 된다.

2) 잔디 및 지피류 식재공사(Lawns & Ground Cover)

- 잔디파종을 위한 예시적인 단가는 정지작업, 표토 포설, 종자 및 비료, 노무비 등 다양한 요소에 의해 구성되어 있다. 적산사는 기존에 수행한 프로젝트 경험에 근거하여 완성된 '조합단가(assemblies price)'를 만들어 사용하며 이러한 조합단가는 예시적인 단가가 제대로 만들어진 것인지를 비교하는데 사용된다. 예를 들어, 잔디파종을 위한 조합단가는 〈부록 표 3-6〉 잔디 및 지피 단가표에서 볼 수 있는데 이 중에서 공사에 가장 적합한 조합단가는 line 1240에 있는 조합단가가 가장 적합하며, thousand square feet(M.S.F)당 $600이다.
- 〈부록 표 3-6〉의 조합단가에는 표토 재료비인 $227.55가 포함되어 있으므로 이를 공제하면 조합단가는 $372/M.S.F이며 실제공사비 단가에 더욱 가까워지게 된다.
- 지피류 수량은 비료와 같은 부대 재료가 함께 산출되어야 한다. 예를 들어, 시방서에 일정면적당 석회석을 투여한다는 기준이 포함된다면 수량산출에서 석회석 수량을 추가적으로 산출한다.

〈부록 표 3-3〉 수목수량 및 단가표

QUANTITY SHEET

SHEET NO 1 of 7
PROJECT: Office Building
ESTIMATE NO.: **02-1**
LOCATION:
ARCHITECT:
DATE: **2002**
TAKE OFF BY: SHF
EXTENSIONS BY:
CHECKED BY: SHF

Description	NO.	DIMENSIONS		Vendor A	Unit	Vendor B	Unit	Vendor C	Unit	Total	Unit
Trees											
Pinus strobus	5	8'-10'	B&B	119				130		595	
Shrubs											
Cotoneaster horizontalis	12	12"-15"	Pot	13						156	
Ilex glabra	21	2-1/2'-3'	B&B	36						756	
Juniper											
Horizontalis andorra	39	18"-24"	B&B or Cont	18						702	
Horizontalis Blue Rug	12	15"-18"	B&B or Cont	13						156	
Virginia Grey Owl	24	18"-24"	B&B or Cont	18						432	
Chinensis Sea Green	31	18"-24"	B&B or Cont	20						620	
Myrica pennsylvanica	16	18"-24"	B&B or Cont	22						352	
Taxus densiformis	12	2'-2-1/2'	B&B	32						384	
Viburnum sieboldi	3	5'-6'	B&B	50						150	
Groundcover											
Ajuga "Bronze Beauty"	36	3" Pot		95		100		95		3420	
Alyssum saxatile	12	2 Qt.	Pot	300		250		325		30	
Arctostaphylos uva-ursi	36	3" Pot		130				143		3420	
Comptonia peregrina	100	2-1/2"	Pot					95		95	
Euonymus f. Colorata	1300	3" Pot		1		95		75		975	
Sedum spectabilis	24	2 Qt.	Pot			250				60	
Subtotal										5531	
Delivery				85		20		25		135	
TOTAL										566640	

〈부록 표 3-4〉 식재 노무비 기준

Plant	Quantity	Unit Labor Cost	Total Cost	Crew	Daily Output	Time
1 Groundcover	1472	$ .90	$1327	B-1	600	2.5 days
Potted Plants (approx. 1 gal.)	48	4.42	212	B-1	130	0.4
Potted Plants (approx. 3 gal.)	122	6.53	796	B-1	80	1.5
B & B Plants (approx. 18" ball)	15	17.69	265	B-1	30	0.5
Trees	5	74.00	369	B-17	10	0.5
		73.00*	292			
			$3,261			5.4

* Equipment Cost

〈부록 표 3-5〉 식재 노무단가표

02900 | Planting

		02905 Transplanting	CREW	DAILY OUTPUT	LABOR-HOURS	UNIT	2002 BARE COSTS MAT.	LABOR	EQUIP.	TOTAL	TOTAL INCL O&P	
725	0010	**PLANTING** Moving shrubs on site, 12" ball	B-62	28	.857	Ea.		22	4.67	26.67	38.50	725
	0100	24" ball	"	22	1.091			28	5.95	33.95	49.50	
	0300	Moving trees on site, 36" ball	B-6	3.75	6.400			164	47.50	211.50	305	
	0400	60" ball	"	1	24	↓		615	179	794	1,150	
925	0010	**TREE REMOVAL**										925
	0100	Dig & lace, shrubs, broadleaf evergreen, 18"-24"	B-1	55	.436	Ea.		10.55		10.55	16.40	
	0200	2'-3'	"	35	.686			16.55		16.55	25.50	
	0300	3'-4'	B-6	30	.800			20.50	5.95	26.45	38	
	0400	4'-5'	"	20	1.200			30.50	8.95	39.45	57	
	1000	Deciduous, 12"-15"	B-1	110	.218			5.25		5.25	8.20	
	1100	18"-24"		65	.369			8.90		8.90	13.85	
	1200	2'-3'	↓	55	.436			10.55		10.55	16.40	
	1300	3'-4'	B-6	50	.480			12.25	3.57	15.82	23	
	2000	Evergreeen, 18"-24"	B-1	55	.436			10.55		10.55	16.40	
	2100	2'-0" to 2'-6"		50	.480			11.60		11.60	18	
	2200	2'-6" to 3'-0"		35	.686			16.55		16.55	25.50	
	2300	3'-0" to 3'-6"		20	1.200			29		29	45	
	3000	Trees, deciduous, small, 2'-3'	↓	55	.436			10.55		10.55	16.40	
	3100	3'-4'	B-6	50	.480			12.25	3.57	15.82	23	
	3200	4'-5'		35	.686			17.55	5.10	22.65	32.50	
	3300	5'-6'		30	.800			20.50	5.95	26.45	38	
	4000	Shade, 5'-6'		50	.480			12.25	3.57	15.82	23	
	4100	6'-8'		35	.686			17.55	5.10	22.65	32.50	
	4200	8'-10'		25	.960			24.50	7.15	31.65	46	
	4300	2" caliper		12	2			51	14.90	65.90	95	
	5000	Evergreen, 4'-5'		35	.686			17.55	5.10	22.65	32.50	
	5100	5'-6'		25	.960			24.50	7.15	31.65	46	
	5200	6'-7'		19	1.263			32.50	9.40	41.90	60	
	5300	7'-8'		15	1.600			41	11.90	52.90	76	
	5400	8'-10'	↓	11	2.182	↓		56	16.25	72.25	104	
		02910 | Plant Preparation										
500	0010	**MULCH**										500
	0100	Aged barks, 3" deep, hand spread	1 Clab	100	.080	S.Y.	2.33	1.88		4.21	5.50	
	0150	Skid steer loader	B-63	13.50	2.963	M.S.F.	259	73	9.70	341.70	410	
	0200	Hay, 1" deep, hand spread	1 Clab	475	.017	S.Y.	.40	.39		.79	1.05	

〈부록 표 3-6〉 잔디 및 지피식물 단가표

G20 Site Improvements

G2050 Landscaping

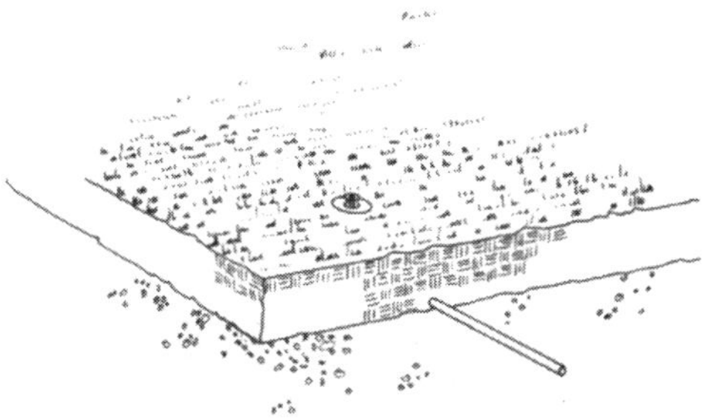

The Lawn Systems listed include different types of seeding, sodding and ground covers for flat and sloped areas. Costs are given per thousand square feet for different size jobs; residential, small commercial and large commercial. The size of the job relates to the type and productivity of the equipment being used. Components include furnishing and spreading screened loam, spreading fertilizer and limestone and mulching planted and seeded surfaces. Sloped surfaces include jute mesh or staking depending on the type of cover.

System Components	QUANTITY	UNIT	COST PER M.S.F. MAT.	INST.	TOTAL
SYSTEM G2050 410 1000					
LAWN, FLAT AREA, SEEDED, TURF MIX, RESIDENTIAL					
Scarify subsoil, residential, skid steer loader	1.000	M.S.F.		16.60	16.60
Root raking, residential, no boulders	1.000	M.S.F.		21.39	21.39
Spread topsoil, skid steer loader	18.500	C.Y.	227.55	74.56	302.11
Spread ground limestone, push spreader	110.000	S.Y.	9.90	2.20	12.10
Spread fertilizer, push spreader	110.000	S.Y.	7.70	2.20	9.90
Till topsoil, 26" rototiller	110.000	S.Y.		39.60	39.60
Rake topsoil, screened loam	1.000	M.S.F.		19.45	19.45
Roll topsoil, push roller	18.500	C.Y.		1.67	1.67
Seeding, turf mix, push spreader	1.000	M.S.F.	6.90	36.50	43.40
Straw, mulch	110.000	S.Y.	36.30	67.10	103.40
TOTAL			288.35	281.27	569.62

G2050 410	Lawns & Ground Cover	COST PER M.S.F. MAT.	INST.	TOTAL
1000	Lawn, flat area, seeded, turf mix, residential	288	282	570
1040	Small commercial	292	305	597
1080	Large commercial	300	260	560
1200	Shade mix, residential	292	282	574
1240	Small commercial	295	305	600
1280	Large commercial	310	260	570
1400	Utility mix, residential	294	282	576
1440	Small commercial	297	305	602
1480	Large commercial	330	260	590
2000	Sod, bluegrass, residential	530	655	1,185
2040	Small commercial	510	390	900
2080	Large commercial	485	315	800
2200	Bentgrass, residential	870	297	1,167
2240	Small commercial	810	385	1,195
2280	Large commercial	770	320	1,090
2400	Ground cover, english ivy, residential	1,050	735	1,785

3) 식재공사비 산출서

〈부록 표 3-7〉 식재공사비 산출서

COST ANALYSIS SHEET NO. 6 of 7

PROJECT: Office Building CLASSIFICATION: ESTIMATE NO: 02-1
LOCATION: ARCHITECT: As Shown DATE: 2002
TAKE OFF BY: SHF QUANTITIES BY: SHF PRICES BY: Means EXTENSIONS BY: BB CHECKED BY: S.H.F.

DESCRIPTION	SOURCE/ DIMENSIONS	QUANT.	UNIT	MATERIAL COST	MATERIAL TOTAL	LABOR COST	LABOR TOTAL	EQUIPMENT COST	EQUIPMENT TOTAL	SUBCONTRACT COST	SUBCONTRACT TOTAL	TOTAL COST	TOTAL TOTAL
PLANTINGS													
Trees, Shrubs, Groundcover					5,666		2,969		292				
Metal Edge (Tree Protection)	02945 310 0051	94	L.F.	2.23	210	1.48	139						
Horticultural Materials													
Plant Beds													
Peat	4 C.Y. Bales	3	Ea.	5.25	16								
Fertilizer	50# 5-10-5	1	Ea.	10.15	10								
Bone Meal	25# Bag	1	Ea.	16.50	17								
Pine Bark Mulch	02910 500 0100	416	S.Y.	2.33	969	1.88	782						
Weed Barrier - Filter Fabric	02910 500 1050	43	S.Y.	0.74	32	0.19	8						
Lawn - 5650 S.F.													
Seed	25# Bag	1	Ea.	55.00	55								
Fertilizer	50# Bag	2	Ea.	12.50	25								
Lime	50# Bag	6	Ea.	2.55	15								
Installation	B-6 Crew	1	Day				614		179				
Initial Mowing	A-1 Crew	0.5	Day				94		30				
Total Plantings					$ 7,015		$ 4,606		$ 501				$ 12,122

앞에서 보는바와 같이 미국의 적산방식이 우리나라와는 다른 방법과 절차에 의해 이루어지며 적산이 정확한 계약을 위한 것임을 알 수 있을 것이다.

이와 같은 방식이 통용되는 배경에는 우리나라와는 다른 공사계약 제도 즉, 투명하고 합리적인 심사에 따라 적격업체를 선정하고 있으며, 적산이 체계적으로 정확하게 이루어지고 합리적인 공사비를 제시하면 성공적인 계약을 할 수 있게 된다. 또한 적산과정에서 만들어진 자료는 구매, 공사비 회계, 공사관리, 실적공사비 축적 등 공사과정에서 효과적으로 이용되고 있다.

참 고 문 헌

국내 문헌

1. 건설교통부, 「실적공사비 적산제도의 효율적 운영 방안」, 1997.
2. 국토교통부, 「조경공사 표준시방서」, 2014
3. 고용일, 「건설적산 및 시공」, 구미서관, 2001.
4. 대한건설협회 조경위원회 외, 「개정증보판 조경공사 적산기준」, 2010.
5. 박원규, 「조경 적산과 품셈」, 조경시공, 2003~2006.
6. 박원규, 「조경적산학」, 도서출판 조경, 2008
7. 박원규, 「신 조경적산학」, 문운당, 2014
8. 박원규, 「개정판 신 조경적산학」, 문운당, 2018
9. (사) 한국조경학회, 「조경공사 적산기준 개선방안에 관한 기초연구」 2006
10. 정광호, 정계영, 「실무중심 건축적산학」, 대우출판사, 2000.
11. 조준현, 송성진, 최민권, 김의식, 이영도, 「최신 건설적산」, 기문당, 2001.
12. 한국건설기술연구원, 「적산제도 개선방안 연구용역(1단계, 2단계, 3단계)」, 1993, 1994. 1995
13. 한국건설기술연구원, 「실적공사비 적산제도 운영방안」.
14. 한국토지주택공사, 「조경공사 적산지침」, 2010.
15. 한국토지주택공사, 「설계지침(조경), 공사원가 산정지침(조경)」, 2022.
16. SH공사, 「2010 조경견적기준」, 2010.

국외 문헌

1. Angley, S., E. Horsey and D. Roberts(2002), Landscape Estimating and Contract Administration. Delmar.
2. Co-ordinated project information(1998), Standard Method of Measurement of

Building Work.

3. Dave Ogershok & Richard Pray(2006), National Constrction Estimate.
4. Fee, S.H. Landscape Estimating Methods (4th ed.). RS Means.
5. Ogershok, D. and R. Pray(2003), Means Estimating Handbook (2nd. ed.), RS Means.
6. RSMeans(2003), Means Eetimating Handbook.
7. Sthephen Angley, Edward Horsey, David Roberts(2002), Landscape Estimating and Administration.
8. Sylvia H.Fee(2002), Landscape Estimating Methods four edition.
9. Unit prices for site development(1994), Kerr' s Cost Data for Landscape Construction.
10. 公園·緑化工事積算研究会, 「公園·緑化工事の積算」, 財団法人経済調査会, 1991.
11. 公園·綠化工事積算研究會, 「公園, 綠化工事の 積算」, 1996.
12. 国土交通省大臣官房技術調査課, 「国土交通省土木工事積算基準」, 財団法人 建設物価調査会, 2005.
13. 中島宏, 「緑化·植栽マニュアル」, 財団法人経済調査会, 2004.
14. 風間伸造, 「造園修景積算マニュアル」, 財団法人建設物価調査会, 2004.

관련 웹사이트

1. 대한건설협회 : www.cak.or.kr
2. 한국토지주택공사 : www.lh.or.kr
3. 조달청 : www.pps.go.kr
4. 한국건설기술연구원 : www.kict.re.kr
5. (사)한국물가협회 :www.kprc.or.kr
6. SH 공사 : www.i-sh.co.kr
7. 미국 연방조달청 : http://www.gsa.gov
8. 일본 국토기술정책 종합연구소 : www.nilim.go.jp

저 자 소 개

- 박원규

- 서울대학교 조경학과 졸업
- 서울대학교 환경대학원 환경조경학과 졸업(조경학 석사)
- 서울대학교 대학원 조경학과 박사과정 졸업(공학박사)

- 전 대한주택공사 조경부장
- 전 대한주택공사 부설 주택·도시연구원 책임연구원
- 전 도화종합기술공사 상무이사
- 전 호남대학교 ICT 융합대학 조경학과 교수
- 현 경진엔지니어링 부사장

- 전 (사) 한국조경학회 부회장
- 전 (사) 한국조경학회 호남지회장
- 전 (사) 한국환경복원기술학회 부회장

최신 조경적산학

초 판 인 쇄 | 2024년 8월 19일
초판2쇄발행 | 2025년 12월 9일

저 자 | 박원규
발 행 인 | 이성범
발 행 처 | 문운당
주 소 | 서울시 종로구 혜화로5길 16 (명륜1가 45-3)
전 화 | (02)762-6010
팩 스 | 영업 (02)745-0265 / 편집 (02)762-8758
이 메 일 | 영업 munun2@daum.net
편집 munundang@naver.com
홈페이지 | http://munundang.co.kr

ISBN 979-11-5692-783-9 93520

* 저자와의 협의에 의하여 인지를 생략합니다.

* 저작권법에 의해 보호를 받는 저작물이므로 무단 전재와 복제를 금합니다.

정가 26,000원